U0193297

本书出版得到了客家研究院课题资助，项目名称为“客都（梅州）传统民俗风情及其开发利用”，项目编号为18KYTPKT2，且本书为该项目的结项成果。

本丛书出版得到以下研究机构和项目经费资助：

嘉应学院客家研究院

梅州市客家研究院

广东省特色重点学科“客家学”建设经费

嘉应学院第五轮重点学科“中国史”建设经费

广东省客家文化研究基地—嘉应学院客家研究院

广东省非物质文化遗产研究基地—嘉应学院客家研究院

理论粤军·广东地方特色文化研究基地—客家文化研究基地

广东省普通高校人文社会科学省市共建重点研究基地—嘉应学院客家研究院

客家学研究丛书

第六辑

梅州客家饮食文化研究

林斯瑜　著

中国·广州

图书在版编目（CIP）数据

梅州客家饮食文化研究/林斯瑜著．—广州：暨南大学出版社，2020.12
（客家学研究丛书．第六辑）
ISBN 978-7-5668-3060-9

Ⅰ.①梅…　Ⅱ.①林…　Ⅲ.①客家人—饮食—文化—研究—梅州
Ⅳ.①TS971.202.653

中国版本图书馆 CIP 数据核字（2020）第 223010 号

梅州客家饮食文化研究
MEIZHOU KEJIA YINSHI WENHUA YANJIU
著　者：林斯瑜

出 版 人：张晋升
策划编辑：杜小陆
责任编辑：刘宇韬
责任校对：林　琼　苏　洁
责任印制：周一丹　郑玉婷

出版发行：暨南大学出版社（510630）
电　　话：总编室（8620）85221601
　　　　　营销部（8620）85225284　85228291　85228292　85226712
传　　真：（8620）85221583（办公室）　85223774（营销部）
网　　址：http：//www.jnupress.com
排　　版：广州市天河星辰文化发展部照排中心
印　　刷：佛山市浩文彩色印刷有限公司
开　　本：787mm×960mm　1/16
印　　张：17.5
字　　数：315 千
版　　次：2020 年 12 月第 1 版
印　　次：2020 年 12 月第 1 次
定　　价：72.00 元

总 序

客家文化以其语言、民俗、音乐、建筑等方面的独特性，尤其是客家人在海内外社会经济发展中的突出贡献，引起了历史学、人类学、民俗学和语言学等诸多学科领域内学者的关注。而随着西方人文学科理论和研究方法在20世纪初传入我国，客家历史与文化研究也逐渐进入科学规范的研究行列，并相继出现了一批具有开创性的研究成果。1933年，罗香林《客家研究导论》的出版，标志着客家研究进入了现代学术研究的范畴。20世纪80年代以来，著作、论文等研究成果的推陈出新，也在呼吁学界能够设立专门的学科并规范客家研究的科学范式。

作为国内较早成立的专门从事客家研究的机构，嘉应学院客家研究院用二十五载的岁月，换来了客家研究成果在数量上空前的增长，率先成为客家学研究的重要阵地，也引起了国内外学术界的高度关注。但若从质的维度来看，当前的客家研究还面临一系列有待思考及解决的问题：客家学研究的主题有哪些？哪些有意义，哪些纯粹是臆测？这些主题产生的背景是什么？它们是如何通过社会与历史的双重作用，而产生某些政治、经济乃至文化权力的诉求与争议的？当代客家研究如何紧密结合地方社会发展的需要，又如何与国内外其他学科对话与交流？诸如此类的疑惑，需要从理论探索、田野实践和学科交叉等层面努力，以理论对话和案例实证作为手段，真正实现跨区域和多学科的协同创新。

一、触前沿：客家学研究的理论探索

当前的客家学研究主要分布在人文社会科学的诸多学科范围之内，所以开展卓有成效的客家研究自然需要敢于接触不同学科领域的学术理论。比如，社会学科先后出现过福柯的权力理论、布尔迪厄的实践理论、吉登斯的结构化理论、鲍曼的风险社会理论、哈贝马斯的沟通行动理论、卢曼的系统理论、科尔曼的理性选择理论和亚历山大的文化社会学理论。[1] 社

[1] DEMEULENAERE P. Analytical sociology and social mechanisms. Cambridge: Cambridge University Press, 2011.

会科学研究经常需要涉及的热点议题，在客家研究中同样不可回避，比如社会资本、新阶层、互联网、公共领域、情感与身体、时间与空间、社会转型和世界主义。[①] 再比如，社会学关于移民研究的推拉理论、人类学对族群研究的认同与边界理论以及社会转型与文化变迁的机制，都可以具体应用到客家研究上，并形成理论对话而提升客家研究的高度。在研究方法上，人文社会科学提倡的建模、机制与话语分析、文化与理论自觉等前沿手段，[②] 都可以遵循“拿来主义”的原则为客家研究所用。

可以说，客家研究要上升为独具特色的独立学科，首先要解决的便是理论对话和科学研究的范式问题。客家学作为一门融会了众多社会人文学科的综合性学科，既不是客家史，也不是客家地区政治、经济、文化等内容的汇编或整合，而是一门以民族学基础理论为基础，又比民族学具有更多独特特征、丰富内容的学科。[③] 不可否认的是，客家研究具有自身独特的学术传统，但要形成自身的理论构架和研究方法，若离开历史学、文献学、考古学、人类学、语言学、社会学、民俗学等诸多学科理论的支撑，显然就是痴人说梦。要在这方面取得成绩，则非要长期冷静、刻苦、踏实、认真潜心研究不可。如若神不守舍、心动意摇，就会跑调走板、贻笑大方。在不少人汲汲于功名、切切于利益、念念于职位的当今，专注于客家研究的我们似乎有些另类。不过，不管是学者应有的社会良知与独立人格，还是人文学科秉持的历史责任与独立思考的精神，都激励我们坚持实事求是的原则，在触碰前沿理论上不断探索，以积累学科发展所需的坚实理论。

要做到这一点，就得潜下心来大量阅读国内外学术名著，了解前沿理论的学术进路和迁移运用，使客家研究能够进入国际学术研究对话的行列。

二、接地气：客家研究的田野工作

学科发展需要理论的建设与支撑，更离不开学科研究对象的深入和扩展，而进入客家人生活的区域开展田野工作，借助从书斋到田野再回到书斋的螺旋式上升的研究路径，客家研究才能做到“既仰望星空又能接地

---

① TURNER J H ed. Handbook of sociological theory. New York：Kluwer Academic Publishers，2001.

② JACCARD J & JACOBY J. Theory construction and model-building skills. New York：Guilford Press，2010.

③ 吴泽：《建立客家学刍议》，载吴泽主编，《客家学研究》编辑委员会编：《客家学研究》（第2辑），上海：上海人民出版社，1990年。

气”，才能厚积薄发。

人类学推崇的田野工作要求研究者通过田野方法收集经验材料的主体，客观描述所发现的任何事情并分析发现结果。[1] 田野工作的目标要界定并收集到自己足以真正控制严格的经验材料，所以需要充分发挥参与观察、深度访谈和问卷调查的手段。从学科建设和学科发展的角度，客家族群的分布和文化多元特征，决定了客家研究对田野调查的依赖性。这就要求研究者深入客家乡村聚落，采用参与观察、个别访谈、开座谈会、问卷调查等方法调查客家民俗节庆、方言、歌谣等，收集有关客家地区民间历史与文化丰富性及多样性的资料。

而在客家文献资料采集方面，田野工作的精神同样适用。一方面，文献资料可以增加研究者对客家文化的理解，还可以对研究者的学术敏感和问题意识产生积极影响；另一方面，田野工作既增加了文献资料的来源，又能提供给研究者重要的历史感和文化体验，也使得文献的解读可以更加符合地方社会的历史与现实。譬如，到图书馆、档案馆等公藏机构及民间广泛收集对客家文化、客家音乐、客家方言等有所记载的正史、地方志、文集、族谱及已有的研究成果等。田野调查需要入村进户，因此从具有深厚文化传统的客家古村落入手，无疑可以取得事半功倍的效果。

在客家地区开展田野调查，需要点面结合才能形成质量上乘的多点民族志。20 世纪 90 年代，法国人类学家劳格文与广东嘉应大学（2000 年改名为嘉应学院）、韶关大学（2000 年改名为韶关学院）、福建省社会科学院、赣南师范学院、赣州市博物馆等单位合作，开展“客家传统社会”的系列研究。他在长达十多年的时间里，辗转于粤东、闽西、赣南、粤北等地，深入乡镇村落，从事客家文化的田野调查。到 2006 年，这些田野调查的成果汇集出版了总计 30 余册的“客家传统社会”丛书，不仅集中地描述客家地区传统民俗与经济，还具体地描述了传统宗族社会的形成、发展和具体运作及其社会影响。

2013 年以来，嘉应学院客家研究院选择了多个历史悠久、文化底蕴深厚的古村落，以研究项目的形式开展田野作业，要求研究人员采用参与观察、深度访谈、文献追踪等方法，对村落居民的源流、宗族、民间信仰、习俗等民间社会与文化的形成与变迁进行深入的分析和研究，形成对乡村

---

① 托马斯·许兰德·埃里克森著，周云水、吴攀龙、陈靖云译：《什么是人类学》，北京：北京大学出版社，2013 年，第 65－67 页。

聚落历史文化发展与变迁的总体认识。在对客家地区文化进行个案分析与研究的基础上，再进行跨区域、跨族群的文化比较研究，揭示客家文化的区域特征，进而梳理客家社会变迁和文化发展过程。

闽粤赣是客家聚居的核心区域，很多风俗习惯都能够找到相似的元素。就每年的元宵习俗而言，江西赣州宁都有添丁炮、石城有灯彩，而到了广东的兴宁市和河源市和平县，这一习俗则演变为“响丁”，花灯也成了寄托客家民众淳朴愿望的符号。所以，要弄清楚相似的客家习俗背后有何不同的行动逻辑，就必须用跨区域的视角来分析。这一源自田野的事例足以表明田野调查对客家学研究的重要性。

无论是主张客家学学科建设应包括客家历史学、客家方言学、客家家族文化、客家文艺、客家风俗礼仪文化、客家食疗文化、客家宗教文化、华侨文化等，[①] 还是认为客家学的学科体系要由客家学导论、客家民系学、客家历史学、客家方言学、客家文化人类学、客家民俗学、客家民间文学、客家学研究发展史八个科目为基础来构建，[②] 客家研究都无法回避研究对象的固有特征——客家人的迁徙流动而导致的文化离散性，所以在田野调查时更强调追踪研究和村落回访[③]。只有夯实田野工作的存量，文献资料的采集才可能有溢出其增量的效益。

三、求创新：客家研究的学科交叉

学问的创新本不是一件易事，需要独上高楼，不怕衣带渐宽，耐得住孤独寂寞，一往无前地上下求索。客家研究更是如此，研究者需要甘居边缘、乐于淡泊、自守宁静的治学态度——默默地做自己感兴趣的学问，与两三同好商量旧学、切磋疑义、增益新知。

客家研究要创新，就需要综合历史学、人类学、语言学、音乐学、社会学等学科理论和方法，对客家民俗、客家方言、客家音乐等进行综合分析和研究，以学科交叉合作的研究方式，形成对客家族群全面的、客观的总体认识。

客家族群作为中华民族共同体的一个重要支系，在其形成和发展过程

---

① 张应斌：《21世纪的客家研究——关于客家学的理论建构》，《嘉应大学学报》，1996年第4期。

② 凌双匡：《建立客家学的构想》，《客家大观园》，1994年创刊号。

③ 康拉德·菲利普·科塔克著，周云水译：《文化人类学——欣赏文化差异》，北京：中国人民大学出版社，2012年，第457－459页。

中融合多个山区民族的文化，形成独具特色的文化体系。建立客家学学科，科学地揭示客家族群的个性和特殊性，可以加深和丰富对中华民族的认识。用客家人独特的历史、民俗、方言、音乐等本土素材，形成客家学体系并进一步建构客家学学科，将有助于促进中国人文社会科学本土化的发展，从而为中国人文社会科学的发展和繁荣作出应有的贡献。客家人遍布海内外80多个国家和地区，客家华侨华人1 000余万，每年召开一次世界性的客属恳亲大会，在全世界华人中具有重要影响。粤东梅州是全国四大侨乡之一，历史遗存颇多，文化积淀深厚，华侨成为影响客家社会历史和文化发展的重要因素。建立客家学学科，将进一步拓宽华侨华人研究领域，有助于华侨华人与侨乡研究的深入发展。

在当前客家学研究成果积淀日益丰厚、客家研究日益受到社会各界重视的情况下，总结以往研究成果，形成客家学学科理论和方法，构建客家学学科体系，成为目前客家学界非常紧迫而又十分重要的任务。

嘉应学院客家研究院敢啃硬骨头，在总结以往研究成果的基础上，完成目前学科建设条件已初步具备的客家文化学、客家语言文字学、客家音乐学等的论证和编纂，初步建构客家学体系的分支学科。具体而言，客家文化学探讨客家文化的历史、现状和未来并揭示其发生、发展规律，分析客家族群的物质文化、制度文化和精神文化的产生、发展过程及其特征。客家语言文字学探讨客家方言的语音、词汇、语法、文字等的特征，展示客家语言文字的具体内容及其社会意义。客家音乐学探讨客家山歌、汉剧、舞蹈等的发生、发展及其特征，揭示客家音乐的具体内容和社会意义。

客家族群是汉民族的一个支系，研究时既要注意到汉文化、中华文化的普遍性，又要注意到客家文化的独特性，体现客家文化多元一体的属性。客家学研究的对象，决定客家学是一门融合历史学、民俗学、方言学、音乐学、社会学等众多社会人文学科的综合性学科。如何形成跨学科的客家学研究理论与方法，是客家研究必须突破的重要问题。唯有明确客家学研究的基本概念、理论和方法，并通过广泛的田野调查和深入的个案研究，广泛收集关于客家文化、客家方言、客家音乐等各种资料，从多角度进行学科交叉合作的分析和研究，才能实现创新和发展。

嘉应学院地处海内外最大的客家人聚居地，具有开展客家学研究得天独厚的地缘优势。1989年，嘉应学院的前身嘉应大学率先在全国建立了专门性的校级客家研究机构——客家研究所。2006年4月，以客家研究所为

基础，组建了嘉应学院客家研究院、梅州市客家研究院。因研究成果突出、社会影响大，2006 年 11 月，客家研究院被广东省社会科学界联合会评为“广东省客家文化研究基地”；2007 年 6 月，被广东省教育厅评为“广东省普通高校人文社会科学省市共建重点研究基地”。之后其又被广东省委宣传部、广东省社会科学院评为“广东地方特色文化研究基地——客家文化研究基地”，被广东省文化厅评为“广东省非物质文化遗产研究基地”，被广东省教育厅评为“广东省粤台客家文化传承与发展协同创新中心”；还经国家民政部门批准，在国家一级学会“中国人类学民族学研究会”下成立了“客家学专业委员会”。

2009 年 8 月，在昆明召开的第 16 届国际人类学大会上，客家研究院成功组织“解读客家历史与文化：文化人类学的视野”专题研讨会，初步奠定了客家研究国际化的基础。2012 年 12 月，客家研究院召开了“客家文化多样性与客家学理论体系建构国际学术研究会”，基本确立了客家学学科建设的基本途径和主要方法。另外，1990 年以来，嘉应学院客家研究院坚持每年出版两期《客家研究辑刊》（现已出版 45 期），不仅刊载具有理论对话和新视角的论文，也为未经雕琢的田野报告提供发表和交流的平台。自 1994 年以来，客家研究院承担国家社会科学基金项目 2 项，广东省哲学社会科学规划项目等 20 余项，出版《客家源流探奥》[①] 等著作 50 余部，其中江理达等的著作《兴宁市总体发展战略规划研究》[②] 获广东省哲学社会科学优秀成果一等奖，肖文评的专著《白堠乡的故事——地域史脉络下的乡村建构》[③] 获广东省哲学社会科学优秀成果二等奖，房学嘉的专著《粤东客家生态与民俗研究》[④] 获广东省哲学社会科学优秀成果三等奖。深厚的研究成果积淀，为客家学学科建设奠定了坚实的理论基础。经过几代人的不懈努力，嘉应学院的客家研究已经具备了在国际学术圈交流的能力，这离不开多学科理论对话的实践和田野调查经验的积累。

客家学研究丛书的出版，既是客家研究在前述立足田野与理论对话“俯仰之间”兼顾理论与实践的继续前行，也是嘉应学院客家学研究朝着国际化目标迈出的坚实步伐。“星星之火，可以燎原”，这套丛书包括学术

---

① 房学嘉：《客家源流探奥》，广州：广东高等教育出版社，1994 年。

② 江理达等主编：《兴宁市总体发展战略规划研究》，广州：广东教育出版社，2009 年。

③ 肖文评：《白堠乡的故事——地域史脉络下的乡村建构》，北京：生活·读书·新知三联书店，2011 年。

④ 房学嘉：《粤东客家生态与民俗研究》，广州：华南理工大学出版社，2008 年。

研究专著、田野调查报告、教材、译著、资料整理等，体现了客家学学科建设的不同学术旨趣和理论关怀。古人云，“不积跬步，无以至千里；不积小流，无以成江海”，我们愿意从点滴做起。希望丛书的出版，能引起国内外客家学界对客家学学科体系建设的关注，促进客家学研究的科学化发展。

编 者

2014 年 8 月 30 日

目　录

Contents

第一章　饮食研究概论

饮食，是有机体延续生命的基本活动，它始于生命的化学过程，但在社会化过程中又超越了这个物质的原理，被赋予更丰富的文化内涵。所有人类集团的文化都始于人对食物的追求——获得、生产、交换、消费等，以及在此基础上结成的社会关系、形成的社会结构。人类的生活文化时时处处与食物发生着关系，食物造成了人的“体质”与“心灵”的差异，“食”是人类社会发展最基本的原动力。人、食物与社会，三者行进在历史的长河中，构成了特殊的文化语境。通过饮食，我们研究的是人类社会发展的规律，是人与自然、社会的关系。

饮食是民俗学研究的经典类别，钟敬文先生主编的《民俗学概论》将“饮食民俗”列入了“物质生活民俗”之中。但传统民俗学习惯将奇风异俗作为研究对象，对饮食的关注也主要表现为以猎奇的眼光去记录其中与众不同的部分。至于常见的日常饮食则被视作众所周知的现象，排除在研究范围之外。当下的民俗学研究，要求冲破传统的窠臼，寻求更宽广的学术空间，“不是以‘民俗’为对象，而是通过‘民俗’进行研究”①。“民俗”是研究者揭示生活真相的工具，而不是目的；民俗学不是对奇风异俗的描述，而是对俗民生活世界的探究。随着现代化、全球化进程的加剧，“传统”“共同体”这些经典的民俗学概念在现实生活中逐渐解体，民俗学提出日常生活转向的研究诉求，日常饮食越来越多地进入到民俗学者的研究视野中。

人类饮食结构的建立，从来不只受生理需求这一个因素影响，人们的主观构建自始至终没有缺席过。人们通过对食物的生产（获取）、分配和享用来建立人与人之间的俗世关系，通过仪式与象征体系的构建来建立人与超自然力量之间的关系，这是饮食的社会性特征。但获取什么、生产什么，常常受大自然的制约，因此人类的饮食具有生态性的特征。食物的形态呈现物质性特征，而食物的制作方式和象征意义则是人们意向性构建的

---

① 岩本通弥著，宫岛琴美译：《以“民俗”为研究对象即为民俗学吗——为什么民俗学疏离了“近代”》，《文化遗产》2008 年第 2 期，第 78 – 86 页。

结果，呈现非物质性特征。身体性（生理性）和思想性（文化性）、生态性和社会性、物质性和非物质性，这些二元对立又辩证统一的关系贯穿于人类饮食史的始终。作为饮食大国，我国的饮食文化具有丰富的地域性、族群性特征，饮食研究是否能给中国的历史研究、社会研究、文化研究提供新的视角和方法？历史的维度对饮食研究具有何种意义？这些问题是我们关注饮食、研究饮食的动力。

客家是一个具有独特的族群文化特征的汉族民系。在现代化、全球化不断加剧的今天，这个曾经相对封闭、稳定的“共同体”也不可避免地面临式微的困境。但在一定范围内，它仍是一个内部认同感较强的族群共同体。在某个特定的地域框架下，“过去的经验”仍然指导、规约着当地客家人的生活习俗，并且接受着社会对它的改造。客家饮食是如何在特定的自然环境和人文环境中形成和变迁的？透过饮食能看到一个怎样的“客家”？这些问题是本书写作的出发点。

第一节　历史与发展

一、中国人文学科传统的饮食研究

中国人对食物的关注源远流长，从甲骨文时代起，中国人就开始了对食物的记载。甲骨文里就已经有马、牛、羊、鸡、犬、豕六畜以及殷人食鱼的文字，另外，青铜食器上有不少对食器用途和制作原因的说明。此后关于饮食的记载就更加丰富和系统化：经部的《周礼》《仪礼》《礼记》介绍了古代的食物、饮食器皿、饮食礼俗等；史书中的《平准书》《食货志》记耕稼饮食事，史部其他关于饮食的典籍也多如繁星，例如《四民月令》《南方草木状》《中馈录》《馔史》等；子部更是汇聚了不计其数的饮食类文献，如《食珍录》《食经》《食谱》《膳夫录》等；类书中的饮食资料也十分丰富，如《北堂书钞·酒食部》《艺文类聚·食物部》《太平御览·饮食部》等。[①]

到了现代，中国人的饮食传统随着食材种类的增加和烹饪工具的改善更加发扬光大，关于饮食文化的研究专著也如雨后春笋般涌现。这些著作从饮食的种类、口味、烹饪方式、烹饪用具和习俗禁忌等方面展开描述和

---

① 徐海荣主编：《中国饮食史》（卷一），北京：华夏出版社，1999 年，第 110 – 114 页。

记录，成果颇丰。如宣炳善的《民间饮食习俗》、邱庞同的《食说新语：中国饮食烹饪探源》和《饮食杂俎：中国饮食烹饪研究》、高成鸢的《食·味·道：华人的饮食歧路与文化异彩》和《饮食之道：中国饮食文化的理路思考》、王仁湘的《饮食与中国文化》、林乃燊的《中国的饮食》、林永匡的《饮德·食艺·宴道——中国古代饮食智道透析》、唐家路和王拓的《饮食器用》、姚伟钧的《中国饮食文化探源》、王学泰的《中国人的饮食世界》、万建中的《中国饮食文化》等。尤其是华夏出版社出版的《中国饮食史》（六卷）以编年体的形式整理了各类史料中的饮食记录，为国内的饮食研究提供了丰富的参考资料。这些饮食研究与古代饮食风俗志的传统一脉相承，把饮食形态的记录和描述作为研究的目的，以对象为导向，围绕“吃什么、如何吃”展开历史还原、溯源或现象研究，呈现出人文学科的研究趣味。

以上传统路径的饮食研究，在对地方饮食的特征进行归纳的同时，常常对饮食文化所体现的宇宙观作一番形而上的概括，将其归类到中国传统哲学思想的大体系中，以感性思维为主导，总体呈现平面式的研究特征，缺乏历史的纵深感。即使是对饮食史的描述，也是在朝代更迭的政治史框架下记录不同时代的饮食特征，而不是进行历史因果的分析和论证，缺乏社会科学研究的理论、方法和视野。

二、西方社会科学范式的饮食研究

与中国传统的资料式、分类式研究不同，西方的饮食研究在人类学家开辟的园地中开花结果，呈现出超越“饮食”、透过“饮食”探讨人类社会发展规律的研究旨趣。

19 世纪末 20 世纪初是西方饮食研究的滥觞期。1888 年，盖瑞克·马勒里（Garrick Mallery）在《美国人类学家》杂志第一卷第 3 号中发表了《习惯与膳食》一文，开启了现代饮食文化研究的序幕。[①] 早期学术界对食物的研究兴趣主要集中在禁忌、图腾崇拜、献祭和圣餐的问题上，即与宗教信仰有关的部分。[②] 如詹姆斯·弗雷泽（James Frazer）的《野蛮人的习俗、信仰和语言问题》（1907）的食物部分是从讨论食物禁忌开始的；[③] 欧

① Sidney W. Mintz, Christine M. Du Bois, The Anthropology of Food and Eating, *Annual Review of Anthropology*, 2002, Vol. 31, pp. 99 – 119.

② 杰克·古迪著，王荣欣、沈南山译：《烹饪、菜肴与阶级》，杭州：浙江大学出版社，2017 年，第 13 页。

③ 杰克·古迪著，王荣欣、沈南山译：《烹饪、菜肴与阶级》，杭州：浙江大学出版社，2017 年，第 14 页。

内斯特·克劳利（Ernest Crowley）的《神秘的玫瑰》（1902）通过神秘的或象征的话语阐释了性和食物的关系，还讨论了共餐习俗；[①] 克劳利在1929年出版《野蛮人与性的研究》，并在1931年出版《服饰、饮料与鼓：野蛮人与性的进一步研究》，均涉及食物与性的禁忌研究。[②] 杰克·古迪（Jack Goody）和罗伯逊·史密斯（Robertson Smith）都对献祭的主题进行过讨论，包括为祖先和其他超自然力量提供神圣食品的仪式，借此讨论献祭行为与社会各组织之间的关系。[③]

功能主义的方法将饮食研究带入了新阶段，其特点是运用注重“直接收集数据和亲身体验文化”的田野调查法，其早期代表是布罗尼斯拉夫·马林诺夫斯基和 A. R. 拉德克利夫－布朗。布朗的论述深入到习俗的微观功能层面，认为食物具有激发个人情感、帮助个人实现社会化的功能；其分析的局限在于过多地强调食物的“象征”意义。[④] 马林诺夫斯基的研究关注生产的过程和食物的象征方面，这些成果对在功能学派饮食研究方面作出重要贡献的奥德丽·理查兹（Audrey Richards）产生了直接影响。马林诺夫斯基评价理查兹的早期作品《野蛮部落的饥饿与工作——南部巴图人营养问题的一项功能研究》（1932）为“第一次收集了食物和饮食的文化方面的事实”，奠定了“营养社会学理论的基础”[⑤]。在这部作品中，理查兹试图“证明饥饿是人类关系的首要决定因素”。理查兹的研究始终关注食物的消费过程，但触及了食物与社会关系的全过程，包括社会情境和心理情境，食物的生产、制作和消费，食物的象征性，及其与生命周期、人际关系、社会群体结构之间的联系。[⑥] 她于1939年完成的《北罗得西里的土地、劳动力和食物》（*Land，Labour and Diet in Northern Rhodesia*）是

---

① 杰克·古迪著，王荣欣、沈南山译：《烹饪、菜肴与阶级》，杭州：浙江大学出版社，2017年，第14页。

② 杰克·古迪著，王荣欣、沈南山译：《烹饪、菜肴与阶级》，杭州：浙江大学出版社，2017年，第15页。

③ 杰克·古迪著，王荣欣、沈南山译：《烹饪、菜肴与阶级》，杭州：浙江大学出版社，2017年，第15页。

④ 杰克·古迪著，王荣欣、沈南山译：《烹饪、菜肴与阶级》，杭州：浙江大学出版社，2017年，第17－18页。

⑤ 杰克·古迪著，王荣欣、沈南山译：《烹饪、菜肴与阶级》，杭州：浙江大学出版社，2017年，第20页。

⑥ 杰克·古迪著，王荣欣、沈南山译：《烹饪、菜肴与阶级》，杭州：浙江大学出版社，2017年，第21页。

一部关于饮食的民族志作品，该书至今仍被认为是这一领域的典范之作。[①] 作者综合运用自然科学（生物学）和社会科学的视角，更明确、更具体地在生产活动的过程和情境中观察消费模式，描述了北罗得西里某部落的全部经济生活，并对许多主题进行了分析。[②]

摩尔和沃恩（Moore & Vaughan）作为理查兹名副其实的接班人，对她调查过的地方的食物系统进行了重新研究（1994）[③]。迈耶·福蒂斯的《塔伦西人家庭经济中的食物》（1936）也讨论了食物的生产和消费问题，探讨了献祭在促进群体团结方面的功能。[④] 福蒂斯是古迪的老师，古迪在《烹饪、菜肴与阶级》中延续了他对塔伦西人的饮食研究。

列维－斯特劳斯的结构主义继功能学派之后对饮食研究产生了重要影响。列维－斯特劳斯研究的是人类思维的深层结构，饮食只是他用于分析人类思维的行为现象。斯特劳斯将烹饪的各种变量置于二元的框架中进行比较，试图从中获得研究对象社会的无意识态度。他对食物的研究主要集中在烹饪方面，他对烹饪的最初关注出现在《结构人类学》（1958）的第五章，后来的《神话学》系列前三卷均以食物为主题，分别是：《生食与熟食》（1964）、《从蜂蜜到烟灰》（1966）、《餐桌礼仪的起源》（1968）。在这些作品中，作者关注了火在将生食转化为熟食过程中所起的作用，认为这是人之属性出现的重要标志。[⑤] 在分析“烹饪”时，斯特劳斯将菜肴的明显特征称为“味素（gustemes）”。列维－斯特劳斯进一步在《拱》这本书里对烹饪展开分析，在这里，“味素”不再是烹饪的基础单位，将食物从生转变到熟的烹调操作的基本类型才是。[⑥]

受结构语言学影响的列维－斯特劳斯习惯用语言模型来分析其他文化数据，建造共同的深层结构，其烹调三角模型和食谱三角模型便是例子。他将这些模型不断复杂化，目的是借助烹饪操作中的要素对比，找出菜肴

---

① Sidney W. Mintz, Christine M. Du Bois, The Anthropology of Food and Eating, *Annual Review of Anthropology*, 2002, Vol. 31, pp. 99－109.

② 杰克·古迪著，王荣欣、沈南山译：《烹饪、菜肴与阶级》，杭州：浙江大学出版社，2017年，第22页。

③ Sidney W. Mintz, Christine M. Du Bois, The Anthropology of Food and Eating, *Annual Review of Anthropology*, 2002, Vol. 31, pp. 99－109.

④ 杰克·古迪著，王荣欣、沈南山译：《烹饪、菜肴与阶级》，杭州：浙江大学出版社，2017年，第22－23页。

⑤ 杰克·古迪著，王荣欣、沈南山译：《烹饪、菜肴与阶级》，杭州：浙江大学出版社，2017年，第24页。

⑥ 杰克·古迪著，王荣欣、沈南山译：《烹饪、菜肴与阶级》，杭州：浙江大学出版社，2017年，第25－27页。

作为语言来无意识地转化社会结构的方式[①]。古迪对此做法提出了质疑，认为斯特劳斯忽视了“对立和无之间”的一种“混同”，或者说“融合”；[②] 古迪认为，为了进行这种“视觉化或形式化的比较”，必须把烹饪和经济（或家庭），烹饪和宗教（或文化）之间的关系放置一边，这样的做法看似在探讨人类生活的“更深”层面，实际上是“以牺牲了社会行为的更直接的可传播特征为代价，来赋予‘象征物’特权的”[③]；另外，这种分析方法只关注特定群体的行为统一体，社会或个人之间差异化的文化联系被忽视了。[④]

玛丽·道格拉斯的研究主要源自功能主义和结构主义。她关注食物与社会之间的关系，认为食物是社会关系的象征。1966 年，道格拉斯出版《洁净与危险》（*Purity and Danger: An Analysis of Concepts of Pollution and Taboo*），从结构主义出发阐释了圣经《利未记》中的饮食禁忌，被认为是象征人类学的扛鼎之作。该书主要从食物禁忌出发，分析分类体系的社会秩序建构，其研究的旨趣在于关注“象征秩序与社会秩序的对应性”。[⑤]

马歇尔·萨林斯的《文化与实践理性》（1976）讨论了文化自主性的问题，认为人类文化是由象征的、有意义的或文化的理性创造出来的。饮食在他的研究中与其他文化事象一样，也是被人赋予了象征意义的文化，饮食并不单纯由经济基础决定，“‘经济基础’是实践活动中的象征图式——而不是象征活动中的实践图式。它是既定的意义秩序在生产关系和生产结果中的实现，在物品的估价方式和资源的决定作用中的实现”[⑥]。在一些以亲属关系为主体的无文字社会中，酋长的食物与其本身一样具有“马那”的力量，只有同样高贵的人对此类食物才具有免疫能力，一般人如果误食，会因触犯禁忌而遭遇灾难。赋予食物这种功能和意义的，是社会潜在的“结构”，即文化秩序。萨林斯不像其他结构主义者那样，忽视

① 杰克·古迪著，王荣欣、沈南山译：《烹饪、菜肴与阶级》，杭州：浙江大学出版社，2017 年，第 29－33 页。

② 杰克·古迪著，王荣欣、沈南山译：《烹饪、菜肴与阶级》，杭州：浙江大学出版社，2017 年，第 27 页。

③ 杰克·古迪著，王荣欣、沈南山译：《烹饪、菜肴与阶级》，杭州：浙江大学出版社，2017 年，第 34 页。

④ 杰克·古迪著，王荣欣、沈南山译：《烹饪、菜肴与阶级》，杭州：浙江大学出版社，2017 年，第 39 页。

⑤ 玛丽·道格拉斯著，黄剑波、柳博赟、卢忱译：《洁净与危险》，北京：民族出版社，2008 年；朱文斌：《分类体系的社会秩序建构——对〈洁净与危险〉的述评》，《社会学研究》2008 年第 2 期，第 235－242 页。

⑥ 萨林斯著，赵丙祥译：《文化与实践理性》，上海：上海人民出版社，2002 年，第 39 页。

物质的影响力，但他更关注文化秩序对事象的塑造能力，关注文化事象的历史变迁。萨林斯的理论为我们揭示饮食现象背后的社会文化秩序提供了思路。

美国人类学家马文·哈里斯（Marvin Harris）对20世纪下半叶的饮食研究有着深远的影响。他在《文化唯物主义》中试图确立一种新的研究策略（范式），并用这种策略来探讨人类的饮食问题；《好吃：饮食与文化之谜》是对这种策略的实践。不同于功能主义和结构主义，也不同于萨林斯的文化实践理性，哈里斯强调从唯物主义的视角去寻找饮食文化之谜。他通过分析各种饮食习俗和禁忌背后的遗传学、生理学、营养学、文化学的因素，以及这些因素之间的相互作用，来解答饮食观念和饮食习惯形成的深层次原因，认为与其说是文化决定饮食，毋宁说是自然选择的需要决定饮食。在他看来，文化和社会的问题是与经济、生态、地理、人种、人口等因素联系在一起的，饮食偏好与禁忌的答案应该到生态史与文化史的结合部中去寻找。①

哈里斯的文化唯物主义在解释饮食习俗的最初起源方面有独到的见解，但他坚守唯物论的立场，用经济生态决定论来解释人类饮食史的一切问题，忽视人类对文化的主观创造，否定文化"意义"的后天性，其逻辑缺陷是显而易见的。与之相对，道格拉斯对饮食禁忌的论辩完全建立在主观构建层面，忽视事件起源时的生态背景，脱离了自然生态现实来讨论饮食文化。但她对食物禁忌在社会分类体系中的功能解释，无疑可以启发我们思考食物与社会的对应关系。

西敏斯的《甜与权力——糖在近代历史上的地位》（1979）考察了17世纪中期以来糖在西方世界的接受过程，以及与之相关的宗主国之间围绕着糖的生产和消费而展开的政治和经济力量的角逐。人类虽然天生嗜甜，但某一群人对甜味的迷恋会更甚于另一群人，不同人群赋予甜味的意义会有所差别，这与特定的文化有关。在西方，糖从奢侈品变为日常消费品的食用习惯变迁，使蔗糖的生产和消费具有了重要的政治意义。作者看似在讨论一种常见的食品，实际上是借此来洞悉一种食品与世界市场的诞生、西方世界的转型之间的关系——这本书，非关糖本身，它反映的是资本主义的历史。在这个宏大的历史事件背后，是人们对"日常自我的确认"，作者的目的是通过发掘平凡的日常事物之不平常，来更好地理解"宏大的

① 马文·哈里斯著，叶舒宪、户晓辉译：《好吃：食物与文化之谜》，济南：山东画报出版社，2001年；叶舒宪：《饮食人类学：求解人与文化之谜的新途径》，《中华饮食文化基金会会讯》2003年第2期，第21－24页。

历史本身”[①]。研究饮食，如果只关注食物本身，难免落入现象记录的窠臼；超越饮食，探寻食物与社会之间的联系，才具有解决实际问题的意义。

杰克·古迪（Jack Goody）1982年出版的《烹饪、菜肴与阶级：一项比较社会学的研究》（*Cooking, Cuisine, and Class: A Study in Comparative Sociology*），关注食物的生产、制作和消费的整体过程，主张社会理论的“情境化”（the contexualisation of social theory），即将问题的讨论放置在具体的社会语境中，考虑社会的等级制、地域与时间的变动对烹饪的影响。这是一个跨文化饮食的比较研究课题，作者思考的问题包括：为什么传统的非洲文化缺少有分化的菜肴系统？出现高级菜肴和低级菜肴分化的条件是什么？以此来考察非洲与欧亚社会的差异，并研究菜肴的分层与社会阶级分化之间的关系。通过将文化分化极小的社会系统和社会分层复杂的等级社会作比较，作者试图“揭示分层制度的本质，它与生产过程的联系，以及交流方式在一道菜肴的形成和固定过程中所起的作用这三者之间的关系”[②]。同样关注食物与社会的关系，《烹饪、菜肴与阶级：一项比较社会学的研究》与《甜与权力——糖在近代历史上的地位》有完全不同的路径，前者是将某个社会的整个饮食系统作为研究对象，后者只将作为甜味剂的糖作为研究对象。

上述西方人类学领域的饮食研究，将饮食看作人类文化的一种表征，通过对饮食相关问题的剖析，解答饮食背后隐藏的人类文化发展问题。在这里，饮食是用于探索人类文明真相的工具，而非目的。本书称此类研究为社会科学范式的饮食研究。

三、中国饮食研究的新趋势

受西方社会科学范式饮食研究的影响，中国的饮食研究开始走出“在饮食内部谈饮食”的传统，走向对饮食与社会关系问题的探讨。

1977年，张光直与他的美国同事合写了《中国文化中的饮食》（*Food in Chinese Culture*），探讨饮食在中国文化中的地位。文中提出“饮食变量”的概念，认为饮食研究即是对这些“变量”的研究。作者主张用定量的、结构的、象征的和心理的标准来比较衡量不同民族的饮食创造及其对饮食

---

① 西敏司著，王超、朱健刚译：《甜与权力——糖在近代历史上的地位》，北京：商务印书馆，2010年，第3页。

② 杰克·古迪著，王荣欣、沈南山译：《烹饪、菜肴与阶级》，杭州：浙江大学出版社，2017年，第3页。

的专注程度。他概括了中国饮食史中几个标志性的变量：第一个变量是农耕的开始，确立了中式烹饪中的“饭—菜”原则；第二个变量是夏商以后高度层化的社会使食物资源主要集中在上层有闲阶级手中，他们使中国烹饪走向了精致化；第三个变量的出现发生在现代，食物分配制度的根本改变，使饮食文化发生了质的变化。作者进而提出“食物语义学”的概念，即食物及与之相关的保存与制作过程、炊具、餐具、进餐者等事项，以及与这些事项相关的行为与信念的术语系统（亦即等级类别），和这些系统在功能上的相关性。①

尤金·N. 安德森的研究关注了整个中国历史的食物变化，主要运用考古学的材料来考证饮食史，并且在社会史的视野下探究某个时间点上的饮食变化。他不过分关注精英饮食，而是将影响大部分人口的食物及其生产方式作为考察的对象，思考中国传统农业的集约化系统对中国人饮食的重要影响。透过各种饮食现象，他得出这样的结论：满足身体需要和进行社会交流是中国人饮食的两个基础性功能；相对唯物主义和唯心主义都无法单独解答饮食何以形成的问题。②

财团法人中华饮食文化基金会定期出版的《中国饮食文化》学术期刊（一年两期）是集中讨论饮食与社会问题的基地，该刊经常开设专号，就某个主题展开研讨。如 2008 年第 2 期的主题是考古学视野下的食物和饮料；2010 年第 2 期的主题是中国的农业和新的饮食方式（foodways）；2011 年第 1 期的主题是现代中国饮食文化的变化；2012 年第 1 期的主题是史前台湾的人类饮食；2012 年第 2 期的主题是食物和移民。在这些研究中，饮食被作为研究族群边界、族群意识、民间信仰、社会政治经济发展、社会交往、跨文化交流等的工具，饮食成为探讨人与社会关系的重要文化事象，学者们的知识生产拓宽了通过饮食探讨不同社会问题的可能性。从下列研究中可稍作了解：

王明珂一直致力于族群边界的研究，他在《食物、身体与族群边界》中透过中国人对异族食物的描述，探索人们如何强调异族食物之异类性，以此强调“我族”与“他族”的身体差异，进而强化族群边缘，以凝聚认同。③ 他对食物进行研究是为了从日常生活的角度解释族群边缘问题。王

---

① 张光直：《中国文化中的饮食——人类学与历史学的透视》，尤金·N. 安德森著，马孆、刘东译：《中国食物》，南京：江苏人民出版社，2003 年，第 249 - 262 页。

② 尤金·N. 安德森著，马孆、刘东译：《中国食物》，南京：江苏人民出版社，2003 年。

③ 王明珂：《食物、身体与族群边界》，陈慧俐主编：《第六届中国饮食文化学术研讨会论文集》，台北：财团法人中华饮食文化基金会，2000 年，第 47 - 67 页。

明珂的另一篇文章在研究了羌族的几种具有社会隐喻作用的粮食作物在羌族地区的价值变迁之后，对物质文化研究的意义作了这样的总结："对人类物质文化与物质生活之研究，其最主要的意义在于研究者可以由此进入一个具体、真实与象征、虚构交错的历史世界，由此我们或能探索个人与社会间的综错关系，社会变迁的微观情况与过程，及其重大历史变迁间的关联。"①

何翠萍从另外一个角度关注了饮食的族群问题。她从最家常的食物米饭入手，集中讨论米饭对于西南族群高地与低地社会亲缘建构的比较意义。作者认为，米饭的家常性，对于了解一个社会亲缘关系和建立他群/我群的结群议题上有重要意义。作者借助了同类型的研究成果，如近年来人类学者对东南亚社会的研究发现，米饭的共食、家的共居才是亲缘构成最重要的条件，血缘、世系反而是次要的。② 香港中文大学人类学系的吴燕和比较了粤菜在台湾兴起并跃居台湾高档菜的头牌，以及台菜在香港流行的历程，以饮食文化作为切入点，探讨地方文化成员如何通过饮食来创造族群意识或国家民族意识的象征意义，进一步证明了饮食研究在社会研究、族群意识研究中的意义和价值。③ 罗素玫的《日常饮食、节日聚餐与祭祖供品：印尼峇里岛华人的家乡、跨文化饮食与认同》、段颖的《迁徙、饮食方式与民族学文化圈：缅甸华人饮食文化的地域性再生产》、巫达的《移民与族群饮食：以四川省凉山地区彝汉两族为例》④ 则从移民文化的角度讨论了饮食和族群认同问题。

在一次关于"饮食文化与族群边界"的讨论中，有学者建议"把食物看成一种语言"，对其中的"词汇"和"语法"进行分析。有学者则认为，"食物作为想象的符号"，附着着特定的社会价值，因此应关注食物的文化内涵。其中，食物是否可以用来划分族群边界，是客观的文化特征还是主观的价值建构使其成为族群的标志，成为学者们争辩的焦点之一。王明珂认为，用来区分我群和他群的饮食习惯并非客观存在的，而是主观建构的，如北川的羌族人主观上认为三龙沟的人是"蛮子"，因为他们吃酥

---

① 王明珂：《青稞、荞麦与玉米》，《中国饮食文化》2007 年第 2 期，第 23 - 71 页。

② 何翠萍：《米饭与亲缘——中国西南高地与低地族群的食物与社会》，陈慧俐主编：《第六届中国饮食文化学术研讨会论文集》，台北：财团法人中华饮食文化基金会，2000 年，第 427 - 250 页。

③ 吴燕和：《台湾的粤菜、香港的台菜：饮食文化与族群性的比较研究》，林庆弧主编：《第四届中华饮食文化学术研讨会论文集》，台北：财团法人中华饮食文化基金会，1996 年，第 5 - 21 页。

④ 巫达：《移民与族群饮食：以四川省凉山地区彝汉两族为例》，《中国饮食文化》2012 年第 2 期，第 145 - 165 页。

油。北川人以此来排除他群，而这不过是一种主观的想象，实际上三龙沟的人并不吃酥油。同样，北川羌人将荞麦作为我群的标志，也是被建构出来的一种认同。饮食文化通过争论、界定、展演，可以作为族群的符号被固定下来。彭兆荣说："食物在有条件的情境之中是可以作为族群认同的一种符号的。"[①]

陈勤建在越地开展田野调查时发现，当地农村有食用麻雀以祈子、求福，为小孩除病、消灾的饮食习惯，他认为其中蕴含了越地稻作文化的缘起及其图腾信仰等古老文化的密码。当地有农历二月十九祭雀仙的习俗，作者认为，人们在崇拜麻雀的同时又食用麻雀，与原始神话思维观照下生命互渗一体化的观念有关。[②] 在此，饮食习惯为破解地方民间信仰之谜提供了线索。

刘志伟讨论了战后台湾民众饮食习惯的改变——从唯米是粮变成米、面均等，体现的是粮背后的政治经济学动力，即美国主导的国际农粮体制，鼓励他国进口美国小麦以消化美国的剩余农产品。作者借此探究了外在因素对饮食习惯之形塑力。[③] 陈尹嬿的《西餐的传入与近代上海饮食观念的变化》和《民初上海咖啡馆与都市作家》[④] 讨论了特定政治环境下，舶来的饮食风尚引领的都市流行文化。曾品沧在《从花厅到酒楼》中讨论了社会政治环境的变化对宴饮社交功能的影响。

张展鸿的《祸福从天降——南京小龙虾的环境政治》、黄瑜的《共同富裕思想的延续——回顾中国南方对虾养殖业的起步》、吴科萍的《古酒新瓶——全球化市场下的绍兴酒》、张静红的《"正山茶"的悔憾——从易武乡的变迁看普洱茶价值的建构历程》[⑤] 等则是对某种饮食风尚带动地方经济发展之可能性的思考。

从上述学术史的发展历程，可以总结出几个现象：①中国自古就有记录饮食、研究饮食的传统；②饮食风俗志的研究传统对现代早期中国的饮食研究产生了深远影响，使其在很长的时间内主要在人文学科的领域内耕

---

① 徐新建、王明珂、王秋桂等：《饮食文化与族群边界——关于饮食人类学的对话》，《广西民族学院学报》（哲学社会科学版）2005年第6期，第83－89页。

② 陈勤建：《越地民间食用麻雀俗信的深层区域文化结构》，陈慧俐主编：《第六届中国饮食文化学术研讨会论文集》，台北：财团法人中华饮食文化基金会，2000年，第157－171页。

③ 刘志伟：《国际农粮体制与国民饮食：战后台湾面食的政治经济学》，《中国饮食文化》2011年第1期，第1－59页。

④ 陈尹嬿：《民初上海咖啡馆与都市作家》，《中国饮食文化》2009年第1期，第55－103页。

⑤ 张静红：《"正山茶"的悔憾——从易武乡的变迁看普洱茶价值的建构历程》，《中国饮食文化》2010年第2期，第103－144页。

耘，以记录奇风异俗为旨趣，没有发挥应有的社会科学研究的价值；③社会科学范式的饮食研究在近期有所兴发，并受到越来越多的重视；④全面探讨饮食文化与地方社会关系的民族志式的饮食研究仍严重缺失，饮食研究领域仍有很大的挖掘潜力。结合中外饮食研究的情况，大致可将中国饮食研究的发展划分为三个阶段：第一阶段：以资料记录为主，对中国的饮食文化进行分门别类的总结；第二阶段：以个别饮食现象为对象，研究饮食与社会的关系；第三阶段：以具体时空下的饮食系统为整体的研究对象，对饮食文化与地方社会之间的关系进行民族志式的研究。

四、客家饮食研究现状

客家饮食研究目前主要处于上述第一阶段，缺乏第二阶段、第三阶段的研究成果。在相当长的时间内，客家饮食是作为客家民俗的一部分内容得到记录的，比如《客家民俗》和《客家风华》等文化书籍中的“饮食”部分。其专门研究专著主要有王增能的《客家饮食文化》[①] 和黎章春的《客家味道——客家饮食文化研究》[②]；论文有杨彦杰的《客家菜与客家饮食文化》[③] 和《客家人的饮食禁忌》[④]，黎章春的《客家菜的形成及其特色》[⑤]，张应斌的《从酿豆腐的起源看客家文化的根基》[⑥]，刘还月的《客家饮食与客家人》[⑦]，龚彩虹的《试论客家美食名称的语言特点》[⑧] 等。

颜学诚的《“客家擂茶”：传统的创新或是创新的传统》是一篇具有文化人类学方法和视角的饮食研究论文，作者结合田野调查和文献获得研究材料，将事件放置于具体的社会历史背景中，通过层层推导，揭示出擂茶从一个外来的饮食事象被人为地建构成当地的客家传统美食的过程，这个过程与北埔观光旅游业的发展及当地文史工作者的倡导密切相关。在这个地方“传统美食”的构建过程中，没有吃擂茶习惯的北埔人对这种所谓的

---

① 王增能：《客家饮食文化》，福州：福建教育出版社，1995 年。

② 黎章春：《客家味道——客家饮食文化研究》，哈尔滨：黑龙江人民出版社，2008 年。

③ 杨彦杰：《客家菜与客家饮食文化》，陈慧俐主编：《第六届中国饮食文化学术研讨会论文集》，台北：财团法人中华饮食文化基金会，2000 年，第 363 – 381 页。

④ 杨彦杰：《客家人的饮食禁忌》，《中华饮食文化基金会会讯》2003 年第 2 期，第 10 – 16 页。

⑤ 黎章春：《客家菜的形成及其特色》，《赣南师范学院学报》，2004 年第 5 期，第 41 – 43 页。

⑥ 张应斌：《从酿豆腐的起源看客家文化的根基》，《嘉应学院学报》2010 年第 10 期，第 5 – 11 页。

⑦ 刘还月：《客家饮食与客家人》，林庆弧主编：《第四届中国饮食文化学术研讨会论文集》，台北：财团法人中华饮食文化基金会，1996 年。

⑧ 龚彩虹：《试论客家美食名称的语言特点》，《客家研究辑刊》2010 年第 2 期，第 159 – 164 页。

"传统美食"产生了质疑，吃咸擂茶的广东客家人对北埔的甜擂茶也产生了质疑，北埔精英面对各种质疑不得不对擂茶文化进行新的论述，从而不断塑造擂茶文化的新内涵。作者得出结论：人可以是文化的工具，文化也可以是人的工具；焦点应该是"如何"使文化成为人的工具，使人的"主体性"得以呈现，从而赋予传统新的意义。①

台湾学者萧新煌、林开忠的《家庭、食物与客家认同：以马来西亚客家后生人为例》通过对马来西亚客裔青年的客家饮食记忆的调查发现，在东南亚地区，客家人的"客家意识""客家性"只能呈现在私领域的家庭里；在这样的"客家"氛围中，食物作为具有象征意义的文化符号，在族群认同方面提供的辨识度实际上并不像一些学者描述的那样重。笔者认为，文章的论证恰恰说明了与其结论相反的观点，因为客家饮食在海外客家后裔记忆中的式微，正好印证了这些在闽、粤族群夹缝中生存的客家人已逐渐淡化了其客家认同（即该文作者在文章开头提出的认识），族群认同的淡化导致族群饮食的式微，可见，饮食确实可以成为族群认同的一个文化指标。

总的来说，客家饮食研究在学术界至今未获得应有的重视，社会科学范式的客家饮食研究数量有限，整体的、民族志式的客家饮食研究更是一片空白。"客家"是一个相对独立的文化主体，梅州则是客家的地域性代表，本书以梅州客家饮食为研究对象，希望通过饮食来研究客家地方社会，为国内饮食研究和客家研究提供一个整体性的个案。

第二节　饮食结构简论

地方性的饮食文化有其内在的结构，结构由不同的要素组成，自然环境和社会文化秩序通过对这些要素产生影响，对结构进行调整和重组。饮食结构是地方性饮食文化的肌理组织，记录着地方社会的自然和文化信息。透过饮食结构来研究地方饮食，才能从整体上把握饮食与地方社会之间的复杂关系。本节主要通过探讨饮食结构的内涵，来构建饮食研究的概念工具及分析框架，以将本书置于一定的理论规范中。

① 颜学诚：《"客家擂茶"：传统的创新或是创新的传统》，周宁静主编：《第九届中国饮食文化学术研讨会论文集》，台北：财团法人中华饮食文化基金会，2006年，第157－167页。

一、从物质论和文化论说起

马文·哈里斯是物质论饮食研究的代表。他用文化唯物主义的理论来解释人类的“食物与文化之谜”，宣称“食物在滋养集体的心灵之前必须先滋养集体的胃”①，以此来挑战列维－斯特劳斯的结构主义饮食观。他认为首先应该从“营养的、生态的和收支效益的角度”② 来解释人们为何选择吃某类食物，而放弃另外一类食物。比如人类钟爱肉食，因为肉食更具有营养性，肉食中单位含量的蛋白质比素食更高、更好，同时肉、鱼、禽和奶制品也是维生素和基本的矿物质的集中来源。③ 他进而从生态和收支效益的角度，解释了一系列令人费解的人类饮食现象：为何印度人禁止宰杀和食用牛肉而美国人却嗜吃牛肉，为何伊斯兰教徒拒绝吃猪肉，为何法国人喜欢吃马而英国人却对此很厌恶，为何有些人嗜乳有些人却厌乳，等等。

以印度的牛肉禁忌为例：印度人是世界人口第二大国，也是个肉食相对缺乏的国度，却拥有全世界数量最多的家畜，其中“总数中有 1/4 到 1/2”都是生病或衰老的、没有用处的牛，印度人不宰杀它们以获得更多的肉食，反而让它们自由地在田野上、高速公路上、城市的街道上散步。④缺少肉食的印度人将对牛的保护列入国家政策和法案中，宰杀和迫害牛在印度可以直接引发一场政治动乱。从表面上看来，这种不可思议的现象源于他们的“宗教的狂热”，因为牛在印度教中是神灵的象征：“祭司们说，关照一只母牛本身就是一种崇拜的形式；没有一户人家会否认从饲养一头牛中获取的精神愉悦。”⑤ 但是，为什么牛会在印度成为首选的象征性符号？只是出于任意的、随机的精神选择吗？哈里斯对此深表怀疑。他发现，在印度教最早的神圣经典《梨俱吠陀》中，并没有禁食牛肉或保护母

---

① 马文·哈里斯著，叶舒宪、户晓辉译：《好吃：食物与文化之谜》，济南：山东画报出版社，2001 年，第 4 页。

② 马文·哈里斯著，叶舒宪、户晓辉译：《好吃：食物与文化之谜》，济南：山东画报出版社，2001 年，第 8 页。

③ 马文·哈里斯著，叶舒宪、户晓辉译：《好吃：食物与文化之谜》，济南：山东画报出版社，2001 年，第 24－29 页。

④ 马文·哈里斯著，叶舒宪、户晓辉译：《好吃：食物与文化之谜》，济南：山东画报出版社，2001 年，第 44 页。

⑤ 马文·哈里斯著，叶舒宪、户晓辉译：《好吃：食物与文化之谜》，济南：山东画报出版社，2001 年，第 46 页。

牛的条款，反而有较多宰杀牛的内容。[①] 宗教文献的记录表明，吠陀人用牛做牺牲的情况比其他动物更多，牛肉是公元前1000年那个时代北印度最常吃的动物肉食，以至于吠陀人的首领要饲养大量的牛作为财富储存。随着人口的增长，原来半游牧的、大量吃肉的生活被农耕的、以粮食和奶为主要食物的生活取代。人们用牛耕作，从而促进了人口增长。牛肉对一般百姓来说变得越来越奢侈，逐渐成为特权阶层的美味。

公元前600年左右，战争、干旱、饥荒令普通人的生活水平下降，对吠陀神灵的信仰减弱，新兴宗教出现。其中就有禁止杀生的佛教，“佛教的兴起与民众的苦难有关，也同环境资源的枯竭有关”[②]。新的宗教领袖借普通人对动物牺牲的敌意，否定杀生，或阻止用动物做牺牲。佛教与印度教经历了9个世纪的漫长争斗，以印度教的获胜告终。结果就是，婆罗门信徒为了获得民心，修改了《梨俱吠陀》中对动物牺牲的狂热信奉，以牛奶代替牛肉作为印度教的仪式食品，从牛的杀害者转变为牛的保护者。这种将牛神圣化的策略使印度教在与佛教的竞争中获胜，“通过转变为牛的保护者和禁食牛肉，婆罗门信徒们就能够像选择一种更流行的宗教教义那样，选择一种更富于生产力的农耕体制了”[③]。一种强壮有力、以人无法食用的野生植物和家庭食物残渣为食、抗病能力强，还能为人类提供土壤肥力和燃料的瘤牛成为印度人的生计助手，母牛的生育能力和生产奶、粪的能力使它们比公牛更具饲养优势。在牛的实用价值远远大于食用价值的社会，人们顺理成章地产生了对牛的保护意识，而宗教领袖正是利用这一点，巩固了己方的势力。在印度这个具有宗教信仰传统的国度，宗教组织借助人们对牛的保护欲望制定了顺应民心的宗教教义，以此建立本宗教的威望，这既是保存宗教实力的需要，也在客观上起到了保护为大部分人提供基本营养资源的农耕生产体系、消除建立在种姓制上的不平等的作用——在种姓制度下，只有特权阶层才能享用到牛肉，而这是以牺牲普通家庭的生产工具为代价的。

哈里斯从早期的人类营养需求与生态供给层面，解释了某种在现代人看来难以理解的宗教教义。他从唯物主义的立场出发解释人类的饮食现象，认为一切现象背后都隐藏着一个客观的、物质的原理。这种客观物质

① 马文·哈里斯著，叶舒宪、户晓辉译：《好吃：食物与文化之谜》，济南：山东画报出版社，2001年，第48页。

② 马文·哈里斯著，叶舒宪、户晓辉译：《好吃：食物与文化之谜》，济南：山东画报出版社，2001年，第51－52页。

③ 马文·哈里斯著，叶舒宪、户晓辉译：《好吃：食物与文化之谜》，济南：山东画报出版社，2001年，第54页。

理性为我们探索饮食文化现象背后的生态历史原因提供了理论依据。但他否认人在制定宗教规则时的主观力量，回避宗教对人的精神世界的制约力，依然将信仰和传统已经根深蒂固时的人类行为视作纯粹的对经济生态的反应，这使他在对实现问题进行更深入的讨论时，不可避免地陷入了自我圈定的逻辑困境。他刻意回避人类自我设定的意义图式在后饮食时代对饮食文化的塑造作用，实际上只讨论了人类饮食的物质结构部分，遗漏了饮食的文化结构部分，只关注了人类饮食的局部，而非全貌。

同样是解释《利未记》中的饮食禁忌，哈里斯与道格拉斯由于所站的理论立场不同，陷入了针锋相对的论战。道格拉斯认为，猪在《圣经》中被认为是不洁净的原因是，它们不是偶蹄且反刍的动物，后者被认为符合《创世记》对世界基本框架的设定规则。猪因为与规则不符，是不完美的，所以就是不洁净的，不可以食用的。“饮食规则就是一种标志，它时时处处使人们深刻体会上帝的唯一性、纯洁性和完美性。通过这些禁忌规则，人们在遇到各种动物与各种食品的场合里，圣洁都有了实在的表现形式。因此遵守饮食规则就成为承认与崇拜上帝的重要圣事中极有意义的组成部分，而这种圣事往往在圣殿举行的献祭仪式中达到高潮。”[①] 与道格拉斯从文本中寻找问题的答案不同，哈里斯是回到古代中东地区的历史生态中去寻求饮食文化之谜的，其结论是，《圣经》之所以规定牛、绵羊、山羊为洁净之物，而猪是不洁之物，是因为当地并不适合养猪，是生态因素决定了洁净食物与不洁净食物的宗教界定。显然，哈里斯强调了饮食的生态决定论，借此回答了饮食习俗起源的问题。而道格拉斯的研究则回避了“为什么会有这样的分类方法”的问题，但她并非完全没有意识到这个问题，因为她曾在书中指出，“偶蹄且倒嚼的动物是适于畜牧者的食物模式”[②]。她有着与哈里斯截然不同的问题意识，其研究的价值在于对文化的象征体系的探讨，借此，她讨论了文化分类系统和社会秩序构建的问题，而社会秩序是推动社会发展的历史结构——“污秽从来不是孤立的。只有在一种系统的秩序观念内，它才会出现”[③]。可见要解开人类饮食之谜，并不能局限于某一个程式化的理论，需打通不同维度的思路，方能实现整体性的研究。本书研究的目的，在于通过对饮食的基本结构和饮食的结构性变化的

① 玛丽·道格拉斯著，黄剑波、柳博赟、卢忱译：《洁净与危险》，北京：民族出版社，2008年，第73－74页。

② 玛丽·道格拉斯著，黄剑波、柳博赟、卢忱译：《洁净与危险》，北京：民族出版社，2008年，第70页。

③ 玛丽·道格拉斯著，黄剑波、柳博赟、卢忱译：《洁净与危险》，北京：民族出版社，2008年，第52页。

把握，达到对社会和历史的理解，既需要探讨习俗的起源，也需要寻求饮食的文化与象征秩序。

"选择作为一种'生存力的限制'，是一种负面的决定因素，它只规定什么事情是不能做的，但同时也毫无区别地许可（选择）任何可能的事情。"[①] "选择"不仅是以生态的方式进行的，也是以社会的方式进行的；社会的方式，在更大的程度上对文化产生创造力。自然生态为文化的创造设定了条件，但它本身不会行动，生态性的行动是"通过文化而展开的"，文化赋予了自然以有意义的形式。

人类饮食结构多样性的存在，首先与生态环境的多样性分布有关，但生态环境只规定和约束了人类无法操作的食物范围，并未规定人们应该如何设计食物的功能和形态。例如同样以稻米为主食，广府人把米浆做成了肠粉，客家人把米浆做成了味酵粄；同样是西兰花，广府人喜欢蒜蓉清炒或白焯蘸酱，客家人喜欢烹制成瘦肉炒西兰花；贺州客家人有七月半（中元节）以鸭祭祖、吃鸭的习俗，[②] 梅州客家人祭祖敬天一般用鸡不用鸭。诸如此类的现象，并不能用物质理性去解释。在一定的物质条件下，人们如何定义食物在其社会关系中的意义，更多地受到集体观念和历史文化的影响，体现为文化的理性。一个社会的文化图式与其饮食结构的形成有着内在的逻辑联系，我们需要从物质的层面来探究食物的构成，也要从文化的层面来讨论食物的社会功能。"饮食结构"是饮食研究的基本概念，一个族群的饮食结构既是生态的结果，也是文化创造的成果。

关于"饮食结构"的定义，学者们有着不同的倾向：

万建中在《中国饮食文化》一书中从饮食结构的角度来区分南北方饮食的异同。他认为，从饮食的内容上来说，汉民族的饮食以植物性食料为主食，以畜牧业为主的少数民族则以肉食为主食。汉民族饮食结构中的主食主要有两大类：米饭和面食，南方民族的主要农作物是稻米，故以米饭为主食；北方的主要作物是小麦，主食尚面食；少部分地区种植玉米、青稞、高粱、土豆、红薯等杂粮，以杂粮为主食。早在新石器时代，我国黄河流域的仰韶文化以粟为主粮，长江流域的河姆渡文化以稻为主粮，形成了南北两大农耕饮食文化系统。[③] 南北虽然主食不同，但饮食结构却相似，

---

① 萨林斯著，赵丙祥译：《文化与实践理性》，上海：上海人民出版社，2002 年，第 270 页。

② 冯智明、倪水雄：《贺州客家人祭祀饮食符号的象征隐喻——以莲塘镇白花村为个案》，《黑龙江民族丛刊》2007 年第 4 期，第 140 - 145 页。

③ 据万建中的研究，粟是新石器时期后中国北方的主要粮食作物，汉唐以后逐渐被小麦取代。至唐中叶，小麦完全取代了禾粟，成为仅次于水稻的第二大粮食作物。详见万建中：《中国饮食文化》，北京：中央编译出版社，2011 年，第 24 - 25 页。

具有以素食为主、肉食为辅，热食熟食为主、冷食生食为辅的基本特征。

张光直分析中国人的日常饮食，认为其中的基本原则是“饭+菜”的原则。[①] 张光直所说的“原则”，可以说是中国人日常饮食的基本结构。他同时主张用“定量的、结构的、象征的和心理的”四个客观标准来衡量不同民族饮食文化的相对创造性及该民族对饮食的专注程度，他对“结构的”标准作出了如下解释：

在结构上，不同的文化，在各种各样的场合，或在独特的社交或仪式背景下，使用哪些种类不同的食物？一个民族，对于许多不同的情境，可能都只使用变化很小的几种食物和饮料；而另一个民族，则可能要求对每一情境都要有不同的食物。与特殊种类的饮食相关联的器具、信念、禁忌和礼仪，都是有意义的。所有这一切，都可以通过研究该民族赋予他们的食物以及与食物有关的行为和其他事物的术语体系，来加以探讨。用于指称食物和有关事物的术语数目越大，该术语系统安排得越有等级层次，那么，一个民族就可以说对于食物是越专注的。[②]

此处，饮食的“结构的”标准，指食物及其相关的物品和观念在不同场合下的功能。张光直认为其价值在于从食物语义学的角度来研究一个民族对食物的专注程度，即民族在饮食方面的文化品性。“结构”之义接近于本书所指的饮食的“文化结构”。

本书对“饮食结构”的理解和运用主要来源于人类学对“结构”的阐释。列维-斯特劳斯把寻找隐藏在历史背后的无意识结构作为人类学研究的使命。他在研究了萨满教治病方法与心理分析治疗方法的相似性之后指出：

任何情境致人精神创伤的力量都不可能来自其内在的特征，确切地说，它必定是出于某些事件在适当的心理、历史和社会语境下诱发情绪结晶的能力，这种情绪结晶是在先前即已存在的结构模式中形成的。就该事件或情节而言，这些结构，或者更确切地说，这些结构规律，是真正与时间无关的。就神经病人而言，一切精神生活及外来的经验都是在原始神话

---

① 张光直：《中国文化中的饮食——人类学与历史学的透视》，尤金·N. 安德森著，马孆、刘东译：《中国食物》，南京：江苏人民出版社，2003年，第249-262页。

② 张光直：《中国文化中的饮食——人类学与历史学的透视》，尤金·N. 安德森著，马孆、刘东译：《中国食物》，南京：江苏人民出版社，2003年，第256页。

的催化作用下按照排他的或主导结构组织起来的。但是这些结构以及神经病人将其降为从属地位的其他结构也会在正常人（不论是原始人还是文明人）中发现。这些结构作为一个总体便构成了我们所谓的无意识结构……它可以归结为一种功能，即符号功能，这无疑是人类所特有的，所有的人都按照同样的规律行使着这种功能，因此这种功能实际上是与这些规律的总体相一致的。[①]

所谓历史既是偶然的，又是必然的，偶然是因为时间、地点、人物、事件的过程等，这些构成事件的要素是一次性的，不可能存在另外一件一模一样的事件。但诱发事件各要素发生作用的机制却呈现出相对稳定的结构性特征，结构导致了历史的必然性。人们长期在既定的结构模式下习得的能力和养成的文化心性，在特定的语境中带动事件的各要素发生作用，最终导致事件的发生，推动历史的进程。

与列维－斯特劳斯始终关注人类的思维结构不同，萨林斯在此基础上更加关注历史的结构，或者说社会的结构。他注意到了结构主义过分忽视客观物质条件的弊端，试图调和历史唯物主义与结构主义之间长期以来的矛盾，寻找历史与结构之间更加辩证的关系。他将在历史中反复出现的、“作为诠释和行动模式的文化范畴”的连续性逻辑称为“长时段的结构（structures of the longue duree）”，认为学者的挑战“不仅在于了解文化是如何安排事件的，而且也要了解在此过程中，文化又是如何被重组的”，即“结构的再生产是如何变成它的转型的”[②]。

萨林斯认为，历史与结构之间的辩证关系在于“历史乃是依据事物的意义图式并以文化的方式安排的”，因为社会的结构千差万别，历史的情形也千差万别；反之，“文化的图式也是以历史的方式进行安排的”，在历史的演进过程中，文化图式（结构）会因某些意义的转换，改变文化范畴之间的情境关系，发生“系统变迁（system-change）”。[③] 历史事件背后的无意识结构并不是一成不变的，它包括不可变的逻辑框架和可变的因素，可变的因素会被事件带动而发生重组，形成新的无意识结构。三者的关系应该是：无意识结构驱动事件的各要素按照规范的轨迹行进，促使历史事件的发生；事件带动结构中的可变因素发生改变，使结构发生重组，形成

---

① 克劳德·列维－斯特劳斯著，陆晓禾、黄锡光等译：《结构人类学》，北京：文化艺术出版社，1989 年，第 39 页。

② 萨林斯著，蓝达居等译：《历史之岛》，上海：上海人民出版社，2003 年，第 240 页。

③ 萨林斯著，蓝达居等译：《历史之岛》，上海：上海人民出版社，2003 年，第 3 页。

与原结构相关联但并不完全一致的新结构；新结构继续以上述方式影响历史的行进。萨林斯的研究表明，不同的社会结构有其自身独特的历史生产方式，结构的多样性，造成了世界历史的多样性。研究者的使命，就是发现独特文化背后的自在的结构，即文化秩序。

斯特劳斯研究人类思维的深层结构，注重从行为的语义中去寻找形式背后隐藏的人类无意识思维。在这里，人为地将行为要素从现实语境中抽离出来，置与之相关的经济或文化的要素于一边，只探讨人类思维的内在逻辑，结果往往陷入唯心主义的泥淖。本书探讨的"饮食结构"，作为一个用于解释人类饮食现象的概念工具，不仅指人的思维结构——它主要指的是人类饮食活动与所在社会各结构要素之间的关系，主要关注的是人类社会生活的表层关系结构。每一个自成体系的饮食文化作为历史的存在，都有一个使之成为其存在之表现形态的内在秩序，这个秩序在漫长的历史中形成，由自然、集体和个人共同创造和完成。在这个过程中，"集体的传统与个人的想象力能够合作，认真地建立并不断地修改一个结构"①。饮食结构中，稳定的逻辑框架（或者说各要素间的关系逻辑）主要表现为观念形态，是人们"之所以会这样吃"的根本原因；不稳定（易变）的关系要素主要表现为物质形态，是吃的内容和形式，涉及食物的生产和消费等过程。从饮食的"要素"层面来看，饮食结构包括构成饮食的各种要素以及各要素之间的关系，这些要素有饮食的生理、心理机制，食材，烹饪工具，烹饪方式，饮食礼制，以及使某种饮食样式产生、传承或发生改变的社会心理及历史文化背景等。

二、饮食的物质结构和文化结构

十八世纪末，英国的许多劳工阶层的生活水平还处于温饱线，但茶叶和蔗糖的消费已在他们的日常饮食中占据了很重要的位置。一位十八世纪的社会改革家对此进行了猛烈的抨击，认为这是"技工和劳动阶级向贵族效颦"的极其愚蠢的表现。一位英国的营养史研究者则发表了更为善解人意的看法：这样一杯加了蔗糖的热茶"使一顿冷冰冰的晚餐变得热腾腾的"，贫困的人们正是从这杯热茶中"享受到一种空幻的暖意"②。当社会改革家的唯物主义理想遭遇营养史研究者的人文关怀，我们不能否定前者

---

① 克劳德·列维-斯特劳斯著，陆晓禾、黄锡光等译：《结构人类学》，北京：文化艺术出版社，1989年，第17页。

② 西敏司著，王超、朱健刚译：《甜与权力——糖在近代历史上的地位》，北京：商务印书馆，2010年，第120-121页。

的物质理性，但后者所体察到的特殊食品带给人们的“暖意”（人类对食物的超越生存的情感需求），则更具有认识社会的洞察力。

萨林斯说：“人的独特本性在于，他必须生活在物质世界中，生活在他与所有有机体共享的环境中，但却是根据由他自己设定的意义图式来生活的”，文化的决定性属性并不在于“这种文化要无条件地拜伏在物质制约力面前，它是根据一定的象征图式才服从于物质制约力的，这种象征图式从来不是唯一可能的”[①]。这个论断在肯定物质世界对人类活动的制约作用的同时，更重视人类为“他自己设定的象征图式”。

从“意义”的层面来说，人类饮食的文化结构始于火的使用。火的使用促使人类开始制作和食用熟食，从而大大增强了人类的体质，加速了直立猿人向现代人的进化。[②] 制作熟食必须使用烹饪工具，同时会衍生出各种烹饪方法，于是人类饮食的物质结构，由生食阶段（直接食用）的单一结构，演变为熟食阶段（或者说烹饪阶段、饮食文化阶段）的由食材、烹饪工具、制作方法等要素构成的多重结构。火的使用使烹饪成为从获取食材到食用食材之间的过渡行为，关于“烹饪”的文化由此揭开了序幕。

一方面，人利用自然物产赋予饮食以文化的形式和内涵；另一方面，个体从小受到环境的影响，身体形成对某种食物的适应性，无意识地形成了对某种口味的观念认同。生活在水稻种植区域的南方人一般吃不惯面食，正餐如果没有食用米饭，甚至会觉得没有“吃饱”；生活在小麦种植区域的北方人则嗜好面食，米饭对他们来说可能难以下咽。对某种食物的群体性爱好虽具有较强的稳定性，但并非不能改变。二十世纪六十年代，在美国主导的国际农粮体制背景下，受美国进口小麦的影响，台湾地区转变了传统以米食为主的饮食习惯，形成了米食和面食并存的日常饮食新格局，这便是外力的作用对饮食结构的改变。[③] 但在对面食的接受度上，受惯习[④]影响较小的年轻一辈要远远大于社会经验较固化的年老一辈。不论是推广面食还是以大米为主食，都没有从根本上改变中国人传统饮食的

---

① 萨林斯著，赵丙祥译：《文化与实践理性》，上海：上海人民出版社，2002 年，第 2 页。

② 张光直：《中国饮食史上的几次突破》，林庆弧主编：《第四届中国饮食文化学术研讨会论文集》，台北：财团法人中华饮食文化基金会，1996 年，第 71 – 74 页。

③ 1950 年，台湾人均米食消费量为每年 133.56 公斤，人均小麦消费量为 7.88 公斤；2000 年，人均米食消费量下降至 52.69 公斤，人均小麦消费量增至 32.6 公斤。详见刘志伟：《国际农粮体制与国民饮食：战后台湾面食的政治经济学》，《中国饮食文化》2011 年第 1 期，第 1 – 59 页。

④ 对老百姓而言，文化“活”在实践中，并且作为惯习而存在。“这种对感知和规则的不假思索的把握，就是布迪厄所说的惯习。”详见刘晓春：《历史/结构——萨林斯关于南太平洋岛殖民遭遇的论述》，《民俗研究》2006 年第 1 期，第 40 – 53 页。

“饭（主食）+菜（辅食）”规则，只是改变了制作主食的原材料。自然和社会环境的改变，会导致物质条件的改变，使人们对饮食的物质结构进行调整，在此过程中会受到文化结构——惯习的很大制约；物质结构调整的实现，意味着新的惯习，即新的文化结构的形成。也就是说，一个文化群体所秉持的饮食结构受到社会生产力所代表的物质制约力和观念、制度、惯习所代表的文化规定性的双重影响。饮食结构中，物质因素和文化因素在现实情境中互相构建，形成较稳定但又不断演化的关系。

基于上述认识，笔者认为，人类的“饮食结构”指人类饮食活动中物质与文化各要素之间的关系，以及饮食与社会之间的关系，包含两个基本的维度：饮食的物质结构和饮食的文化结构。饮食的物质结构主要指食材、烹饪工具、用餐器皿、菜肴等“看得见”的要素。由历史传统、社会秩序制约形成的烹饪方法、餐饮制度（包括用餐时间、日常餐桌礼仪、筵席礼仪、共餐或分餐的习俗等）、饮食观念（食物的象征意义、食物在不同场合的功能、食物禁忌、养生保健观念等）等，构成了饮食的文化结构。

（一）自然生态与中国人饮食的物质结构

不同的生态环境、不同的物质条件，形成了不同的饮食风俗。“饭”和“菜”被认为是中国人日常饮食的基本原则，饭不仅指谷物，也指其他淀粉类食品——南方以稻米为主，北方则以面食（小麦）为主，还包括黍、高粱、玉米、荞麦、山药、番薯等；如饺子这样的食品，则被认为是饭、菜的统一体——饺子皮为饭，馅为菜。厨具和餐具也具有中餐的特色：用圆柱体形的锅煲粥、煲饭，用圆锥体形的锅炒菜；为了方便夹菜、送饭，中国人使用筷子，而不是像西方人那样用刀叉。① 这些都反映了中国人饮食的物质结构。食物有日常的、神圣的、象征的和现实的区别，同样一种东西，在日常餐饮中吃和在祭祀时吃意义不同；人们吃什么、不吃什么可能与宗教的、信仰的、经济的、口味的因素有关，② 这些反映了饮食的文化（功能）结构。

物质结构与生态环境、社会生产密切相关。安德森认为，在西方学会使用化肥之前，中国人是“世界上最集约的施肥者”，中国的传统农业

---

① 张光直：《中国文化中的饮食——人类学与历史学的透视》，尤金·N. 安德森著，马孆、刘东译：《中国食物》，南京：江苏人民出版社，2003年，第249－262页。

② 徐新建、王明珂、王秋桂等：《饮食文化与族群边界——关于饮食人类学的对话》，《广西民族学院学报》（哲学社会科学版）2005年第6期，第83－89页。

"代表了劳动密集型、土地集约型和'生物'选择的高效农业的顶点"[①]，这是因为，中国人口众多，必须综合利用好每一种资源，才能让大部分人吃饱饭。循环利用是中国式集约农业体系的技术核心，能最有效地保存养分、变废为宝："如人粪喂狗和猪，它们是比人效率更高的消化者，因此能将我们多达一半的排泄物当作食物食用。杂草和秸秆并不直接做成混合肥料，而是喂猪和牛。畜粪，除了人粪超过了猪的需求以外，与未被选为牲畜食物的所有植物性材料一起，成为主要的肥料。灰烬、穿旧的草鞋、弄碎的砖和砖坯、池塘里的藻花，尤其是沟泥与河泥，均至关重要，不仅因为它们提供了养分，还因为它们保持了土壤的结构和组织。许多垃圾也辗转成为鱼的食物及池塘的肥料。生长在沟渠的杂草被草鱼吃掉，而榨油的残渣则成了理想的池塘肥料及饲料。其他垃圾被独特地制成堆肥。"[②] 安德森以氮原子的转化为例，解释了这个循环过程：

华南地区半山腰的空气中，氮原子被根瘤固着在野生的豆科植物上……这个原子被一个人吃下。最后它被排泄出来，循环进入一头猪内，接着又被一个人吃下，且（让我们说）再一次经过猪，然后遁入猪粪，猪粪又被施于菜地。这一回，原子碰巧被一只啃菜叶的昆虫吃掉了。但其作为人类的食物并没有逸失。一旦蔬菜长到足以不会被家禽吃掉时，农人就将其鸡鸭赶入田间。禽类吃掉了昆虫和杂草。所以该原子又经过了人的肠子。

或许这个原子没有顺流而下。这时它掉进了水稻田，于是整个循环又开始了。假如它变成了种子的一部分，则属于人类的食物；假如它变成了秸秆的一部分，则成为水牛的食料；假如它变成了根茎的一部分，则可能被用作燃料，并成为灰烬而回归田野；假如它遁入昆虫或杂草之中，则会被鸭子吃掉。

…………

氮在烟雾中以及植物腐烂时逸失，但堆肥是在坑里或封闭的地方制成的，从而避免了养分的流分。[③]

① 尤金·N. 安德森著，马孆、刘东译：《中国食物》，南京：江苏人民出版社，2003 年，第 101 页。

② 尤金·N. 安德森著，马孆、刘东译：《中国食物》，南京：江苏人民出版社，2003 年，第 98 页。

③ 尤金·N. 安德森著，马孆、刘东译：《中国食物》，南京：江苏人民出版社，2003 年，第 98－99 页。

类似的记载早在中国古代就已出现，屈大均《广东新语》载：

苗以阳火之气而肥，此烧畬所以美稻粱也。大抵田无高下皆宜火。火者稻秆之灰也，以其灰还粪其禾，气同而性合，故禾苗易长。农者稻食而秆薪，以灰为宝，灰以粪禾及吉贝、萝卜、芋薯之属，价少而力多，自然之利也。[1]

除了循环利用资源，以使其达到最有效地利用外，中国农民还通过精心选择栽培地点来提高生产效率：方便灌溉的地方种水稻，房前屋后种植蔬菜，低洼易聚水的地方开塘养鱼。农作物的选择要实现效益最大化，水稻属于高产谷物，因此大米是中国大部分地区的主食，尤其在东南部。大豆则是缺乏肉类食物的中国人获取蛋白质的重要途径，所以中国许多地方都种植大豆及其他豆类植物。中国人的饮食以谷物和其他淀粉类食物为主，配合以大豆和瓜果蔬菜，这是集约化农业体系下，人们获得营养的最有效搭配。在很长的一段历史时期，中国老百姓创造的大部分财富被集中到少数贵族阶层手中，普通人的饮食只能以素食为主，肉食在他们的日常饮食中仅占很小的比重。但不论穷人还是富人，中国人饮食的基本结构是"饭菜搭配"，"饭"即主食，"菜"是主食以外的其他餐桌食品。[2] 这种结构被认为"具有显著的可塑性和适应性特征"，"在富裕之时，可能多添几样比较贵的菜，但如果日子艰难，它们也就可以省去"[3]。从营养学的角度分析，人体需要大量的碳水化合物来提供能量，中国人的"饭"主要由淀粉类食物组成，而淀粉是碳水化合物的重要组成成分。"菜"由植物类食物和动物类食物组成，其作用不仅在于送饭，而且还能提供维生素、蛋白质、矿物质等人体所需的营养成分。因此，"饭菜"搭配的餐饮模式是一种既适应中国人的生产方式又满足人体营养需求的、遵循现实原则的生存策略，构成了中国人饮食的基本物质结构。

（二）礼制传统与中国人饮食的文化结构

社交功能在中国人的饮食文化中有着重要意义，"中国人善于把人生的喜怒哀乐、婚丧喜庆、应酬交际导向饮食活动，用以增进人与人之间的

---

① 屈大均：《广东新语》，北京：中华书局，1985 年，第 376 页。

② 尤金 · N. 安德森著，马嫚、刘东译：《中国食物》，南京：江苏人民出版社，2003 年。

③ 张光直：《中国文化中的饮食——人类学与历史学的透视》，尤金 · N. 安德森著，马嫚、刘东译：《中国食物》，南京：江苏人民出版社，2003 年，第 249 – 262 页。

伦理关系”[1]。实际上，饮食的社交功能，不仅在于增进人与人之间的关系，也在于构建人与社会的关系。汉民族的饮食，很早就受到了礼制的规范。中国的礼制，在夏、商、周三代即开始积累。孔子曰：

夏礼，吾能言之，杞不足征也；殷礼，吾能言之，宋不足征也。文献不足故也。足，则吾能征之矣。

殷因于夏礼，所损益，可知也；周因于殷礼，所损益，可知也。其或继周者，虽百世，可知也。[2]

史书记载，春秋时期，礼崩乐坏，孔子手定五经，其中之一是《礼记》，追溯三代之礼，成为后世文化的重要基石。[3] 现世流传的《礼记》经过了西汉经学家的重新编纂，集成了先秦以来的华夏族礼制。此书《礼运》篇云：“夫礼之初，始诸饮食，其燔黍捭豚，污尊而抔饮，蒉桴而土鼓，犹若可以致其敬于鬼神。”[4] 礼制的形成始于献祭仪式，因此，祭礼便是中国饮食礼制的核心。祭祀使人与神沟通的桥梁得以建立，并使人与神之间的抽象关系具体化。食物则是祭祀仪式的载体，各种食器就是礼器。《论语·八佾第三》记：

子贡欲去告朔之饩羊。子曰：“赐也！尔爱其羊，我爱其礼。”

“羊”是代表“礼”而存在的，它在此处的意义与人们日常餐桌上的羊肉截然不同，而是协助人维持理想中的社会秩序的神圣载体。《论语·乡党第十》有：

祭于公，不宿肉。祭肉不出三日。出三日，不食之矣。

祭肉的分食是人与神沟通的媒介，祭肉的食用制度体现了人对神的态度。孔子虽“不语怪力乱神”，但对“神”在维护社会秩序中的作用有深刻的认识，故遵循着严格的祭祀礼仪。即便在他的日常饮食中，孔子也不忘建立“礼”的规范。《论语·乡党第十》记录了孔子的饮食观念：

---

① 徐海荣主编：《中国饮食史》（卷一），北京：华夏出版社，1999 年，第 28 页。
② 孔子著，杨伯峻、杨逢彬注释：《论语》，长沙：岳麓书社，2000 年，第 16－20 页。
③ 陈小明：《〈论语〉的历史世界》，北京：《中国社会科学》，2010 年第 3 期。
④ 郑玄注，孔颖达疏：《礼记正义》，北京：北京大学出版社，2000 年，第 777 页。

食不厌精，脍不厌细。食饐而餲，鱼馁而肉败，不食。色恶，不食。臭恶，不食。失饪，不食。不时，不食。割不正，不食。不得其酱，不食。肉虽多，不使胜食气。唯酒无量，不及乱。沽酒市脯不食。不撤姜食，不多食。

…………

食不语，寝不言。虽疏食菜羹，必祭，必斋如也。席不正，不坐。

怎样的食物可吃，怎样的食物不可吃，应该如何吃，餐桌上应遵守什么样的礼仪，这些态度体现了“君子”的修养，是“礼”在日常生活中的延伸。故弟子们记录孔子的这些饮食行为，以为后人效尤。

在以汉文化为传统的客家社会，祭祀之礼（人神关系的建立）、宴饮之礼（人与人之间社会关系的维系）、家庭饮食之礼（日常饮食礼仪）、饮食禁忌等思想主要来源于儒家对“礼”的规定，同时也反映了地域性的文化特征，这些共同构成了中国人饮食的文化结构。物质结构和文化结构互相影响、互相建构，形成了一套整体性的饮食体系。

第三节　饮食文化与族群认同

饮食满足人类最基本的生存需求，围绕该需求，人们总是在特定的自然条件下，以最有效的方式组织食物的生产、交换、消费，慢慢形成地方性的“社会”。人们在构建地方社会的过程中树立起族群意识，发明一系列与当地的环境相适应的生产生活文化和饮食习惯，形成族群的客观文化特征。食物作为具有族群特征的文化符号，常常被用作强调“我群”文化、划分族群边界的工具。

1969 年，弗雷德里克·巴斯（Fredrik Barth）主编论的文集《族群与边界——文化差异下的社会组织》（*Ethnic Groups and Boundaries: The Social Organization of Culture Difference*）出版，学者们以“族群互动”为主题展开对话，着重讨论了“族群认同的互联性以及族群边界和文化认同问题”。他们认为，“族群认同不是独立的，而是人们持续的归属和自我归属的产物。族群认同的形成贯穿于吸纳和排斥的关系过程中”①。巴斯撰写的导言将族群成员的“认同”视为族群构建的根本原因，强调族群边界的重要

① 马成俊：《弗雷德里克·巴斯与族群边界理论》，弗雷德里克·巴斯主编，李丽琴译：《族群与边界——文化差异下的社会组织》，北京：商务印书馆，2014 年，第 10 - 11 页。

性，认为客观的文化特征只是表现了族群的一般性内涵，并不能反映族群的本质，也无法解释族群边界形成和变迁的问题。巴斯及该书的其他作者高举主观论旗帜，开辟了族群研究的新路径，使文化认同和族群边界成为族群研究领域的重要理论范式。该理论也逐渐在中国的族群研究领域产生了深远的影响。

族群边界论者认为，共同的体质、语言、文化特征并非构成一个族群或民族的充分必要条件，许多具有相同或相似体质、文化特征的人群并不认为他们属于同一个族群，有些体质、文化特征存在相异性的人群却认为他们同属一个族群。且族群溯源毫无止境；而以文献或文物为依据进行溯源也并不可靠，因为文献记载的可能是当时人们的理想或想象而非历史的真相，文物可能是对一种文化器物的模仿或从甲地传入乙地的交换性物质。受巴斯的影响，王明珂试图从中国人“族群边缘”的形成与变迁的角度来解答“为何我们要宣称我们是谁”，并解释为何存在认同矛盾或认同变迁。他不赞同用共同的客观体质和文化特征来定义“族群”，认为族群应由族群边界来维持：造成族群边界的是一群人主观上对外的异己感（the sense of otherness）以及对内的基本情感联系（primordial attachment）；族群边界的形成与维持，是人们在特定的资源竞争关系中，为了维护共同资源而产生，即族群认同是人类资源竞争的工具；人们通过坚持某种认同来维护族群根基，族群认同的核心是“共同的祖源记忆”①。

在某一族群中，文化的客观相似性是族群存在的基础，族群内部的认同需要依靠一定的客观载体，例如以中文为母语是中国人的基本标志，韩国人都爱吃泡菜等。但不以中文为母语的华裔未必不是中国人，喜欢吃泡菜的也未必都是韩国人。不同族群之间的文化可能存在客观层面的许多相似性和相异性，客家人吃梅菜，上海人也吃梅菜，吃不吃梅菜并不能成为判断是否是客家人的标准。如果以文化的相似性和相异性作为区分他群和我群的标准，会有很多的不确定性，局面会很混乱。

族群认同论者并不否定客观的体质、文化特征的意义，他们认为文化特征不能成为划为族群的标准，但承认族群是具有文化特征的人群范畴，后者是族群赖以存在的客观载体，是族群认同的工具。族群的形成需要一定的客观基础，包括相同的体质特征、共同的文化、共同的历史。相同的体质特征只能作为族群的参考因素，而非决定因素——客家人与非客家人的后代未必不是客家人，客家人与客家人的后代也未必还是客家人。梅州

① 王明珂：《华夏边缘：历史记忆与族群认同》，北京：社会科学文献出版社，2006 年，第 4 页。

地区广泛流传着印尼华侨熊德龙①的故事，他没有中国血统，却自称“中国人”“客家人”，并像其他的爱国华侨那样实践着作为“中国人”“客家人”才拥有的报国心。对于这样的传奇人物的身份，人们的认识是矛盾的，既从血缘上否定他是客家人，又津津乐道于他对于“我是客家人”的自我认同。实际上，不论是他个人还是梅州人，都更乐于忽视他的非客家血缘，而强调他作为“客家人”的爱乡行为和自我认同。梅州人甚至将他塑造成本族群的“英雄”，借助他对“客家人”的自我认同意识，在族群内部宣扬族群自豪感，在族群外部则传播族群的优越感。

决定族群存在的因素主要是共同的文化和共同的历史。哪些是共同的文化和共同的历史？它们如何决定一个族群的存在？王明珂认为，“客观的‘文化相似性’以及由共同文字所传播的历史记忆”，“是华夏主观选择‘共同文化’与‘共同历史’的客观基础”，即华夏族群的形成是人们对客观的“共同文化”与“共同历史”进行主观选择的结果；“在此客观基础上，华夏也可能选择更狭义的‘共同文化’与‘共同历史’来造成较小范围的华夏”②。“客家”便是这种“较小范围的华夏”。

主观认同对于族群边界构建具有决定性作用，客观文化特征则是族群认同的载体。饮食作为族群客观文化的一部分，在塑造族群性格和划定族群边界方面具有特殊的价值。“由于‘食物’经常被视为造成或影响人的‘内在身体’，因此人们常以‘食物’来表达群体认同及与他群的区分……（食物）不但供应人们生物性的身体，也塑造人们文化性的身体。它们的一些生物性及其与人类的生态关系，被人们选择、发掘与诠释，因此影响

---

① 熊德龙，1947年11月生于印度尼西亚，兼有荷兰、印度尼西亚血统，出生后被遗弃于孤儿院，后被旅居印度尼西亚的梅县籍华人熊如淡、黄凤娇收养。他从小深受传统客家文化的熏陶，在养父母爱国爱乡、孝敬父母的传统美德的耳濡目染下，虽无中国血统，却有一颗中国心。熊德龙16岁就走上社会，开始了他的打工生涯。由于他聪慧、勤奋好学，百艺一学就会，很快在生意场上表现出过人的经商才华，两年后，他就在养父母和亲友的关心支持下，开设了一家小海绵厂，当上了小老板。10多年间，熊德龙的事业不断发展壮大，从小小海绵厂逐步发展到了烟酒制造、金融、房地产、国际贸易、酒店、旅游、传媒等领域，企业遍布美国、加拿大、中国、印度尼西亚、新加坡、柬埔寨等国家和港澳地区，成立了大型跨国集团公司。他名下拥有美国大兴银行、好莱坞大都会酒店、熊氏地产投资有限公司、新加坡国际金叶烟草有限公司、香港皇玺洋行等几十家著名企业。在推动企业拓展、积极向海外推介中国知名产品的同时，熊德龙还进军海外华文媒体，以推动华文教育和弘扬中华文化。他说：“我虽然是‘老外’的长相，没有中国血统，但我对中国有特殊的感情，我有一颗百分之百的中国心和一腔百分之百的客家情。”1979年中国刚刚开始改革开放，他怀着报答养父母养育之恩、回到家乡梅州尽孝心的愿望，偕同夫人首次回到梅州，从此开始了各种捐助家乡事业的活动。

② 王明珂：《华夏边缘：历史记忆与族群认同》，北京：社会科学文献出版社，2006年，第248页。

人们对它的厌恶或喜好；它们在民众的言谈、书写与行为中化为各种文化符号，以维持各种社会边界或造成边界变迁。”①

在王明珂的族群历史研究中，生产、生活方式的异同是辨别族群的重要指标，他通过研究河湟地区族群在历史上的经济生态变迁来判断华夏族群边界的形成。公元前3000年左右，我国河湟地区生活的人群曾经出现以农业为主的经济生态。新石器晚期以后，华北、西北边缘地区，黄河的上游河段（青海河湟地区、套北地区与辽西等地）一带，气候发生变化，天气变冷，土地贫瘠，雨水不足，不再适宜粮食作物的生长，山地资源多为人类无法直接食用的草、棘、藓类植物。生态环境的改变、人口的扩张、阶级分层导致的资源分配不均等因素，使生活在这一地区的人群原来的定居生活瓦解，经济生态从早期的农业化逐渐走向牧业化。当南方的农业人群通过“华夏”认同来构建族群边界时，北方这些非农业人群因生产、生活方式的差异被排斥在“华夏”族群之外，族群的边界由此形成。② 游牧民族居无定所，以放牧为生、以肉食为主；华夏民族过着农耕的定居生活，以植物性食物为主。这便是后来人们观念中的族群差异，饮食在这里成为人们划定族群边界的重要依据。

在更小的族群范围内，以饮食作为区分我群和他群的工具，在现实生活中屡见不鲜。例如，客家人会说，“我们客家人坐月子是要吃鸡酒的”；广府人则会说，“我们广府人坐月子吃的是猪脚姜醋（又叫姜醋）”。在同一种情境下的不同饮食风俗，成为各族群之间互相区分的标志。重要的是，并非坐月子吃鸡酒的就一定是客家人、吃猪脚姜的就一定是广府人——也有非客家人或广府人从营养的角度出发学习他们的月子食谱，此时的食谱是超越族群的非习俗性饮食。只有当客家人认为他们是这样吃，广府人认为他们是那样吃的——人们主观地把饮食现象视作识别族群的客观依据时，饮食才是具有族群性意义的。

我们对人类的饮食进行研究，是为了通过饮食来观察社会的运行、发展和变迁，观察社会中人与人之间的关系、人与信仰之间的关系。族群作为承载饮食文化的重要观念主体，与饮食文化有着互相形塑的关系。生活在同一群体中的人们，会在特定的自然环境、社会情境下形成群体性、类型化的饮食习惯，在与他者之习惯的比较中，显示出自我的特殊性，“通过人们主观的及社会权力关系下的礼仪化和符号化操弄，成为人们所宣称及表现的区域性饮食文化”，并“人为地加以提炼、总结乃至突出和强化，

---

① 王明珂：《青稞、荞麦与玉米》，《中国饮食文化》2007年第2期，第23－71页。

② 王明珂：《华夏边缘：历史记忆与族群认同》，北京：社会科学文献出版社，2006年。

进而成为某个特定区域、特定人群识别自我和区别他者的标志之一”①。

食物不仅是承载着人生记忆的符号，而且是情感强化的工具。在现实中，经常将对食物的某种依恋作为族群认同的一种描述方式，对某种具有家乡特色食物的依恋，常常成为人们表达乡愁的叙事方式。借助食物的符号性意义，来自同一个族群的人们可以获得共同的精神慰藉。客居广州的七十多岁客家老人林梅女士对此深有体会。她家是客家同乡的常聚点，聚会的方式是共同烹制、享用客家美食。她在《客家小吃勾乡情》的一篇小文章写道：

> 我有一位堂哥（林万昌）全家来广州我家小住，我蒸了一笼客家萝卜丸招待他，他端起萝卜丸两眼泪汪汪，我问为什么？他说：端起萝卜丸就想阿婆，想家。听他一说，我也控制不住大哭了一场，阿婆做的萝卜丸啊！一辈子也忘不了，小小的萝卜丸，勾起我们的思乡情怀。②

林女士经常向她的同乡们发出诸如此类的邀请：“过来‘打斗聚’③呀，今天某某老乡来了，我们一起吃客家菜。”“客家菜”成了她召集族人的口号，借助这个有着大家共同记忆和乐于体验的物质载体，她把同在异乡的族人凝聚到一起，形成一个相对封闭的小群体。食物是使这群人聚到一起的理由，围绕着制作和品味家乡食物的活动，形成一个交流的场景，谈论的话题始终离不开“家乡”“家族”这些意象，各种与原乡有关的家长里短在这里传播，关于族群的各种信息在这里汇集。通过交流，人们重新梳理着共同的族群记忆，同时获得新的原乡动态，形成新的族群共识。这个小群体自然地构筑了一条具有族群色彩的边界，甚至林女士河南籍的丈夫在此时也只是个凑热闹的“吃客”，他对眼前的食物只有味觉上的感觉，没有情感上的认同，因此也无法进入其他人的交流场中，被无形地隔阻在边界之外。

饮食寄寓着人们对家乡的情感和记忆，这种情感和记忆可以超越身份和地位。《梅州文史》（第十一辑）刊载了多篇关于叶剑英回乡的回忆文章，其中多处通过记录叶剑英回乡时的饮食来反映这位元帅的家乡情结。叶剑英多次以家乡特色的饮食来招待同行的客人，如在 1953 年第一次回梅

---

① 王欣：《饮食习俗与族群边界——新疆饮食文化中的例子》，《中国饮食文化》2007 年第 2 期，第 1 – 21 页。

② 林梅：《客家小吃勾乡情》，《南山季刊》总第 82 期。

③ 客家话，大意为朋友聚会、聚餐。

州时，叶剑英在上午参观的间隙，特意吩咐负责接待的工作人员，“到刘海记店定做一桌纯客家特色的菜饭”，他中午要宴请随同他来的外省领导。[①] 在视察过程中，熟悉的家乡食品再次勾起叶剑英待客的兴趣：

在市场上行走中，发现有几样特产——芫茜菜，豆腐花，猪、牛肉丸，客家糯米酒等，叶帅当即拿钱给我，叫我去买这些东西，结果我买了30多斤芫茜菜、2只大活鸡、4大瓷茶壶糯米酒（16斤），另外叫了1担肉丸和1担豆腐花……（叶帅）叫警卫官兵、工作人员、船工和随同人员分光、吃净……为的是使大家知道客家地方，有这么多特产，叫人吃后回味无穷。[②]

文章中还记录了叶剑英自己对家乡食品的寻觅：

叶帅两次回梅，都提出要吃他小时吃过的“味酵粄”和炒番薯叶。1971年那次，除梅县同志知道“味酵粄”是什么东西外，外县外省干部都不知道“味酵粄”为何物，以为“碗粄”就是“味酵粄”，拿出他品尝时，他说不是这个东西。当时我们的厨师也不会做“味酵粄”。临时做出一点，他尝后，带着鼓励的口吻说：还可以，还可以。1980年叶帅回梅，我们已知老帅习惯，叫厨师及早准备。当他这次回来，吃到炒番薯叶和“味酵粄”时，连说好，好，好。自此之后，炒番薯叶（又名龙须菜），“味酵粄”成了我们梅州宴会桌上的佳肴、小吃。[③]

另一篇记载叶剑英回乡的文章记录了其午餐的菜式：“午饭是俭朴的，带一股浓郁的客家风味……菜端上来了，没有山珍、海味，有的是客家农村逢年过节家家都吃的传统菜式：干咸菜焖猪肉、酿豆腐、炒番薯叶，外加一个汤。”[④] 叶剑英对家乡食品的推荐和寻觅，反映了他对“客家人”身份的认同，这种认同，既有源自身体的客观感受和记忆，也有发自内心的

---

① 古美祥：《一代伟人，将帅风范》，梅州市文史资料委员会编：《梅州文史》（第十一辑），内部发行，1997年，第10页。

② 古美祥：《一代伟人，将帅风范》，梅州市文史资料委员会编：《梅州文史》（第十一辑），内部发行，1997年，第13页。

③ 胡其达：《嘉州留足迹，赞誉满人间》，梅州市文史资料委员会编：《梅州文史》（第十一辑），内部发行，1997年，第5页。

④ 钟声：《叶帅视察回故乡》，梅州市文史资料委员会编：《梅州文史》（第十一辑），内部发行，1997年，第27页。

主观意念的表达。

显然，饮食与族群身份认同之间有着某种天然的联系。饮食是人们用于表达身份认同的一种媒介，客家知识分子在形容“客家精神”时，需要借助许多文化现象，其中就有饮食。《梅州风献汇编》收录的一篇文章把“打糍粑”作为客家人群体互助精神的一个表征：

最有意思，是喜庆中的“打糍粑”。在一座大且重的圆臼里，倒进热腾腾的糯米饭，由青年男子三人一组，六个人或九个人来合作压打揉搓。两人各举一杵向臼里一上回，一下打的连续动作；在此一上一下的间隙里，另一人迅速将浸过水的手抹进臼里的糯米饭上。三人一组，一喝一喊的循环动作。隔一段时间，由另一组来接替，使先一组休息。直到糯米饭变成又白、又软、又好吃的糍粑为止。三人动作要配合一致。由此，一方面促进彼此认识与友谊，更使青年人热衷于这项辛苦劳力的工作，以显示他们已是成人了。这事非是一看即会，需得群体的学习与技术的熟练。①

关于饮食与族群认同的研究，长期以来并未受到学术界的重视。这种状况在进入二十一世纪以后有所改观，并形成了为数不多的有价值的研究成果。有学者将饮食习俗作为研究族群边界的工具，观察人们如何借助微观的饮食风尚或禁忌来设定族群边界。王明珂的《食物、身体与族群边界》认为，在人类的族群认同与区分中，“身体”特质不只是客观的，更多是被人“主观选择、想象与建构”的，而食物是造成“身体”的“内在”特质的重要因素。该文探讨了华夏族群如何通过强调我群食物与他群食物的差异来想象异族“身体”，强化华夏族群认同。

这些研究的共同点在于，饮食成为探讨族群问题的对象；给予本书的启示是，饮食文化与族群认同具有某种天然的联系，研究饮食应该关注这两者之间的联系。本书欲借助饮食的研究来分析客家社会，客家人对客家饮食文化的认同作为族群认同的一个方面，自然是本书论述的一个重点。借鉴上述族群饮食研究的范式，笔者认为，要实现本书的目标，首先需要对饮食与文化认同之间的关系进行说明，然后才能理清这些形式在饮食结构中扮演的角色，进而将其作为研究客家社会的理论工具。

“认同”从主观上说，是对一种观念和文化的接受，以及由此而产生的参与的欲望。反映在行为上，就表现为创造、操作、享用、传承和讲

---

① 朱介凡：《客家史实风土传说》，详见丘秀强、丘尚尧编：《梅州文献汇编》（第五辑），台北：梅州文献社，1977 年，第 16 页。

述。对饮食的认同，有出于“身体”的接受，但更多来自对文化的接受。彭兆荣说：“饮食体系不仅包含动物在食物选择和适应上的生物意义上的认同，同时人类又通过食物，甚至通过味觉、口感等实践着社会意义上的文化认同。”[①] 以客家人的咸菜情节为例。在田野调查中，一位八十多岁的客家老人对笔者说，有一年因为她身体不好，没有制作咸菜，家里其他人也没空做，那一年没咸菜吃，她特别不习惯，很难受，所以身体稍好一些，就赶紧找来瓶子，腌了好几瓶咸菜。[②] 从小吃惯咸菜的客家人，会因吃不到咸菜而感到对其味道的怀念，导致身体和心情的不舒适感，这种“认同”来自“身体”对某种食物的适应性，可以说是“身体”对食物的特殊“记忆”。客家人也用咸菜来书写自己的迁移史，认为咸菜是族人在南迁的漫长路途中，为了方便饮食而设计的一种食物储藏方式。[③] 这种以咸菜作为族群象征的认同方式，便不再是“身体”的认同，而是文化的认同、观念的认同。一个族群性的饮食文化系统，必然包含了文化主体对食物的身体性认同和文化性认同，这恰恰与饮食结构的物质性和文化性是相联系和对应的，但两者不完全相同。族群的饮食文化认同，不论是身体性的还是文化性的，旨在借助食物来构建族群的边界，所以归根到底还是“主观的”。饮食结构则更多地体现出二元统一的互相构建关系，更加整体地反映食物与社会的关系。

另外，认同不仅是“族群的”，也是“地域的”；人们通过对食物的认同，建立起“族群”与“地域”之间的联结。“食物造就人体就好像生殖造就人体一样。所以食物会是一个最好的创造地缘认同的象征，同时也是一个最好的表现与父母子女间滋养、成长、情感及一体感价值的象征。”[④] 食物因其与环境、社会和人的关联，而具有了多重的意义。

---

① 彭兆荣：《菜谱：吃出来的文化认同》，彭兆荣：《饮食人类学》，北京：北京大学出版社，2013 年，第 117 页。

② 曾经在很长一段时间里，客家乡村每年家家户户都制作大量咸菜，咸菜是日常餐饮中的“常菜”（相关论述详见第四章第二节）。现在许多人家不再自己腌咸菜，又没有到市场上购买的习惯，以致出现吃不到咸菜的尴尬情况。

③ 朱介凡《客家史实风土传说》有“五胡乱华，客家人逃乱，多腌咸菜，而成习俗”的说法，见丘秀强、丘尚尧编：《梅州文献汇编》（第五辑），台北：梅州文献社，1977 年，第 18 页。

④ Andrew Strathern：Kinship，Descent and locality：Some New Guinea Examples. In J. Goody（Ed.），*The Character of Kinship*，Cambridge：Cambridge University Press，1974，p29. 转引自何翠萍：《米饭与亲缘——中国西南高地与低地族群的食物与社会》，陈慧俐主编：《第六届中国饮食文化学术研讨会论文集》，台北：财团法人中华饮食文化基金会，2000 年，第 427－250 页。

第二章　客而家焉：族群历史与族群意识

“客家”是一个在人口迁移、民族融合的历史背景下产生的地方性族群，它形成于闽粤赣边地区特殊的自然地理环境中，曾受到当地不同族群文化因素的影响。客家饮食是客家人为适应地方环境而构建的生活文化，与客家社会的发展密切相关。研究客家饮食应将其放置在具体的地方、社会和历史背景下进行，否则就是脱离“语境”的论述。因此，在对具体问题展开论述之前，有必要对客家族群的历史和客家社会的基本情况进行简要的叙述。

第一节　从移民到“客家”：客家族群的历史脉络

由赣南、闽西南、粤东北组成的闽粤赣三地结合部是客家民系的发源地，在地理位置上比邻相连，地形、地貌和气候环境相似。未开发时，这片区域山林茂密，山地多、平原少，多瘴疠，虫兽横行，人烟稀少。

秦时实行郡县制，闽粤赣主要在九江郡、闽中郡、南海郡范围。东晋咸和六年，兴宁建县，为梅州历史上第一个县；南齐时设程乡县，即今梅县。唐朝废郡设州，初有虔州（今赣州）、潮州（今梅州当时属潮州），后在闽西设汀州、漳州。五代十国时期，南汉在粤东北设敬州，北宋时改为梅州。[①] 至此，闽粤赣边地区全部实现了帝国的州一级行政建置；除汀州外，当时的行政建置大部分为新中国采用。

闽粤赣边地区现在是汉族聚居区，但汉族移民在这里大规模繁衍生息，是较晚之事。在此之前的很长时间，非汉人族群才是该地区的主人。非汉人族群的消失以及汉人成为该地区的主体族群，是一个历史层累、渐变的过程。

---

① 温仲和纂：光绪《嘉应州志》，台北：成文出版社，1968 年。

一、山都、木客

研究表明，从汉武帝时期至唐中叶，南方一些未经开发的山区有原始人类的活动痕迹，他们被称为山都、木客，过着巢居的生活，通过采猎获得食物，喜食山涧中的鱼虾蟹，懂得使用火，因行踪隐秘、行为怪异常被外界误以为是神仙或鬼怪[1]。蒋炳钊考证称，这个汉晋、唐宋时期出现在史书上的人群，“主要分布在我国东南和南方诸省，尤以赣、闽、粤交界的山区较为集中”[2]。

山都、木客获取食物的方式是直接采集或猎取，而不是种植或饲养，生活方式较为原始，文明进化程度较低。文献记载的山都、木客以闽粤赣交界山区较为集中，应与该地区开发较周边迟缓有关。作为闽粤赣三省最迟得到开发的地区，当三省交界的边区开始受到关注、被历史文献记录时，三省的核心经济区已获得了较充分的发展，进入到较高的文明发展阶段。尚待开发的闽粤赣边地区的原始人类因生活在条件恶劣、封闭的深山中，在较长的时间内未受外来文明的影响，保持了原有的生活方式，直至被外界观察、记录。所以，山都、木客应该是因寄居深山、较晚消失而被后人记录到的原始土著，[3] 代表该地区族群的最初级阶段。

二、百越与溪峒

闽粤赣交界地区已发现存在以百越文化为特征的“浮滨类型文化”，其出现的时间大约在殷商晚期至战国前期，[4] 可见闽粤赣边地区进入“百越”时期的时间不会迟于战国时期。在“溪峒社会”以前，该地区一直呈

---

① 蒋炳钊：《古民族“山都木客”历史初探》，《厦门大学学报》（哲学社会科学版）1983年第3期，第87－94页；谢重光：《客家形成发展史纲》，广州：华南理工大学出版社，2001年。

② 蒋炳钊：《古民族“山都木客”历史初探》，《厦门大学学报》（哲学社会科学版）1983年第3期，第87－94页。

③ 有观点认为，岭南地区的土著是客家以前的畲族，笔者对此表示怀疑，因为畲族之前该地区还出现过七闽、俚、獠等被统称为“百越”的古代少数民族，而百越也不是完全“土生土长”的，其中不少也是上古时期的移民。故有必要对“土著”的概念加以界定，避免产生歧义。

笔者认为，“土著”并不专指当地“原生”的、不论当时还是过去只与此地存在唯一联系的那群人，而是相对于后来的移民，更早地对当地的文明发展起到作用的早期居民。客家是经过长时间的民族融合过程才形成的、以汉文化为主流文化特征的新族群。对于最后到达的南迁汉人而言，称畲族为“土著”不无道理；对于畲族而言，溪峒时期的百越后裔就是“土著”；相对于百越，山都、木客则可能更符合“土著”的身份。因此，“土著”不是一个凝固不变的概念，而是一个相对的、变化的概念。”

④ 谢重光：《客家形成发展史纲》，广州：华南理工大学出版社，2001年，第66页。

现百越杂处的族群特征。

历史上，包括现在的湖北、湖南、广西、贵州、广东、福建等大部分南方地区的少数民族曾一度被称为“溪峒”[①]。闽粤赣边地区大约在六朝隋唐起进入“溪峒社会”时期。[②] 溪峒社会的形成，与南朝以前湘鄂五溪地区盘瓠蛮向闽粤赣三省的迁徙，对当地社会格局和民族生态产生的影响有关。

“溪峒”的“溪”原指小溪，泛指各类水系；“峒”指山洞、石洞，都是南方各族群常见的居住环境。“溪峒”实际上是用居住环境来标志族群特征，反映了当时南方地区的族群面貌，是继“百越”之后对南方少数民族的泛称。南宋刘克庄《漳州谕畲》称：“凡溪峒种类不一，曰蛮，曰猺，曰黎，曰蜑。”[③] 可见闽粤赣边地区的“溪峒”也是多个民族的统称，是一个与汉人族群相区别的概念。

在“百越”时期，社会生产力普遍比较落后，各族群之间的生计模式还没产生很大的分化。随着外族的入迁，地方社会的资源被重新分配，族群的生计特征被环境所强化，出现了专门依赖某种自然资源生存的人群，水上人家、农耕人群、山居人群之间的族群边界趋于明显。从“百越”到“溪峒”的称谓变化，反映了当时社会历史的变迁和族群状态的变化。

溪峒各族到明代仍是闽粤赣边地区的主要人群，直至客家社会形成，溪峒社会才逐渐宣告结束。随着非汉人族群越来越多地被汉化或被消灭，“溪峒”之称也在文献中慢慢淡出。故此，“溪峒”应为继“百越”之后，闽粤赣边地区的一个过渡性社会形态。

三、溪峒与畲

按照谢重光的观点，大约在南宋中叶，一个以南迁武陵蛮为主体、融合了闽越土著及部分逃入溪峒的汉人、具有相同族群文化特征的畲族，已经在闽粤赣边的汀、漳、潮、梅、循、赣等州郡山区形成，他们信仰盘瓠，耕山种畲，汉人称其为“畲”，他们自称为“山客”。[④]

畲族有“好入山林，不乐平旷”的传统习俗，积累和练就了一套适应

---

① 刘冰清：《溪峒与九溪十八峒考略》，《贵州民族研究》2008 年第 4 期，第 156 – 165 页；史继忠：《说溪峒》，《贵州民族学院学报》1990 年第 4 期，第 26 – 33 页；谢重光：《客家、福佬源流与族群关系研究》北京：人民出版社，2013 年。

② 谢重光：《客家、福佬源流与族群关系研究》，北京：人民出版社，2013 年，第 22 页。

③ 刘克庄：《漳州谕畲》，《后村先生大全集》（第五册），成都：四川大学出版社，2008 年，第 2401 页。

④ 谢重光：《客家、福佬源流与族群关系研究》，北京：人民出版社，2013 年，第 111 页。

山区的生存技能，是溪峒社会时期闽粤赣边地区的重要族群。作为渊源深厚、历史悠久的族群，畲族先民有着自觉的族群意识，在向南、向东迁移的过程中仍坚守着自己的习俗和文化。但当他们固守的生产方式和生活文化无法适应社会历史的发展时，他们仍然无法逃脱被外界同化的命运。在客家族群形成的后期，大部分畲族人最后接受了汉文化，消失在客家族群中；少部分人继续迁移他乡（如浙江）或坚守在很小的地域范围内，保留了部分畲族的民族特征。畲族先民南迁后，将潮州“凤凰山”视为祖地，至今梅州仅存的畲族村——丰顺县潭江镇凤坪村就位于凤凰山区。

四、汉人南迁与族群融合

自从在黄河流域起源开始，华夏族文明就随着人口的迁移向四方融合、渗透，在此过程中，中华帝国的版图不断向外扩张，华夏族群的边界不断被修改。作为先进文化的代表，一个地区的汉化水平一定程度上成为评判该地区经济开发水平和文明进化程度的标准。

唐宋以后北方移民的大批入迁，使闽粤赣边区进入以汉族势力为中坚的多族群杂处时期。五代十国时，闽粤赣边区的非汉人族群势力仍然很强大，尤其是闽粤边区，峒獠、畲蛮据山立寨，江河湖泊之间则多夷蜑。随着南宋国家政权中心的南移，闽粤赣边区从地理上较前代相对更接近王权中心，也在政治、经济上比以前受到更多的控制。刘克庄在《漳州谕畲》中称：

> 自国家定鼎吴会，而闽号近里，漳尤闽之近里，民淳而事简，乐土也。然炎、绍以来，常驻军于是，岂非以其壤接溪峒，茅苇极目，林菁深阻，省民、山越，往往错居，先朝思患豫防之意远矣。凡溪峒种类不一：曰蛮、曰猺、曰黎、曰蜑。在漳者曰畲，西畲隶龙溪，犹是龙溪人也。南畲隶漳浦，其地西通潮、梅，奸人亡命之所窟穴。①

这段文字给我们的提示有以下几点：①南宋早期，漳州地区受到官府的骚扰较少，民风淳朴，社会安定，是一片“乐土”。②南宋建炎、绍熙年间以后，因漳州“壤接溪峒”，族群复杂，为预防少数民族发动暴乱，官府在漳州驻军，从而加强了对该地区的控制。③其“壤接”之“溪峒”即客家发源地之汀州、梅州一带，“溪峒”有蛮、猺、黎、蜑等族群。蛮、

① 刘克庄：《漳州谕畲》，刘克庄：《后村先生大全集》（第五册），成都：四川大学出版社，2008 年，第 2401 页。

猺、畲应为同一族类的不同分支；山越与黎、疍应为古越族后裔；“省民”则应是政府的编户齐民，主要是汉人和已汉化的人群。汉族政权的深入管控，必然使该地区汉化的速度加快，对客家族群的形成起到催化作用。虽然南宋末年，具有相同文化特征和生活习俗的、后来被称为“客家”的族群已经出现在闽粤赣边区，[①] 但尚未完全改变当地多族群杂居的动乱状态，“溪峒”仍是该地区重要的族群状态。

从宋代至明末数百年间，闽粤赣边区不仅多民族杂居，且常有乱民嚣窜，社会动乱不安。官府最初对闽粤赣边区乱民多实行暴力镇压，明以后，逐渐转为以安抚为主、以镇压为辅，其策略主要有：将乱民或不课粮税的溪峒族群纳入管制，使其成为可以承担赋税徭役的户籍人口；用文明教化对地方百姓进行启蒙和约束；用科举选士的制度加速当地的汉化等。[②]在官府政治权力的影响下，溪峒社会各族群慢慢融入汉人社会，“客家”逐步形成。“溪峒”向“客家”过渡的进程在明代得到加速，至明末，闽粤赣边地区基本进入了以汉文化为主要特征的“客家社会”时期。

明代以后，客家向闽粤赣边客家腹地以外的地区再迁移，与岭南其他汉族民系之间的摩擦和互动增加，外界对客家的识别在客家人内部产生影响，促进了明清以后客家族群意识的觉醒。

第二节　族群称谓：历史层累与族群象征

“客家”的称谓问题与“客家”的族源问题有着天然的联系，前者是在族群的客观文化特征基础上构建起来的意识形态表征，更集中地体现族群认同的本质。到目前为止，在“客家”之称形成于何年何月这个问题上，大致有五种观点：（1）认为“客家”之称形成于宋代；（2）认为形成于明初；（3）认为形成于明代中期；（4）认为形成于明末清初；（5）认为形成于晚清。

罗香林认为“客家”之称起于五代或宋初。[③] 这一观点从专业知识分子传递到地方知识分子，由地方知识分子借助文字、讲述等方式向普通百

① 谢重光：《客家形成发展史纲》，广州：华南理工大学出版社，2001 年。

② 谢重光：《客家形成发展史纲》，广州：华南理工大学出版社，2001 年；陈春声：《猺人、蜑人、山贼与土人——〈正德兴宁志〉所见之明代韩江中上游族群关系》，《中山大学学报》（社会科学版）2013 年第 4 期，第 31 –45 页。

③ 罗香林：《客家研究导论》，上海：上海文艺出版社，1992 年。

姓传播，通过层层传递和反复表述，被“传承母体”中的大部分人接受，成为族群的共同记忆和文化认同。这种认同之根深蒂固，已达到了超越理性的程度，尽管目前的研究已基本推翻了上述结论，也很难改变民间业已固化的认识。受罗香林等早期客家研究者的影响，目前民间普遍存在将客家人等同于北方汉人的想象，认为客家人是在迁入闽粤赣边地区之前就一直存在的一群人，他们从原来居住的北方辗转迁移到南方，保存了原有的生活习惯和文化。“客家”之名则被认为是不证自明的，即有客家人便天然地存在“客家”之称，因此也就不存在该称谓何时产生的问题。如此一来，“客家”就成了先验存在的称谓。可以说，罗香林开启了对“客家”称谓的研究，但并未给出合理的论证，这给后来的学者提供了研究的空间。

曾祥委认为“客家”之称应产生于客家族群意识觉醒之时。元末明初，客方言群由闽西向粤东、粤北大规模移民，并在明初“获得了‘客’的身份和名称”[①]。作者从族群意识觉醒的角度推论“客家”之称的产生，符合历史发展的逻辑，但“客方言群”从闽西迁入粤东、粤北时是否有以“客家”来区分我群与他群的需要，值得商榷。从这些汉族移民在经济、社会地位上的优势，以及后来畲族等原住民融入“客家”的情况来看，当时族群意识觉醒的条件和时机尚未成熟；作者认为“客家”之称与畲族毫无关系的判断，也失之偏颇。

谢重光根据嘉靖《香山县志》的记载断定，“客家”称谓的出现不晚于明嘉靖年间。他同时客观地指出，由于文献记载的缺略，其最早出现的时间已难以确断。谢重光的贡献在于，他分析了该称谓与宋代以来的畲族“山客”之称存在联系；他对“客”称早于客家人移居台湾之前的判断，也很有价值。[②]

支持明末清初说的有刘镇发、刘丽川等人，其观点认为“客家”之称是明末清初，特别是清初“迁海复界”后客家人迁移广府之时的产物。[③]正如谢重光所言，此观点“既不能解释徐旭曾所论及《长宁县志》《永安县志》提到的‘客家’，更不能解释台湾之‘客’‘客仔’”[④]。

胡希张、莫日芬等撰著的《客家风华》对“客家的名称由来与界定”

---

① 曾祥委：《何谓客家》，《客家研究辑刊》2012 年第 1 期，第 1 – 2 页。

② 谢重光：《也论客家称谓正式出现的时间、地域和背景》，《客家研究辑刊》2009 年第 2 期。

③ 刘镇发：《“客家”：从他称到自称》，刘镇发：《客从何来》，广州：广东经济出版社，1998 年，第 77 – 79 页；刘丽川：《深圳客家研究》，海口：南方出版社，2002 年，第 15 – 16 页。

④ 谢重光：《也论客家称谓正式出现的时间、地域和背景》，《客家研究辑刊》2009 年第 2 期。

作了专题讨论，认定“客家”之称始于明末，而其广泛流行并成为自称，是清末至二十世纪三十年代的事。[①] 饶伟新对明清文献中“客佃”“客籍”与现代“客家”之间的关系进行了详细的分辨，指出“清代的‘客佃’‘客籍’作为清代移垦过程和户籍制度背景下特定的历史产物，其实是一个与‘土著’‘土籍’相对的移民范畴，而今日所谓的‘客家’，则是在晚清民国以来社会文化变迁和学术发展背景下出现或建构的一个具有人类学意义的民系范畴，二者完全属于不同的历史范畴，故而不能相提并论”[②]。胡希张、饶伟新关于“客家”之称形成于晚清民国时期的结论，同样以客家族群意识的觉醒为依据。但他们同时都忽视了历史的层累机制对于文化事象的构建作用，将相关因素放置在非此即彼的二元对立语境中，将对形成“客家”之称谓有影响作用的因素当作毫无关系的现象，未能对“客家”称谓的形成机制进行有效的思考，也未能呈现出其形成与客家族群意识的历史构建之间的关系。

一、早期文献中的“客”称意象

南宋地理志《舆地纪胜》卷一〇二“梅州”中，对当时梅州各类人群的表称有“汀赣侨寓者”“疍家”“居民”“梅人”“郡民”“山客輋”等，并无“客家”或“客民”之称。据谢重光的研究，南宋时，闽粤赣边的畲民已自称“山客”，而汉人则称呼他们为“輋”，《舆地纪胜》称畲民为“山客輋”，结合了畲民的自称（山客）和汉人对畲民的称呼（輋）。畲族是闽越土著民与南迁武陵蛮及其他南方种族，包括部分逃入溪峒的汉人，经过长期的融合而形成的。[③] 畲族是溪峒社会向“客家”过渡的一个重要的少数民族族群，闽粤赣边地区的畲族后来很大一部分被汉化，成了“客家”的一分子，则其“山客”的自称及“山客輋”的他称完全有可能在这个民族融合的过程中对“客家”之称的孕育产生影响。但其影响并不足以让这个称谓在短时间内被用来指代这个当时尚未成熟的新族群。若要进一步理清“山客”“山客輋”与“客家”之间的转化关系，还有待挖掘更多的文献资料。

罗香林认定“客家”一名起于宋代的其中一个原因，是宋时客家住地

① 胡希张、莫日芬、董励等：《客家风华》，广州：广东人民出版社，1997 年，第 112 页。

② 饶伟新：《区域社会史视野下的“客家”称谓由来考论——以清代以来赣南的“客佃”“客籍”与“客家为例》，《民族研究》2005 年第 6 期，第 92 - 101 页。

③ 谢重光：《宋代湘闽粤赣边区的社会变迁与民族新格局》，《宁德师范学院学报》（哲学社会科学版）2012 年第 3 期，第 5 - 17 页。

各方志所载的户口是主客分列的。[①] 主客分列是唐宋时期户籍制度的一大特征，其中"主""客"指代的人群有所区别。唐代时，"主户"通常指土著，"客户"指外来侨居人口，为"客籍户"的简称；到了宋代，许多地区的"主""客"含义发生了改变，"主户"通常指有产户，"客户"指无产户、佃户、佃客。

宋太平兴国五年（980）至端拱二年（989）梅州的主客户数为1 201/367，主户数远高于客户数。对比北宋神宗元丰初年时当地的主客户数是5 824/6 548，一方面总户数大大增加，另一方面，客户数已超主户数。[②] 这些"客"主要是这段时间入迁至此地的汉族移民，其内涵与唐时的侨居、客籍更接近。宋代是客家形成的重要时期，北方汉人大规模入迁闽粤赣地区的时间主要在宋代。[③] 与吴越、福佬、广府等汉族民系相比，客家地区的北方汉人入迁时间最晚，"客户"作为侨居者、移民者的含义而存在的时间也持续到最晚。当大部分地区的"主""客"关系已转化为地区内部居民之间的阶级关系时，客家地区的"主""客"关系仍主要用于解释居民对于地方社会之历史占有的先后关系。这无疑加深了客家人在周边汉族民系之中，作为"后来者""客居者"的身份印象。按照陈春声的研究，粤东地区的非汉人族群直至明中后期始编入户，可知在此之前的"编户"，不论主户还是客户，均应为汉族或汉族化的人群。[④]

综上所述，在宋代，与客家人相关的"客"的意象至少出现了两个：①"山客"之"客"；②"主客"之"客"。"山客"之"客"可以在两个层面上与现在的"客家"发生关系，一是"山客"所指代的畲族，是后来融入客家的主要少数民族族群；二是"山客"所包含的山区生活方式，是后来客家人主要的生计模式。"主客"之"客"所表达的客居之意，则是现在"客家"一词中的主要含义；进一步来说，"主客"之"客"指代的是当时客居此地的汉人，与周围经济繁荣地区的"主客"之"客"的含义有本质的差别。这些意象的叠加，与现代"客家"的含义在一定程度上相吻合，也与周围其他汉族民系有一定程度的区分。后世将这些意象逐渐搬移到与之有关的新兴族群身上，是顺理成章之事，光绪《嘉应州志》就

① 罗香林：《客家研究导论》，上海：上海文艺出版社，1992年。

② 关履权：《宋代广东的主客户》，《岭南文史》1991年第3期，第16－19页。

③ 罗香林首先在《客家研究导论》中提出了此论断。谢重光进一步作了详细考证，并得出结论，认为宋代汉族移民集中迁入闽粤赣的重要时期，"客家"民系最迟于南宋形成。详见谢重光：《客家形成发展史纲》，广州：华南理工大学出版社，2001年。

④ 详见陈春声：《猺人、蜑人、山贼与土人——〈正德兴宁志〉所见之明代韩江中上游族群关系》，《中山大学学报》（社会科学版）2013年第4期，第31－45页。

曾提出“主客之名疑始于宋初户口册”① 之说。

大规模的汉人南迁，至宋时达到高潮。宋末元初，闽粤赣一带已有足够多、足够复杂的人口力量来酝酿一个新的民系的诞生。有明一代，闽粤赣边，尤其是粤东地区内部各族群之间发生了复杂的变化，官府以各种方式加大对该地区的控制，导致了汉族势力在地方上的绝对优势。另外，明中叶以后，经过数代人的繁衍生息，闽西、粤东的客家人面临人多地少的生计困境，不得不向外拓展，开始了新的历史迁移：一是倒迁赣南；二是往珠三角及海丰、归善等地区迁移；三是入迁台湾。

嘉靖《香山县志》“风俗”篇：“其调十里而殊，故有客话有东话。”编者注称：“客话自城内外及恭常之半为一，通于四境。”这个记载说明，“客话”之称此时已出现在广府地区，且操此方言的人群在该地区已普遍存在。此时的客家人，已融合成了具有相同文化特征的、较成熟的族群。与从闽西入迁粤东、粤北时的情形不同，他们此次入迁的地区，均有较强势的汉族土著势力（珠三角的广府人、台湾的闽南人等），这些土著作为当地的“主人”，变成了后来之“客”的敌对势力，双方势必发生较为惨烈的资源争夺战。此时的客家人，只有以族群“抱团”，才能在新的开基地立足，于是“客”名在他乡先行传播开来。但在客家人聚居的核心地带，自称为“客家”的现象并不突出。

正德《兴宁志》为明正德十一年（1516）知县祝允明主修，是韩江中上游客家人聚居地区现存地方志中最早的一部。书中与“猺人”“疍人”等族群称谓相对应的是“土人”“编户”，另有“安远贼”“贼”“寇”“流寇”等流民，一般称当地人则用“邑人”“民”或“居民”，用“士庶”“耆民”“秀士”等称地方乡绅或知识分子，未出现“客家”一类的称呼。陈春声认为，这些土人、编户齐民即当时的“客家人”。② 可见在当时的兴宁地区（兴宁为今梅州市的县级市，属客家腹地），“客”名尚未通行。

明代李士淳（1585—1665）作《程乡县志序》（程乡县即今梅县区），称“吾邑之冠裳文物，几与中原分道而驰”，显然当时客家的族群特征已形成，但文中亦未出现“客家”或“客”的表述，李士淳的其他作品中也

---

① 温仲和纂：光绪《嘉应州志》，台北：成文出版社，1968 年，第 122 页。

② 陈春声：《猺人、蜑人、山贼与土人——〈正德兴宁志〉所见之明代韩江中上游族群关系》，《中山大学学报》（社会科学版）2013 年第 4 期，第 31 – 45 页。

未见有“客”之称，[①] 这同样可以说明，当时在程乡一带，“客”或“客家”之称尚未流行，至少没有被上层知识分子阶层接受。

清代文献中，详细记录岭南各地风物的著作，当数屈大均的《广东新语》。其中“长乐、兴宁妇女”云：

长乐、兴宁，其民多骄犷喜斗，负羽从军者十人而五，盖其水土之性也。其男即力于农乎，然女作乃登于男。厥夫菑，厥妇播而获之。农之隙，昼则薪烝，夜则纺绩，竭筋力以穷其岁年，盎有余粟，则其夫辄求之酤家矣。故论女功者以是为首。增城绥福都亦然，妇不耕锄即采葛，其夫在室中哺子而已。夫反为妇，妇之事夫尽任之，谓夫逸妇劳，乃为风俗之善云。[②]

文中所描述之夫逸妇劳的风俗，与今日的客家相同。当时的增城绥福都，即今福和镇，为增城的客家人聚居地之一，客家人在明末清初已迁居该地。可见屈大均笔下的长乐、兴宁、增城居民，实为当时的客家人。

《广东新语》云“粤歌”，有“大头竹笋作三椏，敢好后生无置家，敢好早禾无入米，敢好攀枝无晾花”，屈大均解释“敢好”的意思是“如此好”，[③] 从句式和方言来看，此歌为客家山歌。屈大均将其混杂在各类“粤歌”中介绍，其记载的“粤歌”按形态来分析，应包括了现在的木鱼歌、咸水歌、采茶歌、客家山歌等所有的粤歌。作者对各种不同形式的粤歌进行了描述，但除采茶歌和秧歌外，其余粤歌的种类并未标识名称，说明这些民间艺术大部分尚处在自发的原生状态，尚未因互相之间的交流而产生以命名来区分彼此的需要。

《广东新语》成书于屈大均（1630—1696）晚年，即清康熙年间。作为熟悉岭南风物而有社会影响力的知识分子，其著作较真实地反映了当时岭南地区的族群关系。首先，傜、僮、狼、黎、畲、疍在清初仍大量活跃在岭南地区；另外，粤地的汉人族群（广府人、潮汕人、客家人）已基本形成。在人群的称谓方面，屈大均因语境的需要，描述不同事物时，在不同的场合对相关人群使用了不同的称谓。如介绍族群之间的文化差别时，使用土人、良民、齐民等，与傜人、僮人、狼人、黎人、畲民、疍人等对

① 李士淳：《程乡县志序》，丘秀强、丘尚尧编：《梅州文献汇编》（第五辑），台北：梅州文献社，1977 年，第 81 - 82 页。

② 屈大均：《广东新语》，北京：中华书局，1985 年，第 270 - 271 页。

③ 屈大均：《广东新语》，北京：中华书局，1985 年，第 360 页。

应使用；在介绍岭南与岭南以北人群的地域差别时，统称岭南一带的人为粤人或越人（主要在描述古越风俗时用）；在介绍岭南内部的地域差别时，用广人、潮人、雷人（雷州人）、广州人、雷州人、番禺人、南海人、潮州人、东莞人等更小范围的地域性称呼。《广东新语》对粤东客家地区的风物介绍不多，偶有涉及，则以地名为记，如长乐、兴宁、程乡等，未见任何有关“客”“客人”或“客家”的表述。这与他于康熙二十六年(1678) 撰写《永安县志》时的态度区别较大，该县志卷一在描述客家族群的特征时已使用“客家”一称。这或许是因为《广东新语》与《永安县志》的撰写意图、著作性质不同，也侧面反映了“客家”在当时尚未成为通俗称谓。

二、称谓的历史层累

客家人向珠三角一带的迁移，一方面引发了该地区的土客矛盾；另一方面，客家人再次以“客”的身份进入新的地界，进一步加深了土人对其“客人”身份的印象。随着客家人在珠三角地区势力的壮大，不断升级的土客矛盾引发了土人对这群“客”的争论，也引发了“客人”中上层知识分子的口诛笔伐。正是在这种境遇下，被称为系统论述客家之第一人的徐旭曾（字晓初，1751—1819），在惠州这个见证清代土客大械斗的地方完成了其代表作《丰湖杂记》：

博罗、东莞某乡，近因小故，激成土客斗案，经两县会营弹压，由绅耆调解，始息。院内诸生询余何谓土与客？答以客者对土而言，寄居该地之谓也。吾祖宗以来，世居数百年，何以仍称为客？余口述，博罗韩生以笔记之。(嘉庆乙亥五月念日)

今日之客人，其先乃宋之中原衣冠旧族，忠义之后也。自宋徽、钦北狩，高宗南渡，故家世胄先后由中州山左，越淮渡江从之。寄居苏、浙各地，迨元兵大举南下，宋帝辗转播迁，南来岭表，不但故家世胄，即百姓亦多举族相随。有由赣而闽、沿海至粤者；有由湘、赣逾岭至粤者。沿途据险与元兵战，或徒手与元兵搏，全家覆灭、全族覆灭者，殆如恒河沙数。天不祚宋，崖门蹈海，国运遂终。其随帝南来，历万死而一生之遗民，固犹到处皆是也。虽痛国亡家破，然不甘田横岛五百人之自杀，犹存生聚教训，复仇雪耻之心。一因风俗语言之不同，而烟瘴潮湿，又多生疾病，雅不欲与土人混处，欲择距内省稍近之地而居之；一因同属患难余生，不应东离西散，应同居一地，声气既无隔阂，休戚始可相关，其忠义之心，可谓不因地而殊，不因时而异矣。当时元兵残暴，所过成墟。粤之土人，亦争向海滨各县逃避，其粤闽、赣、湘边境，毗连千数里之地，常不数十里无人烟者，于是遂相率迁居该地焉。西起大庾，东至闽汀，纵横蜿蜒，山之南、山之北皆属之。即今之福建汀州各属，江西之南安，赣州、宁都各属，广东之南雄、韶州、连州、惠州、嘉应各属，及潮州之大埔、丰顺，广州之龙门各属是也。

所居既定，各就其地，各治其事，披荆斩棘，筑室垦田，种之植之，耕之获之，兴利除害，休养生息，曾几何时，随成一种风气矣。粤之土人，称该地之人为客；该地之人，也自称为客人。终元之世，客人未有出而作官者，非忠义之后，其孰能之!?

客人以耕读为本，家虽贫亦必令其子弟读书，鲜有不识字、不知稼穑者。日出而作，日入而息，即古人"负耒横经"之教也。

客人多精技击，传自少林真派。每至冬月农暇，相率练习拳脚、刀剑、矛挺之术，即古人"农隙讲武"之意也。

客人妇女，其先亦缠足者。自经国变，艰苦备尝，始知缠足之害，厥后，生女不论贫富，皆以缠足为戒。自幼至长，教以立身持家之道。其于归夫家，凡耕种、樵牧、井臼、炊衅、纺织、缝纫之事，皆一身而兼之；事翁姑，教儿女，经理家政，井井有条，其聪明才力，真胜于男子矣，夫岂他处之妇女所可及哉！又客人之妇女，未有为娼妓者，虽曰礼教自持，亦由其勤俭足以自立也。

要之，客人之风俗俭勤朴厚，故其人崇礼让，重廉耻，习劳耐苦，质而有文。余昔在户部供职，奉派视察河工，稽查漕运艋务，屡至汴、济、淮、徐各地，见其乡村市集间，冠婚丧祭，年节往来之习俗，多有与客人相同者，益信客人之先本自中原之说，为不诬也。客人语言，虽与内地各行省小有不同，而其读书之音则甚正。故初离乡井，行经内地，随处都可相通。惟与土人风俗语言，至今仍未能强而同之。彼土人，以吾之风俗语言未能与同也，故仍称吾为客人；吾客人，亦因彼之风俗语言未能与吾同也，故仍自称为客人。客者对土而言。土与客之风俗语言不能同，则土自土，客自客，土其所土，客吾所客，恐再千数百年，亦犹诸今日也。

嘉应宋芷湾检讨，曲江周慎轩学博，尝为余书：嘉应、汀州、韶州之客人，尚有自东晋后迁来者，但为数不多也。[①]

---

① 徐旭曾：《丰湖杂记》，转引自严忠明：《〈丰湖杂记〉与客家民系形成的标志问题》，《西南民族大学学报》（人文社科版）2004 年第 9 期，第 36 - 39 页 。

这篇后来被称为“客家人宣言书”的文章，着重强调了客家族群的渊源及“客”之名的内涵。按徐旭曾的说法，客家人是“宋之中原衣冠旧族”，迁居闽粤赣后，“各就其地，各治其事，披荆斩棘，筑室垦田，种之植之，耕之获之，兴利除害，休养生息，曾几何时，随成一种风气矣。粤之土人，称该地之人为客；该地之人，也自称为客人”，可知“客人”之名在徐旭曾视野所及的时间范围内已经普遍存在，并已是自称，非土客械斗之后才产生。

徐旭曾在文末进一步解释了“客”名之来由，是因为语言风俗与土人不同，并且不愿被土人所化，因此即便在此居住了数百年，仍然愿意以“客”名与土人相区别，此观点深刻地影响了后来的客家文人。结合前文所述的宋代已产生的“客”之印象，土人称其为“客人”，与这些印象不无关系。

土客械斗扩大了“客家”的影响力，促成了内外部人士对该族群的关注，引发了更深层面的族群意识建构。咸同年间，广东西路发生“仇杀十四年，屠戮百余万，焚毁数千村”的土客大械斗。其间，客家人被称为“客匪”，受到严重的不公正待遇，激起了客家知识精英的强烈愤慨。时任江苏巡抚的客家人丁日昌致信广东巡抚对此表示抗议，其幕僚林达泉著《客说》为客家人正名。《客说》影响力更甚于《丰湖杂记》，被称为“轴心时期”客家书写的另一“元典”。①

在《客说》中，林达泉这样阐释“客”的含义：

《礼·月令》云：“鸿雁来宾。”宾之为言客也。鸿雁产于北而来于南，故曰宾也。其于客也亦然。客始产于北，继侨于南，故谓之客也。客之对为主人。主人者，土人也。故今之言土客，犹世之言主客。主客之分，即土客之分也。是为客之名。②

文中以“宾”喻“客”，引经据典，以“鸿雁产于北而来于南”比喻客家人“始产于北，继侨于南”，为客家人自称为“客”找到了符合客家知识精英想象的解释，与徐旭曾“彼土人，以吾之风俗语言未能与同也，故仍称吾为客人；吾客人，亦因彼之风俗语言未能与吾同也，故仍自称为

---

① 王东、杨扬：《客家研究的知识谱系——从“地方性知识”到“客家学”》，《史林》2019 年第 3 期。

② 温廷敬辑：《茶阳三家文钞》，沈云龙主编：《近代中国史料丛刊》（第三辑），台北：文海出版社，1925 年，第 131 页。

客人”[1] 的表述实际上是一脉相承的。

两篇“元典”性质的宣言，都产生于土客械斗、客家人被污名化的历史大背景下，重点强调的都是客家人作为中原后裔的正统身份，对“客”名的阐释也是从不同的角度为客家人的北方移民身份寻找证据。

《丰湖杂记》和《客说》虽以“客”名标榜，但只说“客”“客人”，未云“客家”，说明当时“客家”还没有成为标准称谓。“家”者，非指家庭、住家，而是“人”的别称，如船家、店家等。[2] 笔者认为，“客家”之标准称谓的确立，是客家人自我形象完善的一个表现。“客人”易与日常用语之“主人、客人”混淆，不易定型为一个族群的专属称谓，“客家”与“客人”意义相同，但在语义上更具独立性、族群意识更鲜明。但相比“客”之名与这个族群联系之复杂性及其历史形成之长期性，“客家”这个标准用语的确立要简单、迅速很多，是在语义确定的情况下，对表达进行规范化的一个过程。

光绪《嘉应州志》卷七“仲和案”曰：

> 嘉应州及所属兴宁、长乐、平远、镇平四县，并潮州府属之大埔、丰顺二县，惠州府属之永安、龙川、河源、连平、长宁、和平、归善、博罗一州七县，其土音大致皆可相通，然各因水土之异，声音高下亦随之而变，其间称谓亦多所异同焉。广州人谓以上各州县人为“客家”，谓其话为“客话”。由以上各州县人迁移他州县者，所在多有，大江以南各省皆占籍焉，而两广为最多。土著皆以“客”称之，以其皆客话也。[3]

其言“广州人谓以上各州县人为‘客家’”，一方面说明当时“客家”的称谓已经普及，另一方面指出“客家”最初是他称。而温仲和在州志中特意强调广州人称之为“客家”，也间接说明“客家”之称的确立并非久远之事，而是较晚之事。

1815 年至 1901 年间发生的土客械斗及由客家人主导的太平天国运动，使“客家”成为中外人士关注、研究的对象，其间有数种西方人研究客家的成果出现，并多以“客家”为题。[4] 随着越来越多的知识精英开始书写“客

---

[1] 徐旭曾《丰湖杂记》，转引自严忠明：《〈丰湖杂记〉与客家民系形成的标志问题》，《西南民族大学学报》（人文社科版）2004 年第 9 期，第 36 – 39 页 。

[2] 胡希张、莫日芬、董励等：《客家风华》，广州：广东人民出版社，1997 年，第 112 页。

[3] 温仲和纂：光绪《嘉应州志》，台北：成文出版社，1968 年，第 121 页。

[4] 罗香林：《客家研究导论》，上海：上海文艺出版社，1992 年。

家”的历史与文化，“客家”这个称谓被越来越多的人接受并得到固化。

三、符号及其族群象征

现代族群理论关于“为何我们要宣称我们是谁”的研究，对探究客家人自称为“客家”的历史真相具有深刻的启发意义：

(1) 特定环境中的资源竞争与分配关系，是一群人设定族群边界以排除他人，或改变族群边界以容纳他人的基本背景；

(2) 这种族群边界的设定与改变，依赖的是共同历史记忆的建立与改变；

(3) 历史记忆的建立与改变，实际上是在资源竞争关系下，一族群与外在族群间，以及该族群内部各次群体间对于“历史”的争论与妥协的结果。①

族群依托客观文化特征设定族群边界，族群的名号是族群边界的主要象征符号。在族群间的资源争夺不激烈时，族群间可以和平相处、互相融合，一旦矛盾加剧，双方便可能形成对立的阵营，构成竞争关系，产生身份区别的要求。这就解释了为何“客”名最初见诸土客杂居之地而非客家腹地②、客家人第一篇影响重大的身份宣言（《丰湖杂记》）也产生于族群的边缘而不是核心；也解释了为何土客械斗后，客家人风起云涌地举起了“客家”之旗，连篇累牍地开始自我表述。“客”名的产生、使用，与其被传承母体作为旗帜鲜明地宣扬其身份、树立其社会价值的象征性符号，是不同阶段的历史现象，在族群形象的建构中具有完全不同的意义。

虽然“客家”之名最早出现在土客杂居地区，或者说“客家”族群的边缘地区，但后来高举“客家”精神旗帜的，却是以梅州为主的纯客州县，即客家腹地。如果说处于“边缘”的客家人需要通过树立身份意识，来区别我群与他群，从而在资源竞争中获利，那么处于核心地区的客家人这样做的动机何在？

首先，纯客地区居住着数量最多的客家人，他们虽未在地域上与广府人发生实质上的利益冲突，但广府人对客家人的蔑称，波及了整个族群，纯客区的客家人已无法置身事外。在这种情况下，争取身份、地位的意识

① 王明珂：《华夏边缘：历史记忆与族群认同》，北京：社会科学文献出版社，2006 年，第 249 页。

② 胡希张、莫日芬、董励等：《客家风华》，广州：广东人民出版社，1997 年，第 111 页。

成为客家知识分子共同的旨归。其次，当时偏安一隅的梅州，世以耕读传家，孕育了一批在当世具有社会影响力的优秀知识分子，如丁日昌、黄遵宪、林达泉、邹鲁、温仲和、钟用和、丘逢甲、罗香林、古直等人。他们当中的大部分人，在论战当时身居广府等地，虽为社会上层，但在土著看来，同样是"客"。他们对"客家"这一蔑称感受最为深痛，自然成为论战中"客家"一派的主力军。他们在行踪和思想上都与客家原乡保持着密切的联系，对梅州本土的知识分子时刻产生着重要影响，感召了一批本土知识分子拿起各种宣传的工具，加入了这支族群精神建构的队伍。

西方学者是早期的客家研究的重要力量，他们的研究及其对"客家人"的吹捧引领，助长和策应了客家知识分子的这一行动。知识分子的学术研究活动与民间的精神建构行动形成合流，在清末民初形成了声势浩大的"客家"文化运动。这场文化运动正好契合了客家核心地区经济社会的发展需求。于是这场肇始于专业知识分子的运动，通过地方知识精英的传播和转化，被当地社会各阶层普遍接受。正如刘晓春在《仪式与象征的秩序——一个客家村落的历史、权力与记忆》中所指出的：

> 中外学者关于客家民系的话语正是自觉或不自觉地从地域、语言、文化、族群性格等方面进行建构，希望创造一个以"客家"为中心的完整的文化形象、文化符号和价值体系，以此形成一个具有"中原文化"渊源，与广府、潮州文化具有同等文化地位的文化相对独立体系。①

在客家自我意识的觉醒中，华侨扮演了重要的角色。梅州是华侨之乡，清代至民国有大量梅州人到海外拓殖，他们因原乡的生活压力被迫背井离乡，在他乡经历了艰辛的奋斗历程后功成名就，成为反哺家乡建设的重要群体。以他们为核心，客家族群的"边缘"积聚起了一股强大的身份认同力量，在清末以来的一个多世纪中，成为梅州地区经济和文化建设的中坚力量。当身份认同的心理诉求及其在原乡的影响力和话语权被这个群体同时拥有时，"客家热"就沿着族群的边缘，向族群的中心如火如荼地燃烧起来。

"客家"之名寄托着客家人对中原血统的向往，这种心理又源于中原汉文化在中国几千年封建社会中无可超越的影响力。不唯客家人，以文人士大夫为代表的其他南方汉人，虽未必标榜自己在当地是"客"，但向来

① 刘晓春：《仪式与象征的秩序——一个客家村落的历史、权力与记忆》，北京：商务印书馆，2003年，第7页。

乐于书写秦汉以来北方汉人南迁的历史。《广东新语》中多次提到岭南的人种问题，论以“中国人”“中国种”，如“事语”之“南越初起”云：“秦略定扬越，以谪徙民与越杂处，扬越盖自古迁谪之乡也，他日任嚣谓佗曰：‘颇有中国人相辅。’中国人，即谪徙民也。”[①]“人语”之“真粤人”中对此有更进一步的结论：

自秦始皇发诸尝逋亡人、赘婿、贾人略取扬越，以谪徙民与越杂处，又适治狱吏不直者，筑南方越地，又以一军处番禺之者、一军戍台山之塞，而任嚣、尉佗所将率楼船士十余万，其后皆家于越，生长子孙，故谓佗曰，颇有中国人相辅，今粤人大抵皆中国种。[②]

南方“自秦、汉以前为蛮裔，自唐、宋以后为神州”，其文明的兴起，是“学得圣人之精华，辞有圣人之典则”，是“中国人”和汉文化使岭南有了“中州清淑之气”[③]。南方汉族知识分子的潜意识里，存在着以“客”（原非本地族群）为“主”（文化正宗）的心理，但对此仅作史实来记录，不强调、标榜。

客家人生存境况比广府人、潮汕人恶劣，更加具有身份意识。土客械斗后，外界对客家人的污蔑，主要以其为蛮夷之族、非汉种等为事，极大地违背了客家知识分子祖宗“中原”的身份认同。“客家”之称从词义上正好满足了客家知识分子祖宗“中原”的心理诉求，借助语言符号系统表达了其作为汉人后裔的文化理想。借助“客家”之名，罗香林由“客而家焉”的内涵，进而引申出“非中国南部之固有民系”的解读，并借助族谱的材料，得出客家为纯种汉族的结论，从而完成了对“客家学”的奠基。罗香林的研究虽有不少谬误，但其在当时起到了凝聚族群的价值和意义是毋庸置疑的。

有学者这样解释客家人关于“中原”的集体想象：

客家人在长期流浪求生存的路程经验中，意识急切需求精神上的寄托，“中原”这集体想象的记忆遂变成他们的价值中心，同时亦成为一种历史的“真实”。然而“中原”在何方，有无其“事实”已不成他们探讨的所在。将客家之根源置于中原，将客家意识或是更高层次的客家精神，

---

① 屈大均：《广东新语》，北京：中华书局，1985 年，第 275 页。
② 屈大均：《广东新语》，北京：中华书局，1985 年，第 232 页。
③ 屈大均：《广东新语》，北京：中华书局，1985 年，第 29 页。

当作中原崇正精神的信念，即使不是历史的事实，只要客家人自己这样相信，那就成为某种“真实”。①

梅县人古贵训在《客人的历史渊源及其对民族文化持续的贡献——译述古直“客家对”大意》专设“客名长留的原因和历史背景”一节，有如下分析：

客家人的称谓经过千年以上还会是一成不变，看起来好像怪有意思的。本来嘛，一代是客二代就应该是主了，但因各地方的水土不同，难免刚柔不一，在语言方面自然会有所差别，汉书地理志说得非常明白：“民函五常之性，而其刚柔缓急音声不同，系水土不气，故谓之风”。我们都知道，以往北方的故人和远处南方的越人因为相隔太远，彼此不相往来，固然是容易互相漠视，就中原和荆襄两地来说，地域相接，照理应该是很要好才对，但有时候也不免各存歧见，在情感上自划鸿沟，这都是彼此语言不尽相同所构成的绊脚石。客家人的祖先来自中原，当初为了保持其固有的地位与尊严，连言语也固守常态。到后来愈向南迁徙便入山愈深，保守性反而更加强烈。一个曾经受过良好教育，有高尚品德素养的人，纵然置身在断发文身的蛮貊之邦也可发生领导作用，上溯三代吴越立国便是彰明较著的例子。客家人有强烈的民族精神，是倔强介立“义不帝秦”的一群，宁愿自行放逐的主流，迫于情势谋求存续屈处在五岭之南，到了这步田地，还是不肯低首下心随随便便去顺从他人，反而只希望能利用自己团结的力量把他们同化，这种折而不挠的气概，少不得要自列范畴以资识别，原也是很自然的道理。到了后来一代接一代的绵延下去，长保客名不是很自然的结果么?②

古贵训的观点源自客家学者古直，古直的言论则与徐旭曾、林达泉一脉相承。③ 客家人正是在这样的反复表述中构建了族群内部的共同记忆，造就了族群的精神文化。

---

① 戴国辉：《中国人而言之中原与边境——与自身之历史（台湾、客家、华侨）相连起来》，转引自谢重光：《客家、福佬源流与族群关系研究》，北京：人民出版社，2013 年，第 8 页。

② 古贵训：《客人的历史渊源及其对民族文化持续的贡献——译述古直“客家对”大意》，丘秀强、丘尚尧编：《梅州文献汇编》（第七辑），台北：梅州文献社，1977 年，第 17 页。

③ 古直《客家对》有“侨客”之说，认为“中原人士，门阀相高，语言风俗，初不相入，后虽土断，人犹视同侨客”，侨客“初因自贵，保守语言，及迁益南，迫近陆梁，保守之情，因之加强”，“以播迁之族迫处五岭之间，犹不屈己从人，惟冀式彀似我，倔强介立，自划鸿沟，永永年代，长留客名，不亦宜哉”。

第三节　粤东梅州：世界客都

吴、赣、湘、粤、闽、客六大方言群中，客家的人口总数位居第二，是南方汉族中人口第二大的民系。[①] 赣南、闽西、粤东、粤北作为客家人聚居的大本营，在客家的形成过程中具有各自不同的历史作用。赣南、闽西是客家民系形成的重要基地，客家的族群文化酝酿于赣南时期、形成于闽西时期（宁化石壁有“客家祖地”之称），粤东则是目前“客家人最多、分布最广、影响最大的一个片区”[②]。

在清末客家族群意识大觉醒的过程中，时粤东嘉应州籍（今梅州）社会精英成为反抗种族歧视、张扬族群意识、塑造族群精神的中坚力量。此时，赣南、闽西以及粤东、粤北其他客家地区的人士尚未有将“客家”作为他们族群标志的自觉意识。中国大陆实行改革开放后，地方掀起了华侨和港澳台胞回乡探亲、参与家乡建设的高潮，“华侨之乡”梅州在各界的合力作用下成为“世界客都”，被塑造成海内外客家人的精神家园。梅州作为纯客地级市，民众对客家文化有着强烈的认同感，在现代化生活的包围下，他们仍固执地遵循着祖辈留下的许多传统；即便再次迁移到其他城市，也坚持以“客家人”自居，在私人生活的领域恪守着客家人的传统。

一、地理、历史与人文

梅州的地理位置，位于东经115°18′至116°56′、北纬23°23′至24°56′之间，处于北回归线以北，属亚热带季风气候区，冬季常吹偏北风，夏季常吹偏南风或东南风；全市85%左右的面积为海拔500米以下的丘陵山地，日照、雨量充足，年平均气温20.7℃，无霜期300天以上，平均降雨量1 500毫米。地质构造主要由花岗岩、喷出岩、变质岩、砂页岩、红色岩和灰岩六大岩石构成台地、丘陵、山地、阶地和平原五大类地貌类型。全市山地面积占24.3%，丘陵及台地、阶地面积占56.6%，平原面积占13.7%，河流和水库等水面积占5.4%。地势北高南低，山系主要由武夷山脉、莲花山脉、凤凰山脉等三列山脉组成。梅江为梅州境内最主要的水系，属韩江的支流，发源于河源紫金，流经五华、兴宁、梅县、梅江区、大埔，于大埔三河坝汇入韩江。各种地貌交错分布，千百年来，人们占山

---

① 谢重光：《客家形成发展史纲》，广州：华南理工大学出版社，2001年，第18页。

② 谢重光：《客家形成发展史纲》，广州：华南理工大学出版社，2001年，第179页。

谷、盆地而居，依山建房，房前掘塘养鱼、围篱种菜、垦田种稻，屋后则栽花种果，渐渐形成家族聚落。山谷大则聚落大，山谷小则聚落小。至今粤东山区的自然村落仍多以小盆地为据点。大一些的盆地或少数的平原则发展成区域的中心，成为圩镇、县城或中心城区。有史料记载以来，从事农业耕作的人口就占据着这一带人口的绝大多数，直至2009年，梅州市的农业人口仍占全市户籍人口的75.3%以上，除梅江区以外，其余6个区、县、县级市以农业人口为主。这个比例在传统时期①则更加明显。

南齐（79—502）时，官府在今梅县地区设程乡县，属义安郡；南汉时期（945），程乡县升为敬州；北宋开宝四年（971）以敬州犯宋祖讳，改名梅州；明洪武二年（1567）复置程乡县；清雍正十一年（1733）改程乡县为直隶嘉应州，领兴宁、长乐、平远、镇平四县；1911年武昌起义后复改为梅州，翌年正名为梅县。其中“嘉应”之名影响深远，因当时直辖五邑而有“嘉应五属”之称。中华人民共和国成立后，于1949年10月设兴梅专区；1950年1月26日，国务院发文成立兴梅行政督察专员公署，后几经修改，于1988年3月设梅州市，辖原兴梅7县及新划县级区梅江区；1994年6月，兴宁县撤县设市（县级）；2013年，撤梅县，改设梅县区。目前，梅州市辖兴宁市、梅县区、梅江区、蕉岭县、五华县、平远县、大埔县、丰顺县等一市两区五县。

聚族而居是客家乡村社会的主要构成形态，家族聚落的形成以当地的地形地貌为基础，以血缘关系为纽带。自然村往往坐落于一个山谷或一个盆地之中，以姓氏作为村落人口构成的标志，许多自然村是单姓村或由两三个主要姓氏家族构成的地域共同体。这种具有地域特色的社会构成形态主要形成于明清时期，此时为客家人从闽西迁入粤东的主要时期，也是当地土著融入汉族、成为编户齐民的主要时期。此时客家人在粤东一带的内部迁徙频繁，婚姻成为新家族建立的重要资源。许多家族都流传着开基祖娶当地女为妻，并在当地开枝散叶，繁衍生息的历史传说。也有举家搬迁到一个地方定居的情况，“开基祖携全家老幼在某村落定居，子女成家后便分家析产，产生了几个独立的小家庭，经过一代代的繁衍，开基祖便成了这个宗族的共同祖先。祖父母、父母、兄弟及其家庭、伯叔父母、堂兄弟及其家庭同居一个村落或一个大围屋”②。客家社会借助人口的内部流动

---

① 本书所指的“传统时期”，指当地饮食基本未受外来文化，尤其是现代饮食文化影响之前的时期，大致从近代一直延续至改革开放前。在这段时期，当地总体上处于自给自足的经济状态。

② 刘晓春：《仪式与象征的秩序——一个客家村落的历史、权力与记忆》，北京：商务印书馆，2003年，第19页。

和融合、繁衍，带动了当地的开发。

与地区开发相适应的是通过家族精英以乡规民约、祭祀庆典的方式而实现的与官方意识形态的接轨，“在传统社会，经世累积的经验和恒常不变的价值观更多地规范着人们的行为，由于绅士掌握文字，维护儒家的价值观念，这两者的优势使他们在村落的仪式与象征方面具有支配权，他们是传统价值规范、制度仪式、礼俗习惯的解释者。国家的政权、意识形态通过绅士作用于民间，而村落也通过绅士向上层社会渗透。实际上，传统民间社会中精英分子的存在，使国家与地方处于并存的状态，充分地允许了地方社会的自主性”①。日常生活以外，每一个村落、每一个家族内部都有规定性的节日庆典、祭祀仪式，周而复始地规范着村落成员一年四季的活动安排，这些构成了地方的传统习俗。

说起梅州客家人，人们通常有三个方面的直观印象：一是好读书，有耕读传家的传统；二是华侨多，侨汇成为地方建设的重要力量；三是妇女是家庭的重劳力，秉承勤俭持家的传统。这三个传统的形成，与梅州的地理环境、社会历史的发展情况有密切关系。

由于山多地少、生产力低下、物资匮乏，故“士喜读书，多舌耕，虽穷困至老不肯辍业”②。客家人崇尚读书的传统是集全家甚至全族的力量去维系的，家庭即使贫困，也极力节省，为子女或丈夫提供读书机会；宗族则利用蒸尝制度来设立“学租田”，用于兴办学堂或资助族中子弟。整个客家社会也从各种物质和精神层面，为其教育传统提供着支持，客家童谣中代代相传着“蟾蜍罗，咯咯咯，唔读书，无老婆，一读书，三公婆”这样的思想意识。梅州的文风之盛，在清乾嘉时，参加秀才考试的人已达到了1万多人。其教育之鼎盛，在广东一隅获得了很高的赞誉，梅县更是以“文化之乡”著称。③

地少人多、物资短缺，靠农业生产往往难以为继，于是“下南洋”成为客家男人读书求仕之外另一个重要的安身立命之途。梅州人侨居海外的历史始于南宋末年，但直至明朝，海外拓殖仍是零星的、少数人的行为。清代大部分时间实行闭关锁国政策，因此虽有不少人出洋谋生，但没有形成大规模的群体性现象。清末开始，随着客家原乡人口的膨胀，经济压力增大，出洋谋生成为越来越多人不得已的选择，“下南洋”达到高潮。辛

---

① 刘晓春：《仪式与象征的秩序——一个客家村落的历史、权力与记忆》，北京：商务印书馆，2003年，第29页。

② 丘秀强、丘尚尧编：《梅州文献汇编》（第七辑），台北：梅州文献社，1977年，第15页。

③ 胡希张、莫日芬、董励等：《客家风华》，广州：广东人民出版社，1997年。

亥革命后，国内局势动乱，更多的人选择到海外谋生，梅州的侨乡格局最终形成。[①]

下南洋最初只是客家人的谋生方式，而不是移民方式，且多为男子独身前往海外打工，家中老小并未随之迁移，因此保持了侨客与原乡之间的密切联系。这样就很好地延续了侨客们的客家原乡认同，也为他们参与家乡的建设奠定了情感基础。侨、梅互动不断，家族中有前辈到某个侨居地立足之后，族中子侄出洋便会以此为依靠和据点，慢慢在同一个侨居地形成与原乡相对应的宗族群体。如梅县白宫阁公岭村籍的华侨，以定居毛里求斯的为最多，1994 年时有 903 人[②]，当地的华侨组织仁和会馆长期以来都由阁公岭籍的林氏宗亲主持[③]。不仅如此，林氏宗亲还成立了宗族组织——林氏集义会。原乡的宗族组织在"破四旧"和"文革"期间遭到破坏。改革开放后，是在海外宗亲组织的敦促下才重新成立了与之相对应的林氏集义会，来统管原乡的宗族事务。

男子应以读书入仕或外出谋生作为出路，下地干活也就变成"没出息"的事，这个传统发展到极端之时，甚至出现男子在家干活受人歧视的怪异现象。当地人的一本回忆录《白宫往事》记载了这样两段往事：

各家族里的男人，从小都要读书，读书后外出去教书、当兵、经商，几乎没有在家耕田务农的。有一次，我的堂兄万伟哥从西阳中学读书放暑假回到家，见到母亲正在老屋前的一块稻田里忙着割禾（稻子），就拿了把镰刀，下到田里帮着割。这时，我的四叔公的小老婆，细（小）叔婆，正巧从这里走过，见到了就说："是谁前世没有修行好，把儿子当儿媳妇使唤！"这么一说，万伟哥也只好住手。在人们的心目中，男人最好的出路就是外出，做什么都行，否则，被人看不起。年轻力壮的男人都走了，家里只留下老人，妇女和孩子。耕田打柴，操持家务，养育儿女，全靠妇人家（妇女）。没有妇人家，男人在外也做不成事。[④]

…………

二弟跟着堂兄弟、表姐妹们到深山里去挑石炭，挑到西阳镇，挣点脚力钱。……有一次，他作挑担的工钱，换回一条咸鱼，全家都高兴极了。

---

① 肖文燕：《华侨与侨乡社会变迁：清末民国时期广东梅州个案研究》，广州：华南理工大学，2011 年。

② 梅县白宫镇人民政府编：《白宫镇志》，内部发行，1997 年，第 300 页。

③ 梅县白宫镇人民政府编：《白宫镇志》，内部发行，1997 年，第 293 - 294 页。

④ 叶丹：《白宫往事》，2005 年，第 4 页。

阿婆叹了口气说："前世么（没有）修炼好，赖子（儿子）准（当作）心舅（媳妇）。"[①]

作者记录的是民国时期的往事，"男主外，女主内"的观念已经根深蒂固，影响着百姓生活的每一个细节。但在现实生活中，男人耕田种地不可避免，但这样在当地往往受人歧视。这种风习造成了"男子多逸，妇女则井臼、耕织、樵采、畜牧、灌种、纫缝、炊爨无所不为"的传统。"中上人家妇女，纺绩缝纫，粗衣薄妆，以贞淑相尚，甘淡泊，服勤劳，其天性也"[②]，女子尚勤俭，即使富裕也秉持勤俭持家的传统。客家地区流传着一首《勤俭姑娘》的童谣，用来赞扬勤劳的妇女：

勤俭淑娘，鸡啼起床。梳头洗面，先煮茶汤。灶头锅尾，抹得光亮。
煮好早饭，刚刚天光。洒水扫地，担水满缸。未食早饭，先洗衣裳。
上山打柴，急急忙忙。养猪种菜，熬汁煮汤。纺纱织布，不离间房。
针头线尾，收拾柜箱。唔说是非，唔乱纲常。开锅铲起，先奉爷娘。
爱惜子女，如肝如肠。砻谷做米，无谷无糠。人客来到，先敬茶汤。
有了询问，细声商量。欢欢喜喜，捡出家常。鸡蛋鸭卵，豆豉酸姜。
有米有谷，晓得留粮。粗茶淡饭，老实衣裳。有买有卖，唔蓄私囊。
唔偷唔窃，辛苦自当。越有越俭，唔贪排场。若么米煮，耐雪经霜。
唔怨丈夫，唔怨爷娘。子女大了，送进学堂。教育成人，艰苦备尝。
此等妇女，正大贤良。人人说好，久久留芳。能够如此，真好姑娘。[③]

二、侨乡白宫

本部分主要的调查点为梅县白宫，位于梅县东南部，得名于宋元丰年间（1078—1085）在白宫圩市上建起的白色庙宇"明山宫"。白宫距梅城17公里，东与大埔银江为邻，西南与西阳和丰顺县沙田交界，西北有梅江，东北与丙村、三乡接壤。[④] 历史上，白宫一直与西阳有着千丝万缕的关系，数次被并入西阳，又数次从西阳独立出来。最后两次分合是1987年设白宫镇及2003年再次并入西阳镇。目前，白宫是西阳镇的一部分，在地方行政建置上已不存在"白宫"这个地名，但在民间的习惯中，白宫仍然

① 叶丹：《白宫往事》，2005年，第254页。
② 丘秀强、丘尚尧编：《梅州文献汇编》（第七辑），台北：梅州文献社，1977年，第16页。
③ 吴海思：《浅谈客家童谣、儿歌》，《南山季刊》总第57期，第16页。
④ 梅县白宫镇人民政府编：《白宫镇志》，内部发行，1997年，第33页。

是区别于西阳的一个具有自身传统的地方。由于西阳和白宫在传统习俗上存在一定的区别，本部分的田野调查重点在白宫，故仍按民间习俗，将其视作独立的地名。

白宫的总面积为17.5万亩，山地面积占84.51%，为14.87万亩；耕地面积占5.6%，为9 805亩。[①] 四面环山，中部偏西为河谷盆地，是白宫的主要产粮区；地势东南高，中间低，地势落差极大；降雨量平原少、山区多，易旱易涝，且旱涝的重灾区恰为地势较低平的中部产粮区。白宫圩建于白宫河畔，处于中部盆地区域，地势低洼，容易发生内涝。白宫不仅山多地少，而且灾害频仍，水、旱、寒、风等灾害常年困扰当地农业生产。从1950年至1991年间的天气情况看，除1983、1985年以外，每年都发生春旱，其中1963至1964年的那一次旱期长达183天；秋旱只1956年未发生，最长的秋旱时长81天；暴雨洪灾只1956年未发生，其余年份均曾因暴雨引发不同程度的洪涝。另外，倒春寒、寒露风、霜冻、冰雹等自然灾害天气也经常影响当地。[②]

《白宫镇志》“大事记”记录了明朝永乐年间白宫将军阁村张文宝和四平村邱俊赴考中举的事迹，可见早在明朝初年，白宫已有一定程度的开发。这里自古就是梅县通大埔、丰顺的交通咽喉，商业发展较早。白宫圩形成于明万历年间，至清末时已具备一定规模，被称为白宫市，民国时曾一度繁荣。二十世纪二三十年代，白宫市有店宇200余间，行业包括银行、百货、布匹、医药、日杂、油米豆、屠宰、金店、饮食、旅店、铁器、石器、柴炭、木料等，[③] 门类甚至比现在还齐全。《南山季刊》第55期登载旅港同胞丘松喜老先生的回忆文章《童年时代的西阳圩》，记载了二十世纪三十年代西阳圩的生活场景：

当年陈济棠主粤时代，黄任寰对家乡的建设，功不可没，市场上亦较为繁华。米市街上，人流较多，店铺亦稍具规模。例如：有丘宜记、昌兴隆、黄泰来的油米豆行；通济堂、吉安堂、罗铨文的中药店；黄长珍、梁贤记的筵席猪肉店；丘喜华、丘鹏记的果菜店；又有张梅昌油烛；郑松利纸扎；丘清记糖果糕饼；黄富来理发；陈玉华熟食；巫建文西药等等。再推及上街市，陈双记杂货；何鉴记百货；胡海记生果；丘宜昌灯笼；彩华庄服装等。下街市则有：黄仁记香烟、生果；丘俊昌代办邮政及修整钟

---

① 梅县白宫镇人民政府编：《白宫镇志》，内部发行，1997年，第33页。

② 梅县白宫镇人民政府编：《白宫镇志》，内部发行，1997年，第33页。

③ 梅县白宫镇人民政府编：《白宫镇志》，内部发行，1997年，第34页。

表；赵正记豆干；捷记纸扎；赵铎记、黎曦兵的家私木材；魏荣昌的石碑。当年，我经常喜欢看黄肇康、梁森荣的碑石书法。文明街有德昌隆文具；陈泰昌找换；刘文曦牙医等。

太平盛世时，每逢神诞节日，有《杀子报》《双摇船》等的汉剧节目演出，我偏中意丘引的丑生角色，很引人发笑，有吉祥的出神入化、熟练技巧的吊线戏；话剧有《放下你的鞭子》《凤阳花鼓》，又有男扮女腔的黄敬钊，表演《拾玉镯》《桃花江》颇觉惟妙惟肖，十分动人。

每逢圩日，有江湖卖艺者，例如，同仁堂、现武功、耍狗熊；江西佬玩猴子戏，引逗天真孩儿嘻哈而笑；庄花开、鬼马祥、何云标的魔术把戏和武功，看得津津有味；马戏班的表演，更引人惊奇震撼！①

1987 年建镇时，白宫有 14 个行政村②，1 个居民委员会，177 个村民小组组成，2003 年并入西阳镇后，人们观念中的“白宫”基本延续了这个格局。白宫的乡村，与大部分客家村落一样，是以血缘为纽带的宗族社会，此社会形态的成熟大约在明中期以后。白宫的各个自然村，基本上都有一两个大姓，如龙岗村的李姓、丘姓，新联村的丘姓，岗子上村的李姓，将军阁村的钟姓、张姓，阁公岭村的林姓等。这些姓氏从历史上延续下来，已固定成为地方性文化，说起各村的主要姓氏，当地人如数家珍。

大姓宗族一般都有开基祖的口头传说，作为凝聚这个家族的共同记忆。如由林氏和钟氏组成的阁公岭村，两个宗族在村中和睦相处数百年，林氏的人口不断增长，钟氏的人口增长始终有限。关于两个姓氏的关系，在林氏族人中流传着两个故事：①其他姓氏都无法在村里立足，唯独钟氏可以，因为林氏开基祖的夫人为钟氏女，村民称“钟婆太”；②林氏祖先开基不久，与钟氏互为邻里，家境相仿，儿女数量也相仿。某天，一流浪汉到此处“讨吃”，钟氏先祖将其赶走，而林氏先祖则施舍了粥饭。饭后，流浪汉表明“地理先生”的身份，为林氏祖指点风水，并预言钟氏必只维持八户人家，而林氏必开枝散叶、瓜瓞绵绵。客家人关于开基祖的传说，风水、善缘、生殖能力是其主要的文化意象，同一母题的故事在各个姓氏中有着不同版本的异文。

---

① 丘松喜：《童年时代的西阳圩》，《南山季刊》总第 55 期，第 6 页。

② 14 个行政村分别是：四平、大平、新联、冈子上、龙冈、鲤溪、赛仁、将军阁、直坑、阁公岭、嶂下、明山、桃坪、白水。

阁公岭林氏的开基祖维公奉母命于1846年迁居该地，[①] 这显然并非客家地区的始迁祖，而属于客家人内部的再迁徙。他迁移至此后，娶当地的钟姓女子为妻（钟氏是畲族的姓氏，这个家族故事可能是畲客合流的又一个案），在当地落地生根，后来反客为主，林氏成为这个村的大姓。目前阁公岭村林氏共有十二房（以开基祖林维之孙林宙系下十二子繁衍至今）、数百人，除祖祠外，长房、三房、五房、六房、十房、十一房均保存了若干老祖屋，可大致窥得族内分房而居的情状。而钟氏确实长期维持八户人家的格局，聚居在位于村里三口塘的祖屋周边。

虽然当地的宗族组织和活动在1949年至1978年间遭到破坏，但宗族成员的地域分布并未打破，姓氏仍是村落构成的主要依据，宗族文化修复的社会基础仍然存在，故二十世纪八十年代政策放宽后，当地的宗族组织陆续获得了重建。

梅县是梅州市华侨最集中的县区，南口和白宫则是梅县的重点侨乡，这与当地的自然地理条件恶劣有关。白宫人早在清初已开始出国谋生，据统计，至1994年底，白宫的旅外华侨、华裔与港澳台胞有20 482人，超过在乡人数，分布在印尼、新加坡、泰国、马来西亚、毛里求斯、缅甸、印度、英国、美国、法国、澳大利亚、塞舌尔、日本、南非、卢旺达、越南、巴西、巴基斯坦、加拿大等20多个国家和香港、澳门、台湾地区，其中以印尼最多，其次是毛里求斯。归侨和侨眷2 813户，约占总户数的80%。[②]

华侨、侨汇对当地的社会风俗和经济发展产生了重要影响。虽然本地资源贫乏，建“大屋”的人家却不少。华侨主持建造的这些“大屋”，有些以规模超群著称，有些以中西合璧著称，形成了当地独特的侨乡风貌。华侨对家乡和宗族的认同和牵绊，为原乡带来了源源不断的侨汇。他们为改善当地的基础设施、维持当地社会组织的运转和强化宗族文化作出了重要贡献，同时也在生产力低下的传统时期，为这个生产环境恶劣的乡镇带来了相对优越的生活条件和相对宽广的见识，对当地人文环境的塑造具有不可忽视的作用。

虽然在华侨力量的影响下，白宫出现了许多建得起“大屋”的家族，但他们的生活仍称不上富裕，日常生活依然拮据。侨汇的资助只能让他们在一定程度上摆脱穷困，受地区条件的影响，他们并不能占有大量的土

---

① 梅县白宫阁公岭林氏族谱续修委员会编：《梅县白宫阁公岭林氏族谱——秀峰公派七世维公衍谱》，内部发行，2004年，第94页。

② 梅县白宫镇人民政府编：《白宫镇志》，内部发行，1997年，第287－288页。

地，成为可以靠收取地租过上锦衣玉食生活的大地主。他们可能有少量土地用于租赁，但仍然需要坚持辛勤劳作，并过着粗茶淡饭的平民生活。

第四节　小结

综上所述，闽粤赣边地区历史上先后出现了原始土著（山都木客等）、百越族群、溪峒族类、畲族、汉族等族群，从社会形态的变迁过程来看，则经历了原始土著—百越—溪峒—客家四个大的发展阶段。从山都木客身上，我们可以一窥原始土著的生活面貌；从战国时期起，闽粤赣边地区进入百越杂居的历史时期；六朝隋唐以后，社会向溪峒阶段过渡；至明中后期以后，随着溪峒各族群的普遍消失，客家社会慢慢建立起来。闽粤赣边地区的溪峒族群在明末以成为农业人口、获得“编户齐民”身份的形式完成了汉化的过程，客家社会在此基础上逐渐形成和完善起来。

“客家”之名，与其所指称的族群的客观文化特征并不同步形成，而是伴随着“客家”族群意识的觉醒出现的观念产物，它后于客家民系产生，是在该民系内部因素和外部因素的共同作用下，通过历史的层累机制慢慢构建出来的一个族群认同符号。其形成可以分成四个阶段：宋末至明初为酝酿期，官方文书的各种与“客”有关的表述及客家民系文化特征的形成，是客家族群认同产生的诱因；明中叶为其滥觞，客家人从腹地往外拓殖，族群意识开始觉醒；清代为其形成期，土客械斗对其影响甚大，直接导致了徐旭曾《丰湖杂记》和林达泉《客说》的问世，是为客家人自我觉醒的第一次高潮；清末至民国是其成熟期，“客”名终以“客家”为标准称呼，成为族群的象征性符号，并成为该族群在现代社会构建自我形象、获得社会影响的精神旗帜。

梅州是一个纯客地区。梅州客家的出现晚于赣南、闽西，但这里成为二十世纪初客家族群意识觉醒的重要基地，被誉为“世界客都”，是客家文化的典型代表。梅州客家与其他地区的客家既属于一同文化系统，又因自然环境、社会发展的差异而形成特殊的客家文化传统。本书以梅州为主要研究对象，在讨论某些更具体的个案时，将重点聚焦在梅县白宫阁公岭村上

第三章　族群与饮食：客家人基本饮食结构溯源

客家人的饮食，在自然和文化因素的共同作用下，经过长期的历史积淀而形成，远承闽粤赣边区的古代族群饮食，近接改革开放以前的传统时期饮食。许多古老的饮食习惯可能随着社会生产力的发展已消失在当代客家人的日常生活中，但他们基本的饮食结构仍然遵从历史的经验。本章的任务，是追本溯源，梳理梅州客家饮食的历史渊源。

闽粤赣边在历史上属于开发较迟缓的地区，早期文献的记载较少，但同属于稻作文化区的南方一带，在物质水平落后的古代社会，饮食结构呈现类同的状态。本章第一节借助文献资料，尝试推测古代闽粤赣边地区历史族群的生计模式以及在此基础上形成的饮食结构；第二节通过田野调查资料，分析梅州客家地区传统时期的饮食形态及其形成机制。

第一节　饭稻羹鱼：闽粤赣边地区早期族群的饮食结构

岭南地区自古以来就是百越族群的聚居地。《史记·货殖列传》记载：

楚越之地，地广人稀，饭稻羹鱼，或火耕而水耨，果隋蠃蛤，不待贾而足，地埶饶食，无饥馑之患，以故呰窳偷生，无积聚而多贫。是故江、淮以南，无冻饿之人，亦无千金之家。①

《汉书·地理志》有相似记载：

江南地广，或火耕水耨。民食鱼稻，以渔猎山伐为业，果蓏蠃蛤，食物常足。故呰窳媮生，而亡积聚，饮食还给，不忧冻饿，亦亡千金之家。②

---

① 司马迁：《史记》，北京：中华书局，1982 年，第 3270 页。
② 班固：《汉书》，北京：中华书局，1962 年，第 1666 页。

又记合浦徐闻等地：

男子耕农，种禾稻苎麻，女子桑蚕织绩。亡马兴虎，民有五畜，山多麈麖。[①]

从以上材料可知，百越早期，地广人稀、生产力低下，族群标志不明显，各类人群应该没有明显的区分，人们选择较优越的环境而居之，综合利用水上、陆上、山上的资源，以维持基本的生存；以稻米为主食，以鱼为羹菜，辅以瓜果、螺蛤，"民有五畜"意味着动物饲养也是人们获得食物的途径。商品流通不发达，人们依地而食，都不富裕，生活贫苦但生存无忧。以男耕女织、种养、渔猎、山伐为主要生计模式，人群之间的生活状态较均质，形成了普遍的"饭稻羹鱼"的饮食结构特征，共同构成了百越杂处时期南方的基本社会生态。

闽粤赣边区，地形地貌相似，气候特征类同，有"七山一水一分田"或"八山一水一分田"之称，山、水、田分别指山地丘陵（山区）、江河湖海（水上）、平原谷地（陆地）。江河流域附近的平原和谷地是该地区早期文明的发源地，这些区域往往背山靠水，因此当时人们的生计模式与广大南方地区应该是相似的。随着人口的增加和社会历史的发展，占据不同物产资源的人群生产、生活方式形成分化，以此为基础，族群边界逐渐产生。陈春声通过对明中后期粤东兴宁地区的研究，发现该地存在猺人、疍人、山贼与土人等类型的人群，土人是纳入官府管辖的"编户齐民"，其余是不受管束的"化外之民"。"编户齐民"需向官府缴纳钱粮赋税、服徭役，主要是农耕人群；猺人和山贼是随山散处的山居族群；疍人生活于江湖之上，是"舟居水宿"的水上族群。[②] 这与南宋刘克庄所描述的"溪峒种类"（蛮、猺、黎、疍）基本可以呼应，应为溪峒末期的族群生态。这三种类型的族群分布于山、水、田等不同的地理空间，农耕人群在集约化农业的帮助下，较早过上了村落、定居的生活；古越族中靠水而生的一支在溪峒时已成为独立的族群，即疍人；闽粤赣边区山多田少，山居族群是最适应当地生态的一类族群，他们的入迁对该地区的经济开发有重要意义。

---

① 班固：《汉书》，北京：中华书局，1962 年，第 1670 页。

② 陈春声：《猺人、疍人、山贼与土人——〈正德兴宁志〉所见之明代韩江中上游族群关系》，《中山大学学报》（社会科学版）2013 年第 4 期，第 31－45 页。

在高度依赖环境的传统社会，人们占据自然资源的差别导致了生计模式的分化，形成了不同类型的族群经济和族群文化，带动了各自饮食结构的调整。以农业人群来说，水稻种植是他们的经济命脉。据研究，百越地区在新石器晚期形成了许多共同特点，其中就有稻作农业。[①] 周朝时，珠三角一带氏族部落的经济生活已经以栽培水稻的农业生产为主；春秋战国时期，南越的农业生产已较原始锄耕农业更为进步。[②] 虽然暂时无法确定稻作农业的形成时间和传播路径，但闽粤赣边区在百越时期已开始种植水稻应无疑议。当地优质的土地资源集中在主要水系附近的平原及山区大谷地，这些地方一直是闽粤赣边区的经济核心区，以水稻种植为主的农业经济功不可没。这些以土地为主要生产资料的人群，借助种植粮食、蔬菜、经济作物和饲养少量的牲畜，过着自给自足的生活。以种植农作物为主的经济生态决定他们的日常饮食在“饭—菜”的基本结构中，主要以粮食、蔬菜等素食为主，辅以少量的鱼、肉。实际上，这在半个世纪以前仍是闽粤赣边地区普遍存在的生计模式和饮食生态。

疍人是南方地区广泛存在的水居族群。《舆地纪胜》卷一〇二“梅州·景物上·疍家”载：

> 疍家即江淮所谓鱼蛮子也。自为雏时，母负而跃，已与风涛相忘。若夫朝霞耀鲜，夕风泛凉，彼自得之，而不与世接，其亦有隐于渔者之风味与。[③]

他们掌握着专业的水上劳作技术，以捕捞鱼虾等水产品为生，过着舟居水寄的生活。与农耕人群的素食特征相比，疍人的生计模式决定了肉食是其主要食物。以渔猎为生的他们一直延续着古越族“饭稻羹鱼”的习俗。但人类的生理特征和营养需求显示，最合理的饮食结构应以素食为主，肉食为辅，每天必须摄入一定量的淀粉类碳水化合物才能使身体长期处于比较健康的状态；反之，即使大部分时间只吃素食，不吃鱼肉，身体也能够获得足够的能量。也就是说，相对于鱼肉，粮食作物对人类的持续发展更具价值。不能生产粮食的水上人家通过变卖水产品向陆上人家交换

---

① 曾骐：《“百越”地区的新石器时代文化》，百越民族史研究会编：《百越民族史论集》，北京：中国社会科学出版社，1982 年，第 29－46 页。

② 徐恒彬：《南越族先秦史初探》，百越民族史研究会编：《百越民族史论集》，北京：中国社会科学出版社，1982 年，第 164－182 页。

③ 王象之：《舆地纪胜》，北京：中华书局，1992 年，第 3139 页。

粮食；而靠水谋生、寄水而居的方式又不利族群扩张人口和扩大社会影响力，飘忽不定的生活也使他们不受政府重视，在获取文教等资源方面处于劣势。因此与陆上农耕族群相比，水上族群始终处于边缘化的状态。

闽粤赣边地区历史上的非汉人族群中，畲族的生活方式对后来客家族群的影响最大。《后汉书·南蛮传》载盘瓠蛮“好入山壑，不乐平旷。帝顺其意，赐以名山广泽。其后滋蔓，号曰蛮夷……以先父有功，母帝之女，田作贾贩，无关梁符传，租税之赋”[1]。作为其后裔的畲民好山区生活，与其祖一样，过着不受官府约束的耕山、免租的生活。史书和地方志中多有“种畲”“种山”的说法。刘克庄《漳州谕畲》记：

> 二畲皆刀耕火耘，崖栖谷汲，如猱升鼠伏，有国者以不治治之。畲民不役，畲田不税，其来久矣。厥后贵家辟产，稍侵其疆；豪干诛货，稍笼其利；官吏又征求土物蜜蜡、虎革、猿皮之类。[2]

与百越族经营的水稻种植不同，畲族擅长山地种植，种类有菱禾、木薯、芋头等粮食作物。同时，他们对山区物产了如指掌，善于养蜂酿蜜，身怀狩猎绝技，熟悉蘑菇、山蕨等山珍，过着“靠山吃山”的群体生活。菱禾的种植是畲族能长年深居山中的关键性技术，在许多文献中留下了记载，如《舆地纪胜》卷一〇二梅州“景物上·菱禾”载：

> 菱禾，不知种之所出，自植于旱山，不假耒耜，不事灌溉，逮秋自熟，粒立粗粝。间有糯，亦可酿，但风味差，不醇。此本山客輋所种，今居民往往取其种而莳之。[3]

“居民”指汉人，当时畲族的菱禾种植技术已被汉人吸收，说明汉人也参与了山区开发。又有屈大均《广东新语·食语》记：

> 其生畲田者曰山禾，亦曰山旱，曰旱稌，藉火之养，雨露之滋，粒大而甘滑，所谓云子，亦曰山米也。当四五月时，天气晴霁，有白衣山子者，于斜崖陡壁之际，劚杀阳木，自上而下悉燔烧，无遗根株，俟土脂熟

① 范晔：《后汉书》，北京：中华书局，2000 年，第 1911 页。

② 刘克庄：《漳州谕畲》，刘克庄：《后村先生大全集》（第五册），成都：四川大学出版社，2008 年，第 2401 页。

③ 王象之：《舆地纪胜》，北京：中华书局，1992 年，第 3139 – 3140 页。

透，徐转积灰，以种禾及吉贝绵，不加灌溉，自然秀实，连岁三四收，地瘠而弃，更择新者，所谓畲田也。[1]

白衣山子即畲民。畲民通过烧山来肥田，种植的山禾不需要水利灌溉即可获得收成，这在山多田少、水田不足的闽粤赣山区有重要的实用价值。

《广东新语》又载：

永安县境七百里中，山凡九之，田一之，土壤肥沃，多上田，无所用粪，种常七八十倍，下亦二三十倍……地多溪涧，以竹石障壅成陂圳，翻转过天车，水从下至高以溉，常有万夫之力。其不可陂圳者，皆有泉水。田在山罅，率津润成膏，不苦旱。旱田而瘠，则种大冬一谷，岁一收。余皆种早、翻二谷，岁二收。其为鸟禽、天字二嶂及下黄沙、罗坑一带，乃多苗畲，所种山旱及薯、芋、菽、苴、麻姜、油茶诸物，与白衣山子同风。其初或是傜人采实猎皮毛，山濯乃徒，今悉化为齐民矣。[2]

永安县即今广东省河源市的紫金县，为客家县。“今悉化为齐民矣”，“齐民”便是当时的客家人。可见，汉化以后，当地人仍保留了许多畲瑶时期的生活习俗。

南方山区水系发达，长期寄居山林的民族也擅长食用水产。干宝《晋纪》载：

武陵，长沙郡夷盘瓠之后，杂处五服之内，凭土阻险，每常为糅杂鱼肉而归以祭盘瓠。[3]

可见，“饭稻羹鱼”的饮食结构同样适用于这些民族。

田野调查情况显示，至二十世纪六七十年代，畲禾仍为人们所利用：

那时生产队有旱地，曾找来畲禾种子，想多收成些米谷。山是不能烧的，否则就成“火烧山”了，犯法的。就把种完树番薯（木薯）的地翻

---

① 屈大均：《广东新语》，北京：中华书局，1985 年，第 373 页。

② 屈大均：《广东新语》，北京：中华书局，1985 年，第 396 页。

③ 干宝：《晋纪》，汤球辑，乔治忠校注：《众家编年体晋史》，天津：天津古籍出版社，1989 年，第 297 页。

了，撒上畲禾种子，不用浇灌，有雨水就行了。但效果不好，产出很少，还不如种番薯收成好，后来就不种了。①

这间接说明了古代历史上畲禾在水田不足的山区环境中的生态价值。明朝后期，原产于美洲的番薯在福建、广东一带逐渐普及，丰富了山区的粮食品种。中华人民共和国成立初期，粤东山区大力兴修水利，许多农田得到灌溉，旱地作物的用途缩小。生物科技的发展、社会生产力的大幅度提高，使畲族传统的烧山种畲技术最终消失。随着烧山种畲、随山迁移的生产生活方式退出历史舞台，农耕、定居的新式文明成为主流，畲族也日渐融入汉族人群，成为客家的一部分。

客家民系形成于闽粤赣边区各族群的迁移、斗争和融合的历史大背景下，与这些族群有着千丝万缕的关系。客家人世代以农耕生活为主，种植水稻、木薯等作物，饲养六畜，兼从事渔猎山伐，具有丰富的山区生活经验，擅于利用当地的水利设施和水中物产。在闽粤赣边区特殊的地理和人文环境中成长起来的客家群族，生产和生活方式较大程度地受到当地土著族群的影响，呈现出对山区环境的适应性，饮食结构也继承了早期族群"饭稻羹鱼"的基本特征。

第二节 "咸菜'绑'粥"②：二十世纪八十年代以前的客家饮食形态

在改革开放以前，梅州的客家人生活在较封闭的地理空间里，大部分人以农业劳动为主要生计模式，遵循着"日出而作，日落而息"的作息习惯，日常用餐也依据每日的劳作时间来安排。在气候温暖的南方，太阳初升时，光线已足，又不像正午那样强烈炙人，是非常适合在室外劳作的时间。尤其是夏季，早晨与黄昏时分，是一天中最舒服的时段。另外，晨昏劳作，不影响白天外出从事其他生计。因此，为了珍惜早晨的劳动时间，客家人的早餐一般安排在晨作之后。

客家妇女是家中的主要劳力，她们每天早早起床，简单梳洗后，就要开始忙碌。先准备早饭（一般是粥和地瓜、芋头等粗粮），接着到附近的

---

① 受访者：黎姨，梅县白宫人，1952 年生；访谈时间：2014 年 6 月 15 日。

② 即用咸菜来送粥，"绑"是客家话音译，"送"的意思。

地里耕作，到八九点太阳升高时再回到家中吃早饭。此时可能其他家庭成员已吃过早饭，各自忙碌了，早餐也就不一定能与全家共餐。早餐后，许多人要到更远的地里去劳作，如果路途远，中午就没有办法回到家中用餐。有些人为了多赚些钱，做“挑担”的苦力活，到山里挑柴、挑炭到圩上卖，甚至到江西挑盐，这样就需要在野外解决吃饭问题。南方的米食不如北方的馒头方便携带、保存，于是当地人发明了“饭梢饭”①。按照“日落而息”的节奏，晚餐才是家中人最齐的正餐，是日常生活中主要的共餐时间，新鲜的菜式主要会在晚上烹饪，早餐、午餐则主要搭配前一天的旧菜或客家人常备的“常菜”（如咸菜等）食用。实际上，许多人为了节省时间和物资，实行的是两餐制，早、中餐被合并。所以不少人家也会将早餐作为一天中的主餐，在早餐时就准备好一天的饭食，在晨作之后用早午餐，吃饱喝足后开始这一天最繁重的劳动，直至傍晚回家用晚餐。一日三餐的习惯，并不存在严格执行的时间制度，人们会根据现实的需求来调整生活的节奏。②

客家人一日三餐的随意性很强，但并不意味着当中没有规矩。在条件允许的时候，“规矩”会显示出它的威严。笔者的母亲曾回忆小时候她祖父当家时的餐桌礼仪：

> 我祖父要求非常严格，小孩子即便肚子饿了也必须等一大早就到地里干活的母亲回家后，一家人都到齐了，才能吃早餐。饭桌上一定要坐好，脚不能架在凳子上；必须左手端碗，右手拿筷，不可以把碗放在桌上一只手吃饭；筷子不许插在饭堆上③；不可以一边吃饭一边说话；吃饭不可以发出太响的声音。

许多客家人小时候都曾因吃饭时不守这些规矩，被长辈用筷子惩戒，所以对这些规矩印象深刻。

年长的客家人谈起 1949 年以前的往事，喜欢用“旧社会个（的）时候”来开场。在他们心中，“旧社会”的生活很艰苦，“生活得很苦”是常态，大家因习惯而变得麻木、淡然。在与现实对比的回忆中，“非常辛苦”不约而同地成为描述的中心词，每一个访谈对象都会用夸张的语气和

---

① 又叫席袋饭，即把米装进席编的饭袋里，放进水中煮熟，既方便操作又方便携带。

② 以上资料根据笔者田野调查笔记整理。

③ 客家人祭祀刚去世的亲人时，会像平常一样盛一碗饭菜放在牌位前，将筷子插在饭堆中央。因此筷子插在饭上有祭祀亡灵的意思，在日常餐饮中则是禁忌。

感同身受的表情演绎这个词语，而对这个词语的标准注释，则是“没什么吃的”[①]，然后把当年的食物与现在的食物作一番对比。旧社会“没什么东西吃”和现在“什么都有得吃”，成为长辈们忆苦思甜的固定模式：

那时（大约二十世纪三十年代初）我的养母带着三个儿子从番片（南洋）回来，收养了我，帮着干活、带孩子。她是中农，田不多，不打仗的时候，番片的丈夫会寄钱回来，生活挺好的，但大家都要挑担（参加繁重的体力劳动）。虫子吃禾（收成不好），粮食不够吃，一日三餐都是“咸菜‘绑’粥”，难得吃到饭，光喝粥不能饱，还要加上番薯、芋头。每天早上用大锅头焖一锅番薯、芋头，吃一天。有人客（客人）来或做生日才能吃到一餐饭。那时候的饭不是像现在这样蒸的，是滗[②]饭。先用水煮开，煮到米半熟未过心的时候，将粥汤滗出来，这时锅里的米是湿的，用炭火熏熟，很好吃。粥汤加上糠、番薯藤和河边采来的沙滩草，用来喂猪……现在生活多好呀，什么都有得吃。[③]

我从小被新联村丘婆家收养，开始是做他们家的丫鬟，后来当作养女出嫁。那是个大户人家，家里有很多人在番片（南洋），经常寄钱回来，做（建）了很大的屋，有很多田，还租给人家种，收租。新中国成立后被评为富农，丘婆还被抓来批斗。当时家里每天吃饭都有二十来口人，两张桌，大家都是一起吃的。每天都可以吃到饭，饭是够吃的。但大家都要劳动，收的谷留下一年全家吃的以外，就拿去卖，卖了钱给大家过年做衣服。除了谷，还有一房间的番薯、芋头，粮食不够就要用番薯、芋头来充饥……那时候很多人家吃不到饭，天天“咸菜‘绑’粥”，不像现在，饭多到不想吃。[④]

小时候常吃的菜有咸菜、菜脯、榄豉。每餐饭一般是两到三样菜，两个青菜，一个干菜（咸菜、菜脯）。咸菜炒一大碗，多人一两天就吃完了，少人就吃个三四天。家里富裕一些的会买些咸鱼，蒸或煎好。榄豉、咸鱼

---

① 美国人类学家欧爱玲在梅州的田野调查中也有类似的发现：改革开放后，人们回忆起“旧社会”，喜欢通过食物来形容当时的极端贫困，诸如“我们能吃的只有红薯”“我们从来吃不到肉”。详见欧爱玲著，钟晋兰、曹嘉涵译：《饮水思源——一个中国乡村的道德话语》，北京：社会科学文献出版社，2013 年，第 18 页。

② 客家话音译，将食物中的水分过滤掉称为“滗”。

③ 受访者：黎婆，1928 年生，梅县白宫人；访谈时间：2013 年 2 月 6 日。

④ 受访者：林婆，二十世纪二十年代生，梅县白宫人；访谈时间：2013 年 2 月 5 日。

都是要买的，青菜和干菜就自给自足。喝粥，“咸菜‘绑’粥”是最经常的，很少吃饭，偶尔晚上能吃到一次饭，饭也不够，每人最多一碗，还要煲粥，不可能完全吃饭的。1958 年“大跃进”之后那几年最辛苦，没粮食。但我们村里没有人饿死，就是有人水肿。因为大家还可以到山上找硬饭头（土茯苓）或到大山里去买树番薯（木薯）圈来充饥。到 1965 年后本来好一些，饭多了些、菜多了些，“文革”起来又不好了，直到改革开放后才又好些。真正不愁吃，应该是二十世纪九十年代以后的事。[①]

相似的记忆也出现在文字记录中。白宫当地的老人会寿而康主办的地方期刊《南山季刊》第 64 期记古欣彝少年时代到白宫农业中学读书的经历：

……学校离家足有六十里之遥，爬山越岭，要走三百多石级的鹅颈寨。曲折崎岖的柑子山，步行四五个钟头才到学校。每星期得回家带米带菜，一冬菜罐子咸菜要吃一个星期。当时缺粮，吃不饱还要经常劳动……[②]

在《南山季刊》第 74 期中，丘明生回忆小时候在西阳滩拣小蛤（俗称“款子”），带回家后，母亲用酒糟配蛤子，煮出一道汤，在当时就是一道味道鲜美的菜。[③] 吴耀三先生则回忆说：“过去百姓无钱买肉，食咸菜和粥，桌上放一碗用蒜仁炒过的盐，也是常有的事。”[④]

直至二十世纪七十年代，自给自足的自然经济仍然统治着当地社会，大部分人通过从事农业生产来获取食物，并通过简单的商品交换获取其他生活资料，非城镇人口之间的商品交换主要依靠设置在镇中心的圩市[⑤]和挑担走村叫卖的货郎来实现，人们的购买力低下，流通的商品种类贫乏、数量有限。民国文献记载的梅县物产情况显示，当地主要出产木材、木

---

① 受访者：平叔，1951 年生，梅县白宫人；访谈时间：2013 年 2 月 2 日。

② 丘华：《西阳镇人民的骄傲——记荣誉市民古欣彝先生创业事迹》，《南山季刊》总第 64 期，第 4 页。

③ 丘明生：《故乡母亲河》，《南山季刊》总第 74 期，第 11 页。

④ 吴耀三：《衣食住行变化见闻》，《南山季刊》总第 74 期，第 12 页。

⑤ 一般隔两天一圩，相邻两镇的圩市隔日开设，如果 A 镇逢 2、5、8 日开市，B 镇则逢 1、4、7 日开，相沿成习，至今亦然。

炭、煤、石灰等材料，与食品有关的物产仅有茶叶、仙人草①及自产自销的柑、橘、柚、香蕉等水果。② 据民国《大埔县志》记载，当时大埔的桃源乡面积纵约二十里，横约六里，居民一千一百零七户、五千七百三十人，以制陶业和农业为主业；有泥源圩，其间商店四十间，交易的物品主要是油米，还有“三鸟”、茶叶及其他农副产品。因此该地商业繁荣，人称“小南京”，③ 但其中可供流通的食物类商品非常有限。民国时期，梅县松口镇是粤东重要的商贸基地。民国松口商会的资料显示，当时梅县的同业公会中，与饮食有关的行业种类有筵席、粮食、油豆、青菓、鸡鸭、糖食、茶烟等。④ 粮食、油豆、青菓、鸡鸭、糖食等在当代社会的食物类商品交易中属于农贸产品，仅占食品行业很小的一部分，一般集中在农贸市场中交易，但这些食物在当时则基本上是食品市场上日常交易的全部品种，可见食品商业在传统社会极不发达。实际上，仅有的这部分食品交易，也主要集中在非农业人口中，占人口绝大部分的农业人口除了盐以外，其余日常饮食的材料基本都靠自给自足。

在自然经济条件下，农业生产是人们的生计支柱，粮食生产是所有劳动的核心，家庭中的许多生计都围绕着粮食生产这个核心任务来安排。二十世纪上半叶，在化肥农药未推广使用、水利条件和种子种苗未得到改善之前，梅县白宫一带有“三担谷田”的说法。即一亩田的产量为“三担谷”，每担谷大概一百斤，每亩田总产量为三百斤左右。二十世纪下半叶，随着农业科技的发展，亩产量逐渐提升，先是亩产四五百斤，然后提高到七八百斤，现在普遍能达到千斤以上。在“三担谷田”的年代，肥料是粮食产量的重要保证。大部分家庭都养猪，猪肉是农民换取现金最直接的途径，而养猪也为水稻种植提供必要的肥料。稻子收割后，将晒干的秸秆挑到猪栏里垫底，一方面可以起到清洁猪栏的作用，另一方面可以让猪在秸秆上面“练”⑤，把尿、粪留在上面，以积蓄肥料，用于肥田。除了猪粪，鸡粪、鸭粪、人粪都是不能浪费的肥料。人民公社时期，将这些肥料挑到生产队，可以按量算工分。稻谷是主要的粮食，蔬菜也要自己种植。菜叶

① 即凉粉草，当地人将其晒干后，熬水，加淀粉，使其凝固成冻状，食用时加入香蕉水、蜂蜜等，是夏季的消暑佳饮。

② 丘秀强、丘尚尧编：《梅州文献汇编》（第一辑），台北：梅州文献社，1975 年，第 10 - 11 页。

③ 夏远鸣：《明末以来韩江流域小盆地的变迁——以大埔县桃源地域为例》，《客家研究辑刊》2009 年第 2 期，第 35 - 54 页。

④ 详见梅县档案馆藏民国时期“松口商会”档案。

⑤ “练”是客家方言表达，意思是在秸秆上面活动。

子好的留给人吃，烂的剁碎了喂养家禽。养鸡的人家未必能吃到鸡肉，母鸡要留着下蛋，蛋要卖钱补贴家用；公鸡或留着年节祭祀用，或卖掉，或在其他特殊的情况下享用。各个村子会有几口鱼塘，鱼塘的水清澈见底，因为当时只能割草养鱼，没有其他饲料。一般在春节前“打旱塘”[①]，那时，全村的人都会参加，因为鱼塘里的小鱼小虾是可以共享的，人们可以因此获得难得的肉类食物。打旱塘后有时会清理鱼塘，塘泥里积淀了厚厚的鱼粪，那是肥田的绝佳肥料。不论是猪肉、鸡肉还是鱼肉，都不是平时能够随意吃到的食物，稻米和青菜才是日常的基本食材。但仅有稻米还不足以让全家吃饱，因为稻米一般都是不够吃的，还要种植高产量的番薯、芋头、木薯等淀粉类食物来补贴稻米的缺口。另外，还要种植花生来生产花生油，种植大豆来获得植物蛋白。

王增能用“素、野、粗、杂”来概括客家饮食的特征。素食指植物性食物，包括主食、菜食和调味品中的油，由于肉类食品不易获得，素食便成为客家人的主要食物来源。“野”指野菜、野果、野味，梅州客家地区典型的野菜有春天的山蕨菜，冬、春笋，菌类以及各种可以入菜的青草药。“蕨芽，有点像蚯蚓，呈紫红色，樵者顺路撷取，放在水里，搁进篮中带回家。经漂洗一两天，然后加盐腌制，蕨的本身，则当柴烧。”[②] 民间还流传一种野生淀粉，“俗名‘猴头’，是蕨类羊齿科植物的根部，以擂钵磨粉，用泉水冲漂，漂出不利人体的杂质，沉淀出一层白粉，晒成干饼，备荒年充饥，土名叫‘硬饭头’”[③]。野果的种类有很多，山稔子（俗称“当梨”）、酸枣、三月孢（三月份成熟的莓果）等，梅州人常把山稔子作为其文化的象征，甚至以“山稔果”自比，因为这种野果生命力顽强，可以满山遍野地生长，是当地常见也深受当地人喜爱的一种野果。

所谓“素、野、粗、杂”的特点，虽有一定的刻板印象，但较真实地概括了客家饮食的基本情况。“素”固然与当地缺乏畜养肉类食品的条件有关；“野”和“杂”是由人工种植能力的低下和条件的不足以及山区环境蕴藏资源繁杂的特点决定的；“粗”正是“农民饮食”的必然，与精英饮食的“精”有着对应的关系。显然，当地人的日常饮食受到自然条件的极大制约，带有很大的地域性特征，而在形式上则显得简单、随意。

---

① 即将鱼塘里的水放干，竭泽而渔。

② 朱介凡：《客家史实风土传说》，丘秀强、丘尚尧编：《梅州文献汇编》（第五辑），台北：梅州文献社，1977 年，第 18 页。

③ 朱介凡：《客家史实风土传说》，丘秀强、丘尚尧编：《梅州文献汇编》（第五辑），台北：梅州文献社，1977 年，第 18 页。

从食物的多寡和劳动的强弱程度来看，成长于1949年以前的那一辈人记忆中吃的苦比1949年至1980年之间出生的那一辈人更多一些，但这两辈人的劳动模式和饮食结构没有发生变化。食物种类和数量的大量增加是二十世纪八十甚至九十年代以后的事，在此之前向前追溯数百年，给当地人的食物种类带来的变化最大、影响最深远的是明清时期番薯的引进。粮食的严重不足、食物品种的局限，这种长期“没什么东西吃”的处境，使客家人不得不充分发掘当地的资源，利用山区的物产，形成了具有山区特色的饮食特征，而“咸菜‘绑’粥”则成为他们最深刻的集体记忆。

第三节　小结

在特定地域中，人们可以得到什么物产、不能得到什么物产，首先取决于环境，但对这些物产进行什么形式的改造、赋予其怎样的文化意义，则受制于人们的观念创造，这些创造具有历史的偶然性——某一种饮食方式并不必然被这群人以现行的方式发明。文化的选择有个体的、偶然的选择，也有群体的、历史的选择。偶然的行为经过历史的层累作用，成为集体的习惯，获得集体的认同。只有实现集体的认同，文化才能在特定的地域和族群中传承，才能构成文化的历史层累。当代客家人的饮食，是历史层累的结果。在客家形成之前，闽粤赣边地区的族群几经变迁，生计模式也随之调整。每一个时期族群的基本饮食结构，都具有明显的生态性特征：深山中的土著居民以采猎为食；百越时期，“饭稻羹鱼”成为基本的饮食结构，但难以体现族群之间的社会分工；溪峒时期，蛮、猺、黎、疍、汉等族群分别生活在陆上、水上、山上等不同的生态环境中，呈现出相应的生计形态和饮食特征；进入客家时期，农耕生活、村落文明成为主要的社会形态，自给自足的小农经济成为活跃在该地区数百年的生计模式，历史上各族群的饮食中与当时文明发展相适应的元素被保留，随着社会物质条件的改变发生着各种形式的变化，融入当今的客家饮食。

第四章　一日三餐：历史变迁中的日常饮食

民以食为天，“吃饭”对老百姓来说，是天大的事，一年到头都要为此忙碌。在漫长的历史中，中国人过着靠“天”吃饭的生活，祖祖辈辈生活的环境是“天造”的，辛勤劳作之外，更要靠好天时来获得好收成。人们顺应天时，按照当地的自然条件来种植与环境相适应的农作物，也充分利用当地的野生物产，以此来创造一日三餐的日常饮食。

一日三餐是人们基于生存基本需求的饮食安排，位于饮食结构的最底层。按照马斯洛的需求层次理论，越是底层的需求，越能让人奋不顾身。在很长的一段历史时间，许多人终年劳作，仅仅只能勉强维持一日三餐的温饱。为了省时省粮填饱肚子，当时的人们发明了许多与之相适应的饮食策略。人们处理日常饮食的方式，以及这些方式在不同时代的变迁，从生活的微观层面反映着一个社会的变迁。饮食物质结构中的食材，是决定一个地区和民族饮食的基本要素。客家人的饮食，在具体的生活情境下对不同的食材各有偏重，但食物种类与其他南方地区没有太大的不同，主要有谷物、根类植物①、蔬菜、肉类②。

按照本书对饮食结构的定义，本章主要讨论饮食的物质结构，一小部分会涉及饮食的文化结构；日常饮食中的食材、烹饪工具、烹饪方法、餐饮制度、饮食观念等话题都将根据分析的需要进入本章的讨

图4－1　现代客家人的家常菜

① 番薯、芋头、木薯、花生、马铃薯、葛等。

② 以猪肉、鸡肉、鱼肉为主，鸭肉、狗肉、牛肉、羊肉为辅。肉在传统时期不是日常的主要食物，但在客家人的饮食文化体系中具有重要意义。

论。但本章不以饮食结构的逻辑框架呈现相关内容，而将以具有客家族群特征的重要食材为线索，串联相关结构要素，通过呈现客家人传统时期的一日三餐状态，来揭示客家人的日常饮食结构。

第一节　主食：生存的智慧

一、米饭：从多样化到单一化

对于长期生活于温饱线上的人们来说，粮食的种类和产量深刻影响着他们生活的方方面面。光绪《嘉应州志》卷六“谷之属”载当地的谷物种类有占米[①]、糯米[②]、百日禾[③]、埔米、畲米、香米[④]、麦[⑤]、粟[⑥]数种，其中占米是主粮。

大米转化为食物后的形态以饭和粥为主，这两种吃法都没有改变大米的粒状形态；另一类型米食的制作方法需将大米碾碎，如广州的肠粉、北方的米皮等，客家人称由碾碎后的谷物制成的食物为“粄”。粄食在客家

---

① 温仲和纂：光绪《嘉应州志》，台北：成文出版社，1968年：“占米，种出占城，本曰占城稻，一名秈。《湘山野录》：真宗深念稼穑，闻占城稻耐旱，遣使以珍货求其种，得二十石，至今在处播之，此占米种入中国之始。有白占、黄占、赤脚占，宜低田，早番二季熟。番，晚也，又为更番之义。早稻于二三月莳，五六月收；番稻于七月莳，十月收。番稻所收少于早稻五分之一。屈翁山谓晚谷每亩所收少于早稻三之一，则广州地力之不同也。”（句读为笔者所加，下同）

② 温仲和纂：光绪《嘉应州志》，台北：成文出版社，1968年：“有白糯、红糯、圆糯、大冬糯及金包银等名，岁再熟，惟大冬一熟，或曰当名待冬。”

③ 温仲和纂：光绪《嘉应州志》，台北：成文出版社，1968年：“自下种至收获计期不过百日，故谓之百日子。每届五月即登于市，近城民食，藉以接济。宜高田产。畲坑所谓五月畲田收火米是也。”

④ 温仲和纂：光绪《嘉应州志》，台北：成文出版社，1968年：粒白而长，味香，性柔滞。又曰禾米。

⑤ 温仲和纂：光绪《嘉应州志》，台北：成文出版社，1968年：“有大麦、小麦，亦有百日麦。按《岭表录》：异地热，种麦则苗而不实。故唐时岭外尚不宜麦，今则不然矣。晚稻既获，即种麦，刈麦之期于二月，刈麦后即莳早稻，于青黄不接之顷得此而民不乏食。《尔雅》翼所谓继绝续乏之谷也。然瘠土之区，岁□一麦二谷，地力尽矣。故培拥之法在所宜讲也。又相传环城四五十里之麦皆白日开花，故其味佳。北人谓性味与北麦无□，惟质稍脆，作拉面易断，以榨油条。较广潮麦面每斤多得三四条云。”

⑥ 温仲和纂：光绪《嘉应州志》，台北：成文出版社，1968年：“有芦粟、鸭脚粟、狗尾粟。按《谷谱》：芦粟，一名高粱粟，种不宜卑下地；鸭脚粟，苗似禾、穗似鸭掌、实圆细而黑，春种夏收；狗尾粟，黄粟也，穗大而长。按《珍珠船》徐铉云：楚人谓之稷，关中谓之糜。其米为黄米，故俗亦呼为黄粟。”

人的饮食中具有特殊的用途，这种食物的形态及其名称，被认为具有客家特色而赋予标志性意义。客家人的饭和粥在烹饪方式和食用场合的选择上也具有本族群的特点。除了稻米以外，小麦、糯米、黍米、玉米等均有少量种植。由于主粮的不足，在客家人传统的日常饮食中，“饭”的组成还包括了番薯、芋头等杂粮。

饭在很长时间里是客家人想吃但吃不上的食物。通常情况下，穷苦人家三餐喝粥，中等人家两粥一饭，富裕人家两饭一粥，总之越殷实的家庭，一日三餐中饭的出现频率或食用的量越多，大米生产量和储备量的多寡可直接反映家庭的经济实力。普通人家为配合劳动，一般在早餐或午餐吃饭，晚上则喝粥，且有农闲时吃得稀、粗、杂，忙时吃得稠、干、精的调剂方法，有“平时不斗聚（加菜聚餐），年节不孤凄”的生活策略。在几种情况下饭是主角：筵席、农忙、年节。农忙时要请人做工，包一日三餐干饭；上山烧炭、伐木放排等劳动强度较大的活计，还需在一日三餐之外加餐，上午的加餐叫“送昼（意为早上）”，下午的加餐叫“送晡（意为晚上）”，多为鸡蛋煮米粉或粄食。[①]

饭在作为主要食品和不作主要食品时，出场的形式是不一样的。作主食的饭需是“干饭”，按烹饪工具的不同分别被命名为饭甑[②]饭、席袋饭、“镨锣”[③] 饭、陶钵饭；普通人家日常餐饮中的饭一般无法满足家庭所有成员的果腹需求，常做成“湿饭”，主要是笊篓[④]饭。

访谈中，笔者听到两种关于笊篓饭截然不同的表述，一种认为“笊篓饭可好吃了，又香又韧，有嚼劲”，另一种认为“笊篓饭不好吃的，醒醒的，完全没味道”。前者说的笊篓饭指的是干饭，后者指的是湿饭。煲粥时，当米粒煮熟但未至黏稠状时，用笊篓将粥汤“滗”[⑤] 去，捞起的熟米粒，谓之“湿饭”，也就是后一种“不好吃”的笊篓饭。米熟之后才进行米、汤分离，大米的许多营养已进入汤里，米香已有折损；且米只是熟了，未经进一步的熏干，从烹饪的角度上来说，火候不到，因此这种饭自

① 房学嘉：《客家民俗》，广州：华南理工大学出版社，2006 年，第 8 页。

② 王增能：《客家饮食文化》，福州：福建教育出版社，1995 年，第 48 页载：“木制饭甑状似水桶，由甑体、甑箅、甑盖组成，甑体外围的上半部和下半部均用竹片编成的花箍箍紧，甑箅或用竹或用木，均有许多孔格，主要用于透气。甑盖略大于甑口，甑口两端低约 2 寸处有提耳，作端饭甑用。”。

③ 音译，当地人称一种铝制的金属锅为“pu luo”，在二十世纪，高压锅、电饭锅未普及前，人们日常主要用此锅来煲饭。

④ 竹编，状如漏勺，可将米和汤分离，功能与漏勺相似。

⑤ 客家话的表述，粥或饭不稠不黏叫“醒”。

然是不好吃的。如前文所述，过去，梅州地区的稻米供应不充足，大部分人处于半饥半饱的状态，主要以粥为主食，饭为辅助。家中的壮劳力要承担强度极大的体力劳动，喝粥难以满足身体的需要，因此用笊篓湤饭给这部分人吃，体力劳动量小的家庭成员则喝粥。二十世纪下半叶以后，大米产量有所提高，家庭成员可以吃到饭的情况多了些，但还不能人尽其量，笊篓饭仍然是许多人家的选择：每人限食一碗饭，用笊篓湤出来，不够的喝粥，人吃剩的粥加上糠头和番薯藤用来喂猪。湤饭的好处是粥、饭同煮，使有限的粮食获得最大程度的利用，既照顾到了重劳力者的体力需要，也兼顾了轻劳力者和牲口。不好吃的笊篓饭体现了很长一段时期当地人的生活困境，以及他们有效利用资源的生活智慧。这种饭的烹饪方式在客家地区普遍存在，又成为老一辈客家人的集体记忆。这种特殊的饮食方式，随着生活条件的改变，已基本不在现代客家人的生活中出现，但好吃的笊篓干饭则成为一些饭店的招牌，用于招揽猎奇的游客。

“好吃”的笊篓饭是干饭的一种，它可以是饭甑饭，也可以是“镨锣”饭。王增能这样描写笊篓饭（实为饭甑饭）的做法：

> 将大米倒入滚水锅中，煮至将熟未熟之际，即用笊篓捞起饭粒，滴干，倒入饭甑里；复将饭甑置铁锅内，注水，以淹没部分甑脚为宜，然后猛火蒸之，俟蒸汽冒至甑盖，并凝成水珠，沿甑盖往下掉入锅内时，饭即全熟，食之又软又香，口感极好。捞饭时，锅中往往留若干饭粒续煮，便成了稀饭，可谓一煮两得。粥汤加米糠若干，搅匀，则是养猪的好饲料。①

过去，不少客家家庭是三世同堂甚至四世同堂，家庭人口常有十几二十口，蒸煮的饭量较大，且人们的劳动繁忙，做饭时间有限。为了节省时间，通常早晨就将一日三餐的饭先做好，避免重复劳动。饭甑容量大，可以一次性烧制出大量米饭，隔水蒸煮的方式不容易将饭烧糊，是在现代化电器尚未出现的时期，客家人应对大家庭生活的智慧创造。同时，饭甑饭也非常适合婚丧嫁娶等筵席场合。2013 年底，笔者在平远县石正镇一个老人的葬礼中，发现数天的流水席都用了饭甑饭招待客人。主家用三个饭甑一次性蒸了上百斤的饭，连吃三四天，每次只需将所有的饭甑上锅蒸热便可。需要说明的是，与现在梅州许多地方将红白喜事中的饮食整体承包给专业的筵席社不同，笔者所见的石正镇丧礼习俗在较大程度上延续了传统

---

① 王增能：《客家饮食文化》，福州：福建教育出版社，1995 年，第 48 页。

互助的方式，由左邻右舍组成“后勤小组”，协助主家接待客人、处理家务。从老人去世到下葬，每日早中晚三餐都会有前来祭奠的乡亲参与用餐，人数无法确定。复杂的菜肴直接向餐馆预订后送来，上一餐没吃完，下一餐加热后继续食用，吃完后再向餐馆订购；主食米饭则由家中烧制饭甑饭解决，既保证了充足的量，又减少了重复的劳动。饭甑也常用于制作客家娘酒，方便一次性蒸制大量糯米饭，这也是目前饭甑在当地仍然存在的主要用途。

做出好吃的饭甑饭并不容易，火候的把握很重要。第一，大米滚煮时，需要把握煮到几成熟时最合适进行二次蒸熏又不至于营养过分丢失。第二，放入饭甑后，需要把握猛火蒸多久才能至饭熟且香而不至于干火。火候把握得不好、工序不足，都蒸不出好吃的饭来。为了还原饭甑饭的真实面貌，笔者曾请家中的老祖母用她保存的老饭甑试蒸了一次饭甑饭。她提前三个小时泡米，但未经第一道滚煮的工序，直接捞米进饭甑，开始第二道工序，结果蒸出来的饭又干又硬，有些还“不过心”①。老祖母的失败，源于她烹饪技术的生疏，这种传统的烹饪方式已然过时，不复为乡民们熟悉。在乡村电饭煲已经普及化的今天，烹饪方式是饮食结构中最为脆弱的一环。烹饪方式的消失，源自生活方式的改变，导致与之相关的某种口味的消失。

就容量而言，饭甑饭不适宜人数较少的日常餐饮。在小家庭当中，会用“镨锣”饭来实现“滚煮＋蒸熏”这两道工序：

> 我小时候蒸的饭很好吃，经常得到大家的称赞。那时候是用“镨锣”。粥煮到米半过心的时候，用笊篱把米滗到另一个“镨锣”去，这时米湿湿的，这样就好，不能再加水了。我就盖上“镨锣”盖，把灶上的柴火烧旺，一阵猛火就好，不能再烧火了，剩下的就靠灶里的炭火火星来熏。这样饭熏得香香的，锅底那一层有一点点焦黄，就可以了，特别香、韧韧的。农忙时大人都去干活，我就蒸了“镨锣”饭送去给他们吃，大家都说好吃。②

“滚煮＋蒸熏”的烹饪工艺，是人们在粮食缺乏的年代，为了最大限度地利用资源，同时尽可能保留米饭的最佳口味而创造出来的。在现代家电技术革新到来之前，“做饭”在某种程度上比“做菜”更麻烦，锅巴很

---

① 客家话表述，意为饭未煮熟，大米心未软化。

② 受访者：黎婆，1928 年生，梅县白宫人；访谈时间：2013 年 2 月 6 日。

难避免，稍不留神就会烧焦，导致粮食的浪费。蒸熏是在有限的条件下，防止米饭烧焦的有效办法。先滚煮再蒸熏，这是一套完美的设计——滚煮时水分充足，不容易烧焦；滚煮后的大米，已经半熟，大大缩短了蒸熏的时间，蒸熏时只需一阵猛火至米熟，“香、糯”的口感用火星的热度就可以实现。加猛火时烹饪者在场，熏饭时则可离开，既省了时间又防止了米饭烧焦。可见，“滚煮 + 蒸熏”的蒸饭方法在粮食较短缺、炊具较原始的历史条件下，是一种精明的生活策略。一方面通过滚煮使一部分营养留在粥汤里，提高了粮食的利用率；另一方面利用柴火提供的条件，熏蒸出美味可口的食物。这种发挥到极致的饮食智慧，既体现了人们对艰苦条件的适应，也体现了他们对美好生活的向往。而这种向往，正是创造美食的心理动因。

时至今日，大部分家庭蒸饭使用的炊具已升级成电饭锅。电饭锅安全简单，自动蒸煮，不费人工，极大地降低了蒸饭的技术难度。在电饭煲之前，人们曾一度使用高压锅蒸饭，尽管高压锅已在缩短时间方面取得了不小的进步，但这种靠人为来控制火候的炊具并不能完全杜绝“烧焦”事件的发生。可以说，电饭锅的发明提高了人们的生活品质，是烹饪技术的一大革命。时至今日，电饭锅生产厂家仍然在继续研究如何将米饭蒸得更好吃，让电饭锅的技术不断更新换代。当下人们对米饭口味的执着追求，与传统时期人们通过手工技术提高米饭质量的初衷是一致的。

在传统时期如果是出门做工或上学住宿，过集体生活，则要做席袋饭或陶钵饭：

> 所谓席袋，就是用席草编织的袋装饭包，客话读为“饭梢”。席袋饭的做法是：将米装入席袋中，留出适当空间，上端用绳子扎紧，放进锅内，注水，以能浸没席袋为宜，盖紧锅盖，以猛火煮之，这叫作煞饭。[①]至饭包饱满、提起即干、不掉水滴，即可取食。食时解开绳子，手捏饭包，倾饭于碗中。这种做法多见于过去的学校、工地等集体伙食单位。每人一个饭包，根据自己的饭量，米可放多放少，谁都不吃亏，谁也不占谁的便宜。饭包一多，容易发生错取现象，因此，每个饭包上均挂一小小的竹片，上书各人的姓名。[②]

叶剑英读书时使用过的饭梢子至今仍被保留在现在的丙村中学。20 世

---

① 煞，客家话音译，指把食物放进水里煮的烹饪方式。

② 王增能：《客家饮食文化》，福州：福建教育出版社，1995 年，第 49 页。

纪30年代出生的吴永章老师说，他们读小学时用饭梢子“煞饭”，中学时已改用饭钵蒸饭，即“钵仔饭”或“陶钵饭”。钵仔是陶制的，所以又叫陶钵，这种陶钵只在钵口周围上一层釉，钵体的其余部位都是素陶，大小与现在家庭使用的饭碗差不多。钵仔饭的做法是：将米放进饭钵里，添上适量的水，隔水蒸熟。二十世纪五六十年代的集体饭堂多蒸钵仔饭：

那时候读中学，许多人都住宿，每周回家两趟去带米和咸菜。每个月要给学校食堂交柴火费两块钱，平时就把饭统一拿到食堂蒸。每个人自己带米、带碗，放好水。食堂有个大锅，锅底放水，水上隔一个木制的箅子，碗就放在箅子上蒸。上课前把米放上去，放学后饭就蒸好了。[①]

冬菜瓮子装咸菜，带到学校吃一个星期的上学往事，是二十世纪七十年代以前人们的集体记忆。钵仔饭的出现，与劳动或其他外出场合的分餐制有关，其功能与饭梢饭相同。在传统的集体就餐场合，人们无力以现金购买食物，只能自备粮食、协同制作，集体食堂也无人从事专门的饭食制作和售卖。粮食由就餐者自己提供，饭多饭少根据各人的经济状态和食量决定，不与其他人混同。多个钵仔和饭梢又可同在一个蒸锅中烹饪，节省柴火，提高效率，一举多得。两者相较，饭梢饭更适应野外就餐的环境。二十世纪初，许多客家人到江西挑盐或从事其他远足的工作，经常身带饭梢、大米和咸菜，行至途中，可就地取材，将装有大米的饭梢放进可盛水隔火加热的盛器中，野炊就餐。所以饭梢饭和钵仔饭有其专事之功能，并不适用于家庭中的一日三餐，它们反映了某个历史时期外出或公共场合的就餐秩序。

现代客家社会的公共就餐已普遍进入商品化领域，自给自足的时代宣告结束。外出时人们习惯于在餐馆或其他食肆就餐，或者自备方便面、面包之类的快餐食品。野炊的方式已不合时宜，饭梢失去了使用的价值，早已销声匿迹，目前只能在客家博物馆中见到饭梢的身影。

客家人旧时有吃“熟米”（又称符米）的习俗，做法是“将稻谷倒入锅中，煮至谷壳破裂，捞起晒干，然后砻、碓成米”。王增能认为熟米产生的原因有三个，一是贫困，等不到稻谷成熟，便将七八成熟的稻谷割下来充饥，但谷粒未饱满，无法砻碓，因此先将谷蒸熟再砻；二是收割时多阴雨，为防止霉变，先做成熟米再贮藏；三是方便保存米皮，用于防止脚

---

① 受访者：黎姨，1952年生，梅县白宫人；林叔，1951年生，梅县白宫人；访谈时间：2014年9月15日。

气病，久而久之，相沿成习。[1] 据说熟米有祛淤清湿之用，相传在明万历年间，永安（今紫金县）知县陈荣祖见山民患水肿病，认为是瘴气和水土清寒所致，于是制作熟米，使山民食之，以去寒湿，患者遂愈。后来当地人多吃熟米，以解寒湿之症。[2] 此为闽西、紫金等地旧俗，今已不见。梅州当地在笔者所见范围内则未闻此俗。

“饭”在粮食不足的年代有时只提供给家中的主要劳动者享用，为的是让他们能够有足够的体力去干活，这种情况不唯中国，在其他国家一样存在。《甜与权力——糖在近代历史上的地位》里有一段关于英国工业革命时期产业工人家庭生活的描述：“我们可以看到的是许多有老婆、有三四个孩子要养活的劳动者，虽然每周只挣一英镑，却身体健康、干活出色。我们没有看到的是，为了给丈夫足够的食物，妻子和孩子常常强忍饥饿，因为妻子知道一切都仰赖于丈夫的薄薪。”[3] 在饮食的物质结构中，日常饮食承载着满足生理需求的重任，在这种需求未达到饱和状态时，日常饮食总是显示出浓厚的功利色彩——人们总是遵循最简便、实用、高效的规则对食物进行分配和消费。

稻米作为客家人最主要的粮食作物，其食用方式的多样性体现了饮食的营养功能给特定社会条件下的人们带来的生存压力。在这种生存压力已经完全解除的现代社会，仍然作为主粮的稻米，烹饪方式则越来越单一。在日常生活中，粥和饭的烹制基本交给电饭煲、电压力煲一类的专为烹制粥、饭而设计的现代化厨具，90% 以上的粥饭都在这样的状态下完成，形式简化到了极致，制作也简化到了极致——淘米、放水、按下电源，只需三个步骤、两三分钟的劳动，人们就可以在半小时之后吃到味道纯正的粥或饭。这种现代化的炊具通过商业化的手段流行，轻而易举地将传统社会中地域性、族群性的烹饪方式消解得无影无踪。人们还像过去那样喝粥、吃饭——这些饮食结构中的食材要素依然如故，但烹饪工具的现代化革命，却使食物的创造方式发生了巨大变化，从而带动了人们生活方式的改变。无疑，烹饪工具、烹饪方式、餐饮用具之间，存在着天然的联系，某一项要素的改变，可能引发其他要素的变化。有学者就曾讨论过盘子与热炒之间的关系：

---

① 王增能：《客家饮食文化》，福州：福建教育出版社，1995 年，第 51 页。

② 房学嘉：《客家民俗》，广州：华南理工大学出版社，2006 年，第 9 页。

③ 西敏司著，王超、朱健刚译：《甜与权力——糖在近代历史上的地位》，北京：商务印书馆，2010 年，第 146 页。

今人盛装各式菜肴广泛使用盘子，这和人们烹调文化的改变相关。古人很早便发展出种种烹调方式，但蒸、煮才是主流，热炒不是，广泛使用盘子，依据拙见，与元代以后快速热炒逐渐成为烹饪的主流有关。①

客家人的传统烹饪方式中，多焖、煮，少快炒，使用的食物盛具碗多盘少。多年以前，有位从小在湖南长大的亲戚讲述其父亲（土生土长的梅县本地人）不擅烹饪，举的例子就是，烹饪白菜的方法不是用大火炒熟，而是加水焖熟。其父因幼年的饮食记忆都是传统客家的记忆，至年老仍难以改变焖煮青菜的烹饪方式。现代客家人生活中，炒菜已成常态，盘子也已是普遍使用的餐具。

粮食的增加、烹饪工具的改变表面上都是饮食的物质结构的变化，但随之产生的还有人的观念的变化——人与食物之间的关系被重建，粮食不再那么宝贵，人们昔日珍而视之的心态已经淡薄。在“物以稀为贵”的年代里，人们盼望能每餐吃到干饭；后来饭变得平常，人们食用时也失去了爱惜之心；再后来，饭因淀粉含量过高，食物过量的人们产生了控制饭量的养生需求。从渴望获得更多的量到控制过多的量，这种人与“饭”之间关系的转变，发生在最近三十多年间。在这短短的三十多年里，客家人米饭烹制手法的多样化向单一化转变的事实，让我们看到了在现代化、技术化大潮的裹携下，客家许多带有地域性、族群性特征的烹饪方式不可避免地消失在历史的发展进程中。这体现了客家人对现代社会的适应，也体现了现代化对族群饮食文化特征的解构。

二、薯芋：“吃饱”还是“吃好”

中国是个灾害频仍的国家，水灾和旱灾是最常见的两种自然灾害，常对农业造成极大破坏，导致受灾地区粮食歉收甚至是颗粒无收，人们陷入饥饿的恐慌之中。为了对抗常年的灾荒，政府采取各种救荒措施，民间则是有人编纂出《救荒本草》一类的书籍，教人们如何渡过饥荒。② 岭南山区，薯蓣一类的山产颇多，长期积累的生活经验，使人们对这些救荒食品了如指掌。《广东新语》云：

东粤多薯，其生山中，纤细而坚实者，曰白鸠薯，似山药而小，亦曰

① 叶国良：《礼制与风俗》，上海：复旦大学出版社，2012 年，第 154 页。

② 尤金 · N. 安德森著，马孆、刘东译：《中国食物》，南京：江苏人民出版社，2003 年，第 81 页。

土山药，最补益人。大小如鹅鸭卵，花绝香。身上有力者，曰力薯，形如猪肝，大者重数十斤，肤色微紫，曰猪肝薯，亦曰黎峒薯。其皮或红或白，大如儿臂而拳曲者，曰番薯，皆甜美可以饭客，称薯饭，为谷米之佐。凡广芋十有四种，号大米，诸薯亦然。番薯近自吕宋来，植最易，生叶可肥猪，根可酿酒，切为粒，蒸曝贮之，是曰薯粮。子瞻称海中人多寿百岁，由不食五谷而食甘薯。番薯味尤甘，惜子瞻未之见也。芋则苏过尝以作玉糁羹云。

凡以春种以夏收者曰早芋，以夏种以秋收者曰晚芋。与红薯并登如稻，故有“大米”之称。芋大者魁，小者奶……芋奶宜为蔬羹，其性与茯苓皆属土，性重厚，故皆养脾，和鲫、鳢鱼食之，调中补虚。①

在无灾害的年份，普通百姓的粮食也常常供应不足。梅州客家地区有“半年薯芋半年粮”的说法，番薯、芋头等杂粮占据了普通家庭每年粮食消耗量的一半甚至更多，这种情况持续到二十世纪七十年代末。

中国饮食史的研究表明，番薯传入中国是较晚的事，但其对中国近四百年的社会发展产生了重要影响。番薯原产于美洲大陆，哥伦布发现新大陆后传播到欧亚，于明朝万历年间从吕宋传入我国福建、广东一带。② 到清代，番薯已在全国广泛种植。光绪《嘉应州志》载：“（番薯）最易生，叶可肥猪，根可酿酒。州属山多田少，贫户每借此以充粮食。”③ 从下表可以看出，明代两百多年时间，嘉应五属地区人口的增长幅度很小，人口最多时并未突破4万，但到清中叶，男性人口数已达15万多，道光时更增至26万多。

表4－1　明清时期嘉应州人口变化表④

时间	户数	人口数	丁数（男性为丁）
（明）洪武二十四年	1 686	6 989	
（明）永乐十年	2 617	10 769	

① 屈大均：《广东新语》，北京：中华书局，1985年，第711－712页。

② 杨宝霖：《我国引进番薯的最早之人和引种番薯的最早之地》，《农业考古》1982年第2期，第79－83页。

③ 温仲和纂：光绪《嘉应州志》，台北：成文出版社，1968年，第74页。

④ 根据光绪《嘉应州志》卷13整理。

（续上表）

时间	户数	人口数	丁数（男性为丁）
（明）宣德七年	2 840	12 740	
（明）正统七年	2 988	14 240	
（明）景泰三年	3 247	16 261	
（明）天顺六年	3 280	16 213	
（明）弘治五年	2 932	19 381	
（明）正德七年	2 952	26 201	
（明）嘉靖元年	3 096	26 571	
（明）嘉靖十一年	3 099	38 366	
（明）崇祯五年	2 102	21 818	
（明）崇祯十五年	1 827	19 232	
（清）顺治八年	1 814	15 764	
（清）嘉庆二十三年			150 273
（清）道光二十七年	24 882		268 193

有学者将此归因于清朝前期的大量北方移民南迁[1]，但这并不能解释清朝前期全国人口普遍大幅度增长的现象——北方地区并未像南方那样出现大量移民。实际上，明朝后期的人口已大约增长至明初时的3倍，从5 000万左右增长至1.5亿左右，超过了以往所有的朝代。这种增长与中国农业的发展有密切的关系，其中包括新大陆农作物在中国的传播，番薯更是被当作防范饥馑的食品而受到官方的推广种植。[2] 目前尚未有确切的材料证明番薯是何时传入梅州地区的，按明末在福建推广种植的情况来看，与福建比邻的当时的嘉应州于清朝前期得到推广的可能性非常大。带来一个时期人口增长的原因不可能只有一个，清初小冰河期恶劣气候减退带来的农业增收、统治者赋税优惠政策的带动都为这个时期社会人口的稳定发展带来了契机，而番薯这种高产、易生长的淀粉类食物的引入，无疑也是推波助澜的一个因素。

番薯传入中国之前，薯蓣和芋头之类的淀粉类食品，在宋代已经成为

① 魏明枢：《清朝前期客家人“过番”的内在动力——以梅州为中心的客家社会及其对外关系研究》，《客家研究辑刊》2009年第2期，第26－34页。

② 尤金·N. 安德森著，马孆、刘东译：《中国食物》，南京：江苏人民出版社，2003年，第73－75页。

南方民族特别是非汉民族的主食，并被比做“蛮荒之地的粗糙饮食”①。谷物是中国人粮食的基础，薯类则一直被认为是粮食的一种，属于粮食中的“杂粮”。这些谷物和薯类为主的淀粉类食物共同构成了中国人的主食，占了普通膳食的90%或更多。② 在梅州，人们常将番薯、芋头作为姐妹食品同时提及，很长一段时间里，它们不仅是救荒食品，还是配合粥饭食用的日常主食。木薯更多的是在灾荒的年代作为救急的粮食，平时主要作为食物的配料：晒干后磨成粉，在蒸萝卜圆、煎荞粄、炸芋圆时候作为主要原材料的黏合剂。番薯和芋头长期被当作主食，甚至比大米（粥、饭）更具现实意义。

梅州的年平均气温约为20.7℃，一年中，20℃～30℃的气温占多数，适宜番薯的生长。在当地山区环境下，良田稀缺，土壤普遍较贫瘠。水稻种植的要求较高，在这种条件下无法大面积种植，使粮食生产不能满足需求。番薯可以在水稻无法种植的旱地上种植，且番薯的储藏要求不高、储藏时间较长。在营养成分方面，番薯的淀粉含量高，适合充饥。这些条件使番薯成为稻米主粮的主要替代品，二十世纪五十年代初出生的黎姨解释了番薯在一日三餐中的食用情况：

小的时候，每个人的粥饭是限量的，不可能靠粥饭吃饱肚子；但番薯是可以任吃的，所以家里每天都焖好一大锅番薯，大人小孩肚子饿了就去拿番薯吃。

《客家饮食研究》记载的番薯制作方法有四种：用蒸、煮、烤和即食等方法整个吃；擦丝、切片或剁碎了晒干吃；蒸熟了晒干吃（番薯干）；制成薯粉。番薯不仅高产，而且从叶到茎都有不同程度的利用价值。番薯叶是当地人常吃的蔬菜品种，嫩叶子和嫩梗炒来给人吃；粗陋的番薯藤剁碎了与米糠、泔水混在一起煮熟，就是猪的食物。番薯皮等人无法食用的部分，都可以通过被猪吸收来变废为宝。与之相比，水稻只有谷粒部分可以被人类作为食物或成为猪的食物；米糠即便碾碎成粉，也不适合被人食用，只能通过猪的肠胃来转化；稻草（晒干的水稻苗，当地称作“秆”）作为肥田的肥料，不能直接成为人或动物的食物。

---

① 尤金·N. 安德森著，马孆、刘东译：《中国食物》，南京：江苏人民出版社，2003年，第63页。

② 尤金·N. 安德森著，马孆、刘东译：《中国食物》，南京：江苏人民出版社，2003年，第106页。

在客家人的日常饮食中，番薯和芋头是两种主要的杂粮，制作方法也多有变化，如有地方文献记载：“八月则制芋干，田中芋熟，择其大根垒垒之稚芋，名曰芋卵，去皮晒干，以油炒之，与咸酥花生同为中秋拜月之果品。”[①] 芋头适宜高温潮湿的环境，对土壤适应性广，水田或旱地均可栽培，因此梅州地区多有种植。芋头在我国有很长的种植历史，西汉初的文献对此已有记载。与番薯相似，芋头也富含蛋白质和淀粉，适合用来充饥。但芋头略有毒性，不可生吃，热食过多易引起闷气或胃肠积滞。芋头对中国人日常饮食的影响不如番薯，应该与此原因有关。

番薯和芋头曾经是梅州客家地区粮食短缺时的替代性主食，长期的食用使人们开发出了一些因反复出现而固化成为地方特产的食品，其中最有影响力的是炸芋圆：将芋头去皮后刮成丝，混入木薯粉和调味料（盐、糖），捏成圆形（变成客家特产后被改造成圆饼状），放入油锅煎炸而成。芋圆原本是客家乡村年节的食品，进入商品经济时代以后，这种食品被打造成了旅游消费品，以客家特产的形象进入市场。

老一辈客家人记忆中有一种食品，俗称“硬饭头”，学名叫“土茯苓”。光绪《嘉应州志》云：土茯苓“可当飱食，凶岁益多。此与蕨粉皆救荒之佳产也”[②]。土茯苓具有药用价值，《广东新语》称：“外有土茯苓，则薯莨也，能解诸毒。”[③] 经历过二十世纪六十年代初大旱灾的人们不会忘记这种曾经让许多人幸免于难的食品，至今客家地区仍保留着食用土茯苓的风俗，但不作粮食食用，而作补品、汤料。客家特色菜中的“生地土茯汤”，“土茯”即当年的“硬饭头”。

二十世纪七十年代以前客家人的生活场景中，常有一个杂物间，其中一个角落必有堆成小山的番薯和芋头。二十世纪八十年代是客家传统社会向商品经济社会过渡的一个时期，农户们的粮食供应量和购买力较之前已有很大提高，但真正的商品经济格局尚未形成。传统的农业生计模式仍然是乡村社会的主要经济生态，农户们除了种植农作物，还普遍养猪、养鸡。番薯除了补充粮食的不足，还主要用于牲畜的饲养。二十世纪八十年代以后，番薯逐渐淡出了人们的日常饮食。随着政府对生猪屠宰的严格管制，农户们失去了养猪的积极性，番薯的种植也失去了它最后的价值，很少有农户再将其作为粮食来种植。但番薯从未在客家人的饮食中消失过，只是功能从满足生存需求转换成了养生或享受。在现代饮食观念的影响

① 丘秀强、丘尚尧编：《梅州文献汇编》（第七辑），台北：梅州文献社，1977年，第77页。
② 温仲和纂：光绪《嘉应州志》，台北：成文出版社，1968年，第76页。
③ 屈大均：《广东新语》，北京：中华书局，1985年，第713页。

下，关于番薯的表述甚至从“蛮荒之地的粗糙饮食”变成了“富含粗纤维的健康、绿色食品”。尤其对于在城市生活的客家人来说，吃番薯成了养生时尚。番薯在现代被追捧，类似传统时期的米饭，而米饭在现代遭遇的鄙弃恰似当年的番薯。如此戏剧性的转变发生在同一代人身上——那些昔日渴望米饭、鄙弃番薯的人们，今天以截然相反的态度对待同样的两种食物。人们对待同一种食物的不同态度，折射出社会的变迁。

现代人将薯芋作为“粗粮”的健康食品观念，带着对绿色乡土的想象，源于过去的饮食经验。薯芋不仅以绿色食品的姿态出现在家庭的私密空间里，同样以朴实无华的、不经加工的“原生态”形象（水煮番薯、芋头）出现在高档食肆之类的公共空间里，满足了人们对乡土的怀恋。从某种程度上，薯芋的回归寄寓着人的乡土情结，也体现了人们对现代化生活的反思。

第二节　素菜：从生存需要到文化惯习

一、“咸菜型”的客家[①]

（一）咸菜对客家人的意义

“菜”在客家人日常饮食结构中的主要功能是佐“饭”，其次才是营养和享受。客家人把粮食当作饮食的根本，“饭”才是保证营养和健康的基本食物。这种观念，建立在饮食作为生理需求的基础上，也是社会长期物质贫乏造成的结果。佐饭，就是使贫乏无味的饭更容易下咽，获得滋味上的补偿。对“饭”的营养功能的强调和对菜的滋味的追求，包含了人类在保证生存的基础上对美味的本能追求。从客家人对待“菜”的态度和在现实条件下创造“菜”的实践中，我们可以体会到客家人的饮食处境——在长期的生存焦虑中形成的“农民的饮食”。最能体现客家人饮食境况和族群性格的菜，首先是咸菜。光绪《嘉应州志》云：

州俗多植芥菜，至冬月斫取，挂置数日，以盐擦之曰水咸菜，晒干曰干咸菜，藏至十余年则谓之老咸菜。皆贮之于瓮，无埋地中者。咸菜广肇

---

① 朱介凡：《客家史实风土传说》，丘秀强、丘尚尧编：《梅州文献汇编》（第五辑），台北：梅州文献社，1977 年，第 18 页。

间呼为梅菜，缘此物梅产为佳，故名也。[1]

张光直的研究表明，中国人的饮食模式对环境的适应性的重要表现之一，是他们保存食物的技术。“把食物加以烟熏、盐渍、糖浸、浸泡、腌制、晾干、浸在多种酱油里面等，由此而得到保存”，中国人技术性保存食物的数目之大、种类之多，“涉及所有的食物原料——谷物、肉、水果、蛋品、蔬菜以及其他一切东西”[2]。这些贮存技术，使他们可以在丰产时将多余的食物保留下来，以备换季时或食物缺乏时食用。客家人通过盐渍、腌制、晾干等技术长期制作并食用咸菜，靠咸菜来维持他们一日三餐的味道，甚至自称为“咸菜型”的客家。咸菜曾经是他们每日不可或缺的家常菜和调味品，制作咸菜成为每个妇女的看家本领。咸菜不是客家人的主食，但它是比主食更具稳定性的餐桌食品。主食可能是粥、番薯、芋头，偶尔能吃到饭，不管主食吃什么，咸菜都是在场的。

在以素食为主的时期，客家人每年消耗着大量的咸菜：九口一户的人家，每个月能吃掉一瓮咸菜，每年全家需要消耗十多瓮咸菜；一株大咸菜（3～5斤，腌好后约1.5斤）捆成一捆，一瓮的容量是40捆左右；以一年12瓮计，每年大概要消耗掉480捆咸菜；以一捆1.5斤的重量计算，一年的食用量便是720斤。长时间的食用，使客家人对咸菜产生了依赖，并衍生出了许多与咸菜有关的菜式。最近三十年饮食结构的改变，咸菜不再是客家人餐桌上的主菜，但餐桌上不撤咸菜的习惯在许多家庭仍然保留，尤其在农村。人们称咸菜为“常菜”，意为常备的菜。

（二）长咸菜

客家人日常食用的咸菜，叫长咸菜，选用大株、长叶的芥菜[3]制作，

---

① 温仲和纂：光绪《嘉应州志》，台北：成文出版社，1968年，第73页。

② 张光直：《中国文化中的饮食——人类学与历史学的透视》，尤金·N. 安德森著，马孆、刘东译：《中国食物》，南京：江苏人民出版社，2003年，第254页。

③ 芥菜喜凉湿忌炎热干旱，稍耐霜冻，属十字花科芸薹属，品种繁多，种植面广；叶用芥菜一般适宜在8℃～25℃之间生长，华南地区多为秋播春种。梅州人称芥菜为三月菜或春菜，制作长咸菜用的是与三月菜相似又不完全一样的芥菜，乡民俗称其为咸菜。乡民认为用“咸菜”制作的咸菜才够“靓（口感好的意思）”，这种“咸菜”只在秋冬季种植，专门用于腌制长咸菜和制作干咸菜（梅菜）。

又叫水咸菜[1]，晾干后用盐腌制，存放在大陶瓮中，一个月左右即可食用。冬季田里庄稼收割以后，土地闲置出来，用于种植番薯、芋头、芥菜、萝卜等家常食品。各家各户每年对咸菜的需求量都很大，为了增加产量，人们还会在田埂上堆出些新土块来种植；芋头收成后，腾出来的土地也种上芥菜，充分利用每一寸土地资源。收割时，将芥菜齐根斩断，一株一株横卧在田埂上，趁着阳光晾干。阳光好时大概一周，芥菜缩水软化，菜叶菜梗由翠绿转黄绿，便可入瓮腌渍。

人们用畚箕（用竹篾编成的，用来挑菜、粪等的担具）将其挑回家中，准备好咸菜瓮。咸菜瓮是陶制的、约半米高的大瓮，瓮口和瓮底小，瓮身大，形似橄榄。咸菜需要在盐的作用下良好发酵，才能诱导出独有的香味，因此盐分要足。田里晾干的芥菜挑回家后，要避免沾上生水。入瓮前先在菜上抹好盐，盐要选用未精制的粗盐，将菜折成数折，绕在一起，捆成半尺左右长的一捆（个小的菜两株一捆，个大的菜一株一捆），一捆一捆地装入瓮中，放一层菜撒一次盐，层层叠加，装满整个大瓮。瓮颈可以留些空位，放置一团晒干了的稻秆，用于隔离瓮口的污染物。发酵过程中不能渗入空气，否则会变质，腌出“臭风咸菜”，所以密封的工作很重要。密封的办法有很多，可以先在瓮口上盖上几层菜叶，将瓮口遮住，再糊上一堆黄泥。后来有了不透气的塑料纸，人们就改用塑料纸蒙住瓮口、再用绳子扎紧的方法来封口。在杂物间的角落堆一些米糠头（也可用干净的沙子或草木灰），将瓮口倒放在糠头上，一方面不让外面的空气进到瓮里，另一方面让盐逼出来的菜汁渗出瓮外。

从工序上看，咸菜的制作很简单，但如果细节没处理好，整瓮咸菜都可能腐坏。比如不小心进了空气可能会“臭风”；沾到生水容易腐烂；青菜晾得不够干爽口感会过酸，晾得太干发酵效果又不能到位以至咸菜“日辣”味（过分在太阳下暴晒留下的味道）重而咸菜香不足；盐放得太多味太“笨”，放得过少则不够香且保质期会缩短；等等。这些细节要靠长期

---

① 在客家本地，因梅菜被称为“干咸菜”，故又称这种“长咸菜”为“水咸菜”，以示区别。但从潮州一带流传过来的另外一种用咸水浸渍的腌菜也称“水咸菜”，或称“潮州盐菜”，为了不与此种“水咸菜”混淆，以下只称梅州本地的“水咸菜”为“长咸菜”。潮州的水咸菜原材料是梗多叶少的短芥菜（短芥菜还可再细分，不同种类的芥菜浸制出的咸菜风味有所差别），芥菜洗干净后同样要晾干，目的不是去除蔬菜自身的水分，而是去除生水。浸渍咸菜用的盐水必须用凉开水调制。这种水咸菜泡制的时间比长咸菜要短，一般两周之后即可食用。其优点是口感爽脆，酸味较浓；缺点是保质期短，越泡越酸，过酸就会破坏口味了，因此在咸菜需求量大、保质手段缺乏的传统时期，人们很少制作这种咸菜。现在，潮州水咸菜的口味越来越受到大家的欢迎，加上制作周期较短，市集上多出售潮州水咸菜。

的经验积累，每一个步骤都得拿捏好分寸。细节不仅决定品质，也决定口感和风味，巧手的客家妇女可以制作出酸咸适中的咸菜，受到左邻右舍的称赞。

每年制作咸菜的季节仅限于秋冬，因为制作咸菜的原材料——芥菜只有在秋冬季节才能充分生长，其他季节的芥菜容易“上芯”（长出花），不待长成已经老化，不适合用于制作咸菜。咸菜是人们一年四季的主菜，每年冬季制作的咸菜至少要保存到第二年的冬季，才能满足日常的需求，因此，保质期的长短具有重要意义。盐具有防腐作用，盐度较高的咸菜如果不被过量的水分侵蚀，保质期能长达两三年。咸菜一年的需求量颇大，制作无法一次性完成，需要一个持续的过程。在土地有限的情况下，为了提高土地的使用率，菜地被轮番使用，芋头、番薯或花生收成后，接着种芥菜或萝卜；稻田在农闲时节也要适当地利用起来种菜，以增加收成。芥菜是分批先后种植的，先落种的菜先收成、先制作，后落种的菜后收成、后制作。在整个秋冬季节，人们会安排好土地的使用时间，尽可能多地制作咸菜。

图 4－2　冬天在屋外晾咸菜

按照现代营养科学的要求，咸菜入瓮后，要经一个月以上，等菜叶菜梗完全转成土黄色才能食用。但在传统时期，食物青黄不接的时候，咸菜可能入瓮二十天左右就会被开瓮食用，而那个时候芥菜还是绿芯，亚硝酸盐还大量残留，食用并不安全。此外，即便是腌坏了的“臭风咸菜”，人们也不舍得丢弃，而是继续食用。在田野调查中，一位老奶奶开玩笑说她

的大儿子从小喜欢吃“臭风咸菜”，而当事人对此的回应是：“那时候只是不想浪费，想把好的留给弟弟妹妹吃，只好自己吃‘臭风咸菜’，哪里是真的喜欢。”言语中透露出对那段艰苦岁月的无奈和心酸。

咸菜的食用方法有很多：清炒，作为送饭的常菜；配蔬菜，如咸菜焖豆角、咸菜焖苦瓜、咸菜苦瓜焖豆角、咸菜炒山蕨、咸菜炒笋片等。当地有一句这样的童谣：“丢丢多[①]，（咸菜）苦瓜焖豆角。”其他常用咸菜搭配的蔬菜还有青木瓜、甜椒、冬瓜、黄豆等，大部分豆类、瓜类（非叶菜类）蔬菜都可以用咸菜来调味，以增加其风味。用咸菜作配料的肉菜菜式也很多：咸菜焖五花肉[②]、咸菜蒸排骨、咸菜炒猪大肠、咸菜炒猪下水、咸菜焖兔肉、咸菜焖鸡、咸菜焖鸭等等。作为汤料，咸菜也有多种用途，除了滋补类的汤式，大部分汤都可以加入咸菜以佐味：滚汤类的如咸菜三及第汤（三及第指瘦肉、猪肝、猪粉肠）、咸菜瘦肉汤、咸菜鸡杂汤等；煲汤类的如咸菜鲜笋骨头汤（鲜笋或笋干均可）、苦瓜咸菜骨头汤、海带咸菜骨头汤、冬瓜咸菜骨头汤、木瓜咸菜骨头汤等。在客家人的饮食中，大部分菜肴都能用咸菜“吊（调）味”，即用咸菜的酱香味将各种主菜特有的味道调动出来，清炒绿叶菜和白萝卜汤是少数不会用到咸

图 4－3　咸菜蒸排骨

① 乡间常有收废品的人挑着麦芽糖走街串巷，用麦芽糖换牙膏皮、鸡肾皮等物品，一边走一边敲打手中的两块铁皮，发出“丢丢多”的声音。

② 将五花肉用油爆香，把切成丁的咸菜混入肉中，两者的比例大概是1：2至1：3，即一份肉配两至三份咸菜；稍加拌炒后，添入少许白糖，加适量水，盖上锅盖，用文火慢慢焖煮。在焖煮的过程中，咸菜和五花肉的香味互相渗透；咸菜中的咸和少量白糖的微甜也慢慢整合，使咸菜和肉的味道达到平衡；水分一部分蒸发，一部分渗入到咸菜和肉中，使两者口感饱满而不致干枯。焖的过程火不能大，大了容易炖烂，破坏口感；也不能急，最少要半个小时，慢慢炖才能使各种味道互相补充、融合。这个菜看起来简单，味道和口感要做到恰到好处却不容易，最擅长做这种菜的往往是家中的老祖母。这个菜不是“当餐菜”，第一餐吃并不是最美味的，要回锅之后味道才能真正出来；另外，它不是“下酒菜”，而是“配饭菜”，客家人并不将它当作独立享用的“美味佳肴”，而是用来送饭果腹的家常菜，很小的分量即可搭送一碗白饭，不腻不寡，即便只有这一个菜，也足够完成一个正餐的仪式。所以做一大碗咸菜焖肉，可以吃上好几天，这几天里，只要配上一两把自产的青菜，一日三餐就解决了。

菜的菜肴。客家人传统的餐饮佐料有限，除葱、姜、蒜、酒糟这几样基本佐料外，咸菜是他们最常见易得的用于调味的佐料。

图4－4　用小矿泉水瓶腌的咸菜

由于长期食用形成的饮食习惯，客家人对咸菜已经产生了依赖。有关海外客家人的资料记载：“近年中外隔绝，水客不便往来，昔日水客由家乡带出之腌菜、豆豉、酒糟、茶叶，已不可复得。而客家妇女（旅居海外者），则常就地取材，每能仿制（腌菜），虽水土之异，或不如家乡味之纯，然渐能改良增进，慰情聊胜于无。”[①] 一位在毛里求斯务工的年轻人说，他和他的工友（均为梅县白宫人）在毛埠时，常在野外采集当地的芥菜，自制咸菜，味道与家乡稍有不同，但基本可以满足他们一日三餐的需求。时至今日，咸菜早已不是客家人餐桌上的主菜，咸菜的需求量大为减少；许多新客家移民的产生，使咸菜成为“可移动的家乡菜”，量少、便携成为咸菜食用的新要求。饮食的变化催生了咸菜制作方式的改变，最近十几年，用大百事可乐瓶、矿泉水瓶、食用油桶代替咸菜瓮腌制咸菜的方法在梅州流行起来。长期客居外地的人们也会因地制宜，在无法获得家乡咸菜的时候用类似的食物来代替，以填补咸菜的空缺。依靠这种改变，咸菜继续成为客家原乡居民和新客家移民的传统菜式。

① 丘秀强、丘尚尧编：《梅州文献汇编》（第七辑），台北：梅州文献社，1977年，第78页。

（三）其他类型的“咸菜”：干咸菜（梅菜）、菜脯、萝卜咸菜

客家人的咸菜，有一系列的产品，其中一种是招牌客家菜梅菜扣肉[①]常用到的材料——梅菜。当地人称梅菜叫“干咸菜”，按温仲和的说法，干咸菜之所以称为“梅菜”，因其以梅人出产者为佳。[②] 干咸菜在制作时不使用盐，不属于腌制食品，是通过反复熏蒸和日晒，在日光的作用下发酵而制成的、可以长期保存的干菜[③]。梅菜扣肉是干咸菜在宴席场合的经典菜式，其家常做法是梅菜焖肉[④]。干咸菜是干菜，需要先用水泡开、泡涨；干咸菜制作时没有用盐，味道不咸，这使其在调味上有更多发挥的空间。相对于长咸菜，干咸菜的烹饪方法较为单一，须与五花肉搭配焖制，在物

---

① 传统的梅菜是整株整株捆绑保存的，烹饪前要切成丁，因此浸泡的时间一般以是否软化到用中等的力度即可切断为标准。通过适当的浸泡，可以去掉多余的日膻味（太阳晒后留下的干燥的味道），梅菜的香味更容易散发出来。如果泡得不够，焖出的梅菜就会又韧又硬，其他调味料的味道也进入不到菜中；如果泡得过久，则会导致香味流失，甚至菜变“绵”变烂，品质好的梅菜泡一两个小时就够了。制作梅菜扣肉时，将梅菜泡好，切成丁，单独焖熟，调好味。梅菜的调味较简单，只是糖和盐。传统时期较缺肉食，梅菜扣肉一般是梅菜多肉少，于是放的糖较多，以此提味；现在肉多了，梅菜成了佐味的辅料，糖只放少量。将焖好的梅菜起锅备用。五花肉整条洗干净后放入油锅中煎至芳香四溢，再起小油锅，加盐、酱、五香粉等各种佐料，用文火慢炖慢熟。梅菜扣肉做得好不好，关键在肉的调味，不同的师傅有不同的手艺和口碑。火候足够后，取出肉，在砧板上切成块，一块一块在碗底摆好，浇上肉汁；再把焖好的梅菜铺在肉上，放锅中隔水蒸。蒸时肉在下，菜在上，菜的味道可以进入肉中。蒸好后，盖上另一个盘式碗，将菜和肉倒扣在这个盘式碗中，变成菜在下肉在上，蒸出来的肉汁便渗到菜里，肉的味道就与菜混合了。按照当地人酒宴的习惯，梅菜扣肉上桌的时候，按每桌的人头数（一般是八仙桌，一桌八人）分配肉，每碗放八块肉，每人一块。通常出席酒宴的人是不吃肉的，他们会用芭蕉叶或芋荷叶将肉打包回来，带回给家中老人、小孩吃，自己则用碗底的梅菜送饭（甚至梅菜也是大部分都打包，只留小部分在现场分吃）。这已成为不成文的饮食规定，在相当长的一段时间内，人们都沿用着这套习惯，直至二十世纪八十年代初，才慢慢改变。

② 温仲和纂：光绪《嘉应州志》，台北：成文出版社，1968 年，第 73 页。

③ 制作时，将芥菜采摘下来，清洗，晾晒，使菜软化。将软化后的芥菜用开水焯一焯，焯过的芥菜有七分熟，菜色由青黄转黄白，挂到竹竿上继续晾晒。这时需将粗大的菜头割开，使其更快地失水。晾掉三分之二左右的水分，摸上去没有湿的感觉，但还是软而润时，就可以捆扎了。每一至两棵咸菜扎成一捆（约半尺长，呈圆柱形），再将捆好的咸菜放入锅里隔水干蒸。蒸过的咸菜要继续晾晒，蒸后的菜已经熟，再晾晒，在高温和阳光的交替作用下，咸菜就会发酵，颜色由淡变深，转为褐色，并散发出梅菜特有的香味。如果第一次蒸晒后，菜不够香或颜色不够深，可以再蒸一次，但这次蒸的时间要短一些，只是过一下热即可。蒸后再晒，这是又一次发酵的过程。制作好的梅菜摸上去是干爽的，味道则浓郁幽香，可以保存很长时间。如果在保存的过程中遇到潮湿的天气使梅菜受润，只需将梅菜干蒸后再晾干，则保质期又可继续延长了。

④ 梅菜不能用瘦肉焖，需用五花肉，五花肉中的肥油可以滋润菜干。首先是将五花肉爆炒，再把切好的梅菜拌入肉中，添加适量的盐、糖、生抽等佐料，稍微炒拌后，加水用文火慢焖，直至口感恰到好处。

资缺乏的时期，由于缺少肉食，干咸菜在一日三餐中食用的情况较长咸菜少，主要在筵席中食用。近年来，长咸菜逐渐成为辅菜，干咸菜反而成了日常饮食中的主要菜式。

图4－5　家常烹制的梅菜焖肉

客家人的菜脯又叫萝卜干，制作的原材料是白萝卜。白萝卜盛产期在秋冬季节至来年的正月，菜脯的制作季节也在这个时段[①]。菜脯在传统客家饮食中的重要性不如咸菜和梅菜，在现阶段，菜脯被看作是客家的特色小菜，在日常餐饮中食用方法与长咸菜类似，作为常菜或配菜的佐料。以菜脯为原料的特色菜有菜脯煎蛋、菜脯蒸排骨、菜脯焖五花肉等。

① 开春后，要准备莳田，田里种的萝卜在此之前要全部收起来，因此春节后有不少人制作萝卜干。但这要视天气而定，天气好、阳光足时才能晒制，阴雨天气则不适合制作。与梅菜对日照的要求相同，菜脯也需要充足的阳光来保证其品质。将洗干净的萝卜切成片，先在阳光下晾两至三天，去除少量水分，并令其软化；晒好后收起，在每一片萝卜上抹盐，放入瓮中或盆中。如果晾晒不足，水分过多，腌制的过程需要上的盐分就会偏多，因此每天傍晚收起时都要抹一次盐，第一次抹盐时水分太多，晒的次数就多，抹盐的次数也就多。盐多了香甜味就会不够对称。上面铺上软质的遮盖物，再压上石头一类的重物。盐是分多次放的，每一次需适量，不可过多，否则菜脯就会因咸味太重而把香甜味盖住。第二天一早重新将萝卜摊在太阳下面晾晒，傍晚再次收起，继续抹盐，并压重物去水分。如此反复，直至其充分发酵，散发出浓郁的香味时，菜脯便可以食用了。冬季出产的萝卜微辣带甜，平远、江西等地制作的一种萝卜干（或萝卜丝）是不腌盐的，晒制出来后辣味尽去，甜味则沉淀下来。淡萝卜丝可用来打汤（即滚汤），淡萝卜干切成丁可用来焖肉。所以萝卜干太咸则不甜，无盐则不香，盐量适中则又香又甜。如果阳光充足，晾晒七天左右即可发酵到位，制作出口感爽脆清甜的新鲜菜脯，此时的菜脯呈土黄色，品质好的还略带透明。口感爽脆的原因在于萝卜的水分还较饱满，如果要保持这种口感，又希望有较长的保质期，就必须大量抹盐，以盐作为保鲜剂，否则里面的水分就将在短期内破坏菜脯的品质，使其变质发馊。盐放多了会破坏菜脯天然的清香，家常的菜脯一般不通过高盐分来保鲜，而是通过日晒去除掉水分来保鲜，所以这种口感爽脆的"新菜脯"最佳的食用季节就是制作菜脯的秋冬季节，边晒边吃。晒的时间越长，菜脯的水分去得越多，颜色由淡变深，呈褐色；口感也由脆变韧，比之前咸味更重，香味也由清香变为浓香。"菜脯"的称谓有广义和狭义之分，广义的包括了湿的和干的两种，狭义的则主要指湿菜脯，即新鲜晒出的爽脆型的菜脯。"萝卜干"的称谓也一样，只是偏指干菜脯。品质好的萝卜干可以存放几年，越往后颜色越深，几近黑褐色；有时盐分会被析出来，结晶成小盐粒附在菜脯上；口感由韧变松，一咬即断，嚼起来类似于榨干了水分的豆干；味道也变得更加陈香浓郁，芳香可以溢满整个房间。

图4－6　晒萝卜干

萝卜还可以腌制成萝卜苗（又称萝卜咸菜），作为开胃的常菜。其制作的原材料与制作菜脯的大萝卜品种不同，是小棵的萝卜菜种，主要食用的是萝卜的苗而不是根。这种萝卜苗的制作方法与长咸菜基本一样，也可直接与长咸菜一起腌制。萝卜苗可以除湿健脾胃，“吃了肠胃好”。萝卜苗如果不加腌制，只是晒干，则制作成“萝卜苗茶”，客家人将其作为调节肠胃功能的保健茶，专治拉肚子等“肠胃不好”的症状。这些饮食习惯没有因生活条件的改变而消失，反因为人们养生意识的增强变得更加重要。作为常菜的萝卜苗在梅州的肉菜市场常有出售，萝卜苗茶则被包装成客家特产，摆上了超市的货架，成为梅州对外宣传的一个地方性饮食符号。

二、“咸菜”的族群记忆与文化隐喻

在日常生活中，如身体有病痛，秉持着传统民间医学观念的客家人会有许多忌口。但长咸菜、干咸菜在客家人的食谱里属于“安全系数”很高的菜，在任何时候都不须避讳。比如常见的伤风感冒，要避腥臊，不能食用与鱼、蛋、鸡等相关的菜肴；女人坐月子，禁忌食物更多，甚至青菜也不能吃或要少吃，以避生冷。这些情况下，咸菜、干咸菜、菜脯就成为佐餐的开胃菜。有孕妇的农村家庭，常提前晒好一些干咸菜，以便坐月子的产妇食用。山区的水土偏寒，饮食当中忌讳生冷，在当地人看来，产妇一旦饮食不当，就可能导致婴儿肠胃受损。梅菜因经过了阳光曝晒，寒气已除，所以被当地人认为是比较安全的月子食品。

客家人的饮食记忆中，有很多关于咸菜的片段，使他们在情感和口味上有着对咸菜挥之不去的依恋。咸菜不仅是餐桌上的菜肴，还是解馋的小零食。咸菜的口味咸中带酸，生吃一样有风味。许多成年人都有小时候跟着大人“挜”[①] 咸菜，讨咸菜头、咸菜梗吃的记忆，长大后仍有人改不了这个习惯。其中萝卜干更是常见的零食。笔者上大学时，常带萝卜干到学校当零食。[②] 在二十世纪七十年代以前的饮食记忆中，萝卜干就是孩子们的零食，小孩子出去玩的时候，常抓一把萝卜干放兜里，边玩边吃。《白宫往事》中有一段类似的记录：

我阿婆常去杂房间拿东西，我最喜欢跟着阿婆进去，进去可以向阿婆要一些吃的东西。最常要的有番薯末干、萝卜干、黄糖和咸菜干，有时候阿婆要我去杂间拿东西时，我也会乘机拿点吃的东西装在口袋里，上学时在路上吃。[③]

这是二十世纪二三十年代的见闻，那时甚至干咸菜（梅菜）也被当作零食。可见，咸菜当零食在当地是普遍现象，这与物资贫乏、人们无力购买零食的现实不无关系。现在没有人再把干咸菜当作零食，但萝卜干的零食功能还或多或少地在延续。

老一辈人的记忆中有一个关于冬菜瓮煨萝卜干粥的往事：

一两岁小婴儿食量小，容易饿，需要少吃多餐，为了解决这个问题，大家想出了用冬菜瓮煨粥的巧办法。家里的白粥煲好后，盛一些放进小冬菜瓮里，洗几片萝卜干浸泡在粥中，将冬菜瓮盖实了，煨在煮饭后留下的火炭灰里。萝卜干健脾开胃，用来煮粥又香又甜，小婴儿吃着有味道，喜欢吃，把冬菜瓮煨到火炭灰里又可以保温，很方便。[④]

现在育儿的方式多了，冬菜瓮煨粥的土方法不复存在，但萝卜干粥的保健功能和食用方法还在当地流行，尤其是孩子肠胃有湿气、大便稀软时，萝卜干煲粥仍然是人们常用的食疗方案。

客家知识分子多将客家人吃咸菜的习俗与其族源相联系，“五胡乱华，

---

① 挜，音 ya，客家话音译，意即从咸菜瓮里取咸菜。

② 家里人认为萝卜干对肠胃好，离家在外，哪怕当零食吃也是有好处的，且家中自制的食品，吃着放心。至今回忆往事，大学同学仍常提起当年宿舍里把萝卜干当零食吃的情景，在她们看来，萝卜干就是一种梅州特产。

③ 叶丹：《白宫往事》，2005 年，第 147 页。

④ 受访者：黎姨，1952 年生，梅县白宫人；访谈时间：2015 年 2 月 21 日。

客家人逃乱，多腌咸菜，而成习俗”[①] 之类的表述常见诸乡土杂志及其他地方文献。由食物而展开对族群溯源的想法，在客家并不少见。这种关于食物的“想象”实际上隐喻着对某种食物的依恋，具有借助食物意象来建构族群历史的意图。所谓“咸菜型”的客家，是客家知识分子将咸菜的朴实、易搭配、好送饭、耐保存等特点融入客家精神里面。有山歌这样赞美咸菜：“客家咸菜十分香，能炒能煮能做汤，味道好过靓猪肉，名声咁好到南洋。”显然，关于咸菜的评价，附着了客家人对咸菜的文化想象。长期食用形成的饮食习惯，使人们对咸菜由熟悉到产生依赖，从口味上的认同，逐渐转变为心理上的认同，进而构建出一套具有符号意义的赞美。对食物的赞美，与对自身形象的概括，被相似的话语表述出来，两者的形象通过话语形成重叠，对食物的赞美和认同于是转化成了对自我的赞美和认同。

咸菜在整个客家族群中普遍食用，是客家饮食中影响最广泛、最持久、最具有同质性的一种菜肴，其性质类似于泡菜在韩国人中的影响。咸菜的客观形象和实际用途带给人们的想象，确实与客家人的形象在一定程度上吻合——作为一种长期被同一文化体系的人所塑造的食品，人们创造它的过程，就是将其对象化的过程，其中必然注入人们主观的意象。被一个族群广泛接受的文化往往会成为这个族群的象征性符号，文化与其主体之间实际上是相互构建的关系。文化主体创造了被其传承并享用的文化，该文化也反过来被用于隐喻这个主体。

三、最后的野菜

客家人的房前屋后通常有一片种植家常蔬菜的菜地，蔬菜是他们最简朴实用的日常菜肴。光绪《嘉应州志》记载当地蔬菜品种有芥菜、芥蓝、芹、笋、姜、菌、蕨、苦瓜、丝瓜、冬瓜、王瓜、瓠、匏、壶卢、菠薐（菠菜）、蕹（空心菜）、苦荬（苦麦菜）、莴苣、胡荽、苋、茄、茼蒿、藤菜、萝卜、翘、葱、蒜、韭、豆角、扁豆、豌豆、蚕豆、荷兰豆、刀豆、狗爪豆等。但菜地有限，种植的蔬菜仍然不能满足过去客家人的全部饮食需求，他们需要充分利用自然环境馈赠的物产。从飞禽走兽到山珍野果，谙熟山区资源的客家人不会放过任何一种大山里出产的食材。在众多野生菜肴中，到现在还频繁出现在客家人餐桌上的品种是蕨和笋。

蕨菜是一种野生蕨类植物的嫩芽，生于海拔200米以上的山坡、荒地、

① 朱介凡：《客家史实风土传说》，丘秀强、丘尚尧编：《梅州文献汇编》（第五辑），台北：梅州文献社，1977年，第18页。

林下等向阳处，分布于全国各地，南北方人都有吃蕨菜的习惯。光绪《嘉应州志》载：

蕨，初生状如雀足之拳，又如人足之蹶，故名。《粤东笔记》：蕨，凡二种，食其芽者名龙头菜……蕨芽以水浸渍之数日，去其涩，乃可食。和以鸡鸭汤，甘滑非常。干者曰蕨干。屈大均谓蕨以雷鸣出土，故雨后采菌，雷后采蕨，山人厨中若视肉也。①

蕨菜的生长期在春天，当根状茎上长出拳卷形的芽时，便可采摘。每年春节至清明节，是客家人上山"拗蕨"（采蕨）的季节。梅州地貌以500米以下的丘陵山地为主，农村的房子多靠山而建，村子普遍被丘陵山地所环绕，这些山都是人们采蕨的好去处。这段时间恰恰也是人们拜山（挂纸、墓祭）的时期，挂纸前要先把通往祖先墓堂的山路打通，同时打扫墓堂，把墓地周围的荆棘杂草割除干净，俗称"割地印"。山路常覆盖着荆棘杂草，其中就有许多蕨，顺路便可采蕨。农闲之时，采蕨、晒蕨干也成了人们的一种"休闲式"的生产。采过的蕨根数日后会重新冒出新芽，就像割过的韭菜还能再长出来一样，一场春雨过后，人们又可以沿着旧路再去采蕨。

采回来的蕨要经过"深加工"后才能食用：洗干净，用水焯一遍，煮到水发红发黑、蕨软化到能用手将茎对半剥开，此时蕨由绿色或紫色变成灰色，带些红色；将煮好的蕨捞起来，泡在凉水里，将蕨一根一根从茎的根部向蕨心处剥开，使里面的肉质露出；用清水泡蕨数日，日日换水，开始时浸泡出的水呈淡红色，一两天后，蕨身上的红色全部退去，完全变成灰色，水慢慢变清，说明蕨身上的毒素已去除，此时方可食用。

客家人烹制蕨的手法简单，讲究的是配料。新鲜蕨配上客家咸菜、娘酒糟、蒜蓉，大火爆炒，两三分钟就可出锅，味道非常鲜美。新鲜蕨吃不完，就晒成蕨干，作为干货储存起来，一年四季均可用于熬汤喝，叫蕨干汤。蕨干汤在平时一般用猪骨头熬制，春节期间祭祀用的鸡鸭多，人们就将鸡头鸭脚用来煲蕨干汤，常用咸菜、酒糟调味。新鲜蕨菜是季节性食品，但制成蕨干后就成了四季食材。目前，蕨干已成为客家特色的食材，被包装成地方特产，常年摆放在特产店和超市货架上出售。虽然南北方都有食用蕨菜的习惯，但烹饪方法大相径庭，客家的蕨菜，不论炒还是煲

① 温仲和纂：光绪《嘉应州志》，台北：成文出版社，1968年，第73页。

汤，其配料和制作方法都带着“客家”的特色。梅州人认为蕨干具有除湿保健作用，是山中珍品。

客家山区多产竹，竹笋是其副产品。岭南笋的品种不如江浙笋多，以毛竹笋、甜主笋为主，另有少量苦笋。光绪《嘉应州志》云：

春月已出土者为春笋，冬月未出土者为冬笋。冬笋之美胜似闽浙诸岭所产，惟苦笋可以并之。冬笋见于左思《吴都赋》：苞笋抽节。刘渊林注：苞笋，冬笋也。苦笋久为世重。陈藏器《本草》：诸笋皆发，冷血及气，不如苦笋，不发病。《词林海错》：世传涪翁喜苦笋，尝从斌老乞苦笋诗云“南国苦笋味胜肉”。坡翁尝赋《苦笋》云“苦而有味，如忠谏之可活国”。于是世以谏笋目之，若竹王加恩簿，以冬笋为词臣，苦笋为谏臣可也。①

客家人吃笋，也有鲜吃和干吃两种。冬、春季节盛产鲜笋，人们以鲜吃为主；多余的笋被制作成干笋，在其他季节食用。笋的烹饪方法与蕨极为相似——鲜笋用开水焯过、浸泡去毒后，配以酒糟、咸菜清炒或加咸菜骨头煲汤，干笋则泡发后用与鲜笋同样的方式或炒或煲汤。

图4-7　五月份梅州肉菜市场售卖的新鲜蕨（右一）、笋（右二、三各为苦笋、冬笋）和咸菜（右四为咸菜）

客家人烹笋的特色同样在于它们与酒糟、咸菜这两种佐料的搭配。实际上，酒糟和咸菜是客家菜中最有特色的两种调味料，单调重复的调料反

① 温仲和纂：光绪《嘉应州志》，台北：成文出版社，1968年，第73页。

映了客家饮食在食材上的贫乏，一定程度上也反映了客家族群山区生活的封闭性。

中国人的饮食之道世界闻名，其中一个原因就是对食材的应用广泛。漫长的历史，使人们有足够的时间去挖掘自然界中各种可供食用的资源，并将其中的知识代代相传；由始至终贯穿在漫长的历史中的饥饿感，更是让人们将生存资源充分利用到了极致。饮食文化被拉到极长的、为生存而觅食的历史链条上，积淀了人们千百年来的饮食智慧。蕨菜和笋，都是含有微量毒性的食材，直接食用会对人的身体产生危害，但它们成了当地出产的山珍美味。如果没有足够的生活经验和对食物竭尽全力的挖掘和创造，这种饮食习惯和烹饪知识就难以产生。与此相似，在客家地区，生长于村庄周边的花花草草，凡能食用的，基本上曾经是或至今仍然是人们餐桌上的食品。有许多是具有药物作用的植物，人们因此总结出许多医药方面的生活经验。这些最初因生存需求而产生的食物，到了物质丰富的现代社会，仍然在人们的日常生活中占据着重要的位置，原因是人们对这些世代传承的食物味道已经形成了身体的记忆，与之相关的烹饪技巧已经成为人们的文化惯习。它们不再是饥饿年代的救荒食品，而是具有族群特色的饮食文化。

第三节　肉食：生活品质的象征

一、主要肉食及其生态与文化内涵

梅州民间流传着一个关于猪和牛的传说，说猪和牛原是玉帝手下的将军，玉帝先后派他们到民间帮助人们抗旱救灾。猪将军到了民间后，称王称霸，整天带着子孙吃喝玩乐，游山玩水，后来更是吃了就睡，不到一年就吃得肥头大耳，使得民怨沸腾。玉帝得知后大怒，将猪将军及其子孙贬到民间，世世代代为人们提供肉食。玉帝又派牛将军下凡去帮助民间抗灾，并让牛将军传达旨意，让人们保持节俭，三日吃一餐。牛将军误传圣旨，将三日吃一餐传达成了一日吃三餐，导致粮食不足，饿死了不少人。玉帝一气之下，也将牛将军贬入民间，罚他世世代代都为人类拉犁拖耙干苦力。[①]《广东新语》记岭南人畜养耕牛的情况：“地瘠而民呰窳，耕者合

① 梅州市民间文学三套集成编辑委员会、梅州市民间文艺家协会编：《梅州风采》，梅州：梅州市民间文学三套集成编辑委员会、梅州市民间文艺家协会，1989 年。

数十家牛，牧以一人”[①]，民间故事和历史材料生动地反映了猪和牛在现实中的不同价值——猪是专门为人提供肉食的动物，牛是人类的帮手，而不是食物来源。

马文·哈里斯说：“大部分肉类的食谱都出现在这样的环境条件下：人口密度相对较低，土地不需要或不适宜耕种农作物。与此相对，大部分素食的食谱总是同高密度的人口、食物生产技术不足以供应动物肉食等情况相联系。”[②] 按照哈里斯的观点，人类并不单纯从生理的层面去选择可吃或好吃的食物，他们总是会在所处的环境中，按照“最优化搜寻理论”来选择最适合生存需要的食物。大部分人认为印度人不吃牛肉、犹太人不吃猪肉、美国人不吃狗肉是受宗教信仰或文明思想影响的特殊观念，但研究表明，这些饮食的选择具有很大程度的环境适应性。[③]“环境适应性”也适用于解释客家人肉食的习惯。在梅州客家人的饮食观念中，猪肉和鸡肉是最正统的肉食，两者在人们的日常饮食和仪式饮食中占有绝对的分量，客家菜的代表菜式也多与这两类食材有关。形成这样的肉食习惯，与当地的气候环境以及客家人的生计模式有密切的关系。

在从事农耕的区域，有一种悠然的放牧方式，这种方式产生了浪漫的牧童意象——一个吹着短笛、无忧无虑的少年，骑在牛背上，披着薄暮，缓缓走向绿油油的田间草地。这种诗意的图景与北方风餐露宿的、牛羊漫山遍野的、粗犷的放牧图景有着完全不同的审美情趣，也蕴含着完全不同的生活内涵。前者的牛羊是生产工具，后者的牛羊是劳动产品；前者是家庭生产的附属性劳动，只需要家庭中力量最弱小的儿童（牧童）就可以完成，后者是整个族群的生活支柱，需要用上家中最强壮的劳动力。从事农耕还是从事畜牧，首先取决于特定的自然环境。其次从人力资源分配的角度来说，也无法同时选择两种农业形式。在南方山区，地形地貌主要是适合耕作、种植的平地、山谷，适合渔猎的江河和适合林木生长的茂密山林，而缺乏像北方草原那样的大型天然牧场。虽然南方山区也有适合小规模畜牧的山地资源，但这种肉食生产的数量不可能养活大部分的人口，也就无法成为主流的生计模式。人们在长期的历史变迁中，选择了以农耕为基础的生计模式，并建立起定居的村落生活。在适合农耕的地方，肉食生

① 屈大均：《广东新语》，北京：中华书局，1985 年，第 533 页。

② 马文·哈里斯著，叶舒宪、户晓辉译：《好吃：食物与文化之谜》，济南：山东画报出版社，2001 年，第 6 页。

③ 马文·哈里斯著，叶舒宪、户晓辉译：《好吃：食物与文化之谜》，济南：山东画报出版社，2001 年，第 7 页。

产必然从属于农耕生产，并发展出与之相适应的肉食生产方式。

研究表明，猪的食物与人类相近[①]、适合圈养，是最适合农耕、定居生活的一种家养动物。猪是人类最早饲养的动物之一，中国人是世界上最早饲养猪的民族。早期人们养猪的方式以放牧为主，《中国饮食史》称，秦汉时南北各地有许多“牧豕人”，魏晋南北朝时期，猪的畜养方式从放牧为主转为舍养为主。黄河中下游地区放牧养猪的时间多在春夏野草长出的时候，深秋以后则改为舍养。有农户以纯舍养的方式饲养少量的猪，免去了放养时需专人照看的麻烦。“圈养可以造肥，猪圈肥对庄稼生长很有益处，是农民的当家肥，自然受农民的欢迎。加之农田不断开辟，可供大规模放养的地方越来越少，舍养逐渐为普通农户所采用。”[②] 基于这些优点，在以农耕文明为主的中国，猪从六畜中脱颖而出，成为汉族人饮食中最主要的肉食。“中国的农业代表了劳动密集型、土地集约型和‘生物’选择的高效农业的顶点”，“如人粪喂狗和猪，它们是比人效率更高的消化者，因此能将我们多达一半的排泄物当作食物食用。杂草和秸秆并不直接做成混合肥料，而是喂猪和牛。畜粪，除了人粪超过了猪的需求以外，与未被选为牲畜食物的所有植物性材料一起，成为主要的肥料……保持了土壤的结构和组织”[③]。

王明珂解释了养猪和养羊在人类生态上代表的截然不同的意义：原始农民以放牧的形式养猪，猪在自然环境中搜寻食物，包括野果、草莓、根茎类植物、菇菌类、野生谷粒等，这些同样是适合人类食用的食物。实际上，猪确如人一般，属于杂食类哺乳动物，人可以消化的大部分食物，都可以为猪食用，从这个角度来说，“猪与人在觅食上是处于竞争的地位”[④]。但从另外一个角度看，猪也因此成为最适合与农耕人群共同居住的动物——人们只需要生产自己能吃的食物，将自己吃剩的东西留出一些来喂养猪即可，不需要花大量时间去帮牲畜们寻找食物，可以有更多的时间从事农作物产生。圈养猪又可以产生耕作农业所需要的肥料，资源循环利用。在家家户户养猪的年代，梅州人将稻秆铺在猪圈内四周，积蓄猪的排

---

① 马文·哈里斯著，叶舒宪、户晓辉译：《好吃：食物与文化之谜》，济南：山东画报出版社，2001 年，第 73 页：“实际上，除了猿与猴类外，在消化器官和营养需求方面，猪比其他任何哺乳动物都更接近人类。这就是为什么在医学研究的某些方面更加需要猪的原因……”

② 徐海荣主编：《中国饮食史》，北京：华夏出版社，1999 年，第 31－32 页。

③ 尤金·N. 安德森著，马孆、刘东译：《中国食物》，南京：江苏人民出版社，2003 年，第 98－101 页。

④ 王明珂：《华夏边缘：历史记忆与族群认同》，北京：社会科学文献出版社，2006 年，第 64 页。

泄物，同时为猪创造一个适合生活的环境，隔一段时间就会去“挑粪”，将这些积满肥料的稻秆挑到田地里，再给猪圈换一批新稻秆，这样既定期清洁了猪栅，同时又为过度使用的土地蓄养肥力。

在现实中，猪不仅与人吃的东西相似，还能帮助处理人的食物中难以下咽的部分。客家人养猪，主要以潲水（泔水）、糠头、番薯藤等人吃剩的食物或人吃不了的食物作为饲料，里面包括对人类有害的变质食物。猪存在的价值因此超越了仅仅为人类提供肉食营养，它们还能像清道夫那样帮助人们将无法消化的食物转化为优质的、可消化的食物——正如生活在大草原的游牧民族，他们选择畜养牛、羊，是因为这些动物可以将人类无法食用的草本、荆棘植物转化为奶制品和肉类。在很多情况下，家中如果没有养猪，反而会造成食物的浪费。

猪的优越性还体现在，猪肉的营养有非常适合人类的一面，而猪在能量转化效率方面也有卓越的表现。在所有家养哺乳动物中，猪能最快速、有效地将食物转化为肉：

在其一生时间中，猪能够将它的饲料中35%的能量转化为肉。相比之下，羊只能转化13%，而牛则仅仅有6.5%。一头小猪每吃3~5磅的食就能长1磅肉。而一只小牛要想长1磅肉就得吃10磅饲料。一只母牛需要9个月时间才能生下一只小牛，而在现代条件下，这只小牛还要有4个月体重才能达到400磅，而母猪呢，受精之后只要到4个月就能产下8只或更多的小猪。每只小猪再过6个月便可达到400磅。①

当然，要获得这种效率，就要让它生活在适合的气候环境中，为它提供适合消化的食物。研究表明，猪的祖先适宜居住在“水源充沛的、阴凉的森林谷地和河岸地区”，不适宜待在炎热、干旱的地区：

猪的身体调温系统最不适应的是炎热、日晒的地方……猪不能出汗——它们没有功能性的汗腺。而且猪的稀疏的毛外罩几乎无法抵挡阳光的照射。那么猪究竟如何保持身体凉爽呢？它大口大口地喘气，但是更多地靠全身躺在湿处以便从外界获取潮气……通过滚动，猪一方面靠它的皮肤挥发体内的热量，另一方面也靠凉爽的地面来降温……当温度升高到摄氏30度以上，一只被赶出洁净水洼地的猪会变得绝望，并开始滚在自己的

---

① 马文·哈里斯著，叶舒宪、户晓辉译：《好吃：食物与文化之谜》，济南：山东画报出版社，2001年，第67页。

粪和尿中以躲避热浪。[①]

客家人生活的南方山区“水源充沛”，亚热带季风性的湿润气候提供了适合猪生活的自然条件，定居的村落式生活让猪可以待在阴凉的地方，农耕的物产保证了猪的食物来源，这使猪的饲养没有环境方面的障碍。猪既不能拉犁又不能产奶、猪毛也不能为人类提供保暖用品（衣物），肉就是它最重要的产品，而肉恰恰是当地最缺的食物。因此，猪自身的功能价值与当地人的饲养需求也顺理成章地形成了共谋，猪于是成了客家地区饲养最广泛、最适宜提供家常肉食的家养动物。

在过去，养猪是农村客家人的重要营生——虽然耕作是他们家庭经济生活的核心业务，但耕作所得的物产一般只能满足自给，不能用于交换，难以成为家庭货币收入的来源。养猪是普通农家获得较大笔现金收入的主要途径，用当地人的话说，“猪是农民的钱罐子”：

以前的人日子很苦的，没有什么可以换钱的，又没时间去做工，鸡生个蛋也舍不得吃，要拿去换钱。一年到头养一两头猪，不是为了自己吃，是为了换钱。杀头猪能卖几十块钱，一个年头才有点钱买盐、买布。[②]

农家办“好事”[③] 之前，会筹划好时间，提前为办此事养猪。如果饲料好一些，比如多加些木薯粉，养一年可以长到 170 斤左右，已算是很有分量的大猪，因为传统饲料基本上无法养出 200 斤以上的猪。二十世纪六十至七十年代，农民养猪要将大部分肉卖给国家，[④] 但办一场婚礼，提前一年养一头猪，将上调国家后剩余的猪肉用于办席，仍大体够用。

---

① 马文·哈里斯著，叶舒宪、户晓辉译：《好吃：食物与文化之谜》，济南：山东画报出版社，2001 年，第 74 页。

② 受访者：黎姨，1952 年生，梅县白宫人；林叔，1951 年生，梅县白宫人；访谈时间：2014 年 9 月 15 日。黎姨和林叔成长于中华人民共和国成立初期，他们回忆的是二十世纪五十年代末至七十年代初的生活。当时全国实行人民公社制度，劳动集体化，生产资料公有制。农户们每天在集体的农田里劳动，记工分，自家的农活只能用业余时间完成。各家养的猪，有六成肉要上交公社，剩下的才是自己的财产，卖掉剩下的四成，只能赚到几十块钱。

③ 红白喜事，包括结婚、生子、做寿、丧葬等需要置办筵席的大事。

④ 据《白宫镇志》载：“1957 年 4 月，白宫成立生猪服务组，农民养猪实行‘购六留四’，由服务组统一宰杀经营……1960 年 1 月实行生猪‘以公养为主，公私并举’的办法，每个食堂办猪场，开展‘一人一猪，一亩一猪’活动，发动群众发展养猪事业……1962 年，对集体养猪场进行整顿，部分或全部下放给社员，采取‘公有私养’或‘公有租养’的形式。”详见梅县白宫镇人民政府编：《白宫镇志》，内部发行，1997 年，第 19 – 21 页。

从客家人的筵席菜单中可以看出猪肉在他们的肉食体系中所占据的比重。在梅县白宫一带，无论红事白事，筵席的标准菜式有“三牲三圆”“八大碗”“四盘（盆）八碗”等说法，“三牲”之一有猪肉，其传统的菜式是梅菜扣肉或红烧肉、水晶肉等；“三圆”中也有一“圆”或两“圆”[①]是以猪肉为原材料的“捶圆”。梅菜扣肉、捶圆和白斩鸡是客家筵席中至今沿用的菜式，并且成为现代“客家菜”的招牌菜式。现在“客家菜”比较有名的菜式中，与猪肉有关的菜式所占比例是最大的，除了前述的梅菜扣肉、捶圆，还有咸菜炒猪大肠、丙村开锅肉圆、三及第汤，以及当下流行于梅州各地的全猪宴等。酿豆腐、萝卜圆、粉圆等各式小吃，也离不开猪肉这个原材料。在二十世纪六十年代的客家农村婚宴里，猪肉上调给国家后剩下的部分（大约是整猪的四成）是筵席中主要的肉食，全身上下都会被利用起来做成菜肴。

现在的客家饮食中，猪肉的烹制方法五花八门：猪头部分，头骨用于煲汤，其余部分用于制作“卤腊”——梅州的肉菜市场到处可见推着小车卖“卤腊”的小贩，其中必有猪耳朵、猪脷（猪舌）等卤制品；瘦肉用于各式小炒，瘦肉做汤的样式也是五花八门，清蒸瘦肉汤、红曲瘦肉汤、青菜滚汤、咸菜瘦肉汤等；五花肉用于制作香芋扣肉、梅菜扣肉、梅菜焖肉、红焖肉等；猪胰子、猪心都是补品，用来炖汤，给老人或孩子增加营养；猪肝、猪肠用于滚汤或煲粥；其他“猪下水”（内脏）用于烹制各类小炒，如咸菜炒猪大肠等；猪蹄既可做成卤腊，也可与大蒜和花生一起炖，后者在当地俗称“逼猪脚”。

猪油也是被充分利用的部分。花生油、茶油和猪油是客家人传统的食用油，这些一般都要自产自足，每年杀猪就是生产猪油的时候。猪油炸过，滤出油，剩下焦香的猪油渣，在上面撒些盐，拌匀，在物质紧缺的年代，这是当时的美味。民国时期至二十世纪五十年代出生的老人回忆小时候在学校寄宿的往事，想起偶尔能从家中带一些猪油渣做菜时，都认为那是不可多得的美味。现在有菜馆据此发明了猪油渣炒青菜的新鲜菜式，受到顾客的追捧。猪油在客家饮食中的另外一个精妙用途，是烹制水晶肉。这道菜用切得薄薄的、长方形（大约3厘米宽，7、8厘米长）的猪油（去掉猪皮）作皮，以芝麻、白糖等为馅，包制而成。猪油经特殊方式处理后，晶莹剔透，透过皮，里面的馅料清晰可见，故称“水晶肉”。据梅县白宫的名厨吴锡鹏介绍，由于现在的饲料猪瘦肉多、油薄，很难切出大片

---

① “三圆”一说是捶圆（猪肉圆）、牛肉圆和鲩鱼圆（俗称鲩圆）；另一说是捶圆、牛肉圆和开锅肉圆（以猪肉为原材料，但制作方法与捶圆不同）。

的猪油，大大降低了水晶肉的烹饪水准。

图4-8　白宫市场上售卖的水晶肉和饽板

客家人日常饮食中的汤，大部分都离不开猪肉，除上述以猪肉为主的汤（如三及第、猪心汤等）之外，以素菜为主的汤和以药材为主的汤，必要的配料中都包括猪骨。当地人曾向笔者讲述了这样一段往事：

以前的山里人，平时是买不到猪肉的。过年的时候，家里杀了猪，就把猪肉剁碎了，腌起来，埋在地下。到了春天，春笋出来了，就把笋淋好，切成大块大块的，把猪肉瓮挖出来，放几勺猪肉进去，再放些咸菜，煲一大镬锣笋汤，吃好几天。①

猪历来是汉人祭祀常用的供品，也是客家人祭祀必不可少的“牲人”。《淮南鸿烈》如此记载猪肉成为祭祀上牲的原因：

夫飨大高而彘为上牲者，非彘能贤于野兽麋鹿也，而神明独飨之，何也？以为彘者，家人所常畜而易得之物也，故因其便以尊之。②

与猪肉相比，牛肉在当地食用量极少。受习惯的影响，当地人至今仍很少吃牛肉，尤其在日常饮食中，许多农村家庭终年不吃牛肉，牛肉在农村的市场也一般不易买到。在人们的营养观念中，猪肉性平和，牛肉性

① 受访者：黎姨，1952年生，梅县白宫人；访谈时间：2013年9月14日。
② 刘文典撰，冯逸、乔华点校：《淮南鸿烈集解》，北京：中华书局，1989年，第459页。

燥。孩子生病的时候，不允许吃牛肉，否则容易加重病情；猪肉清汤则既可补充必要的营养，又不会出现副作用。这种营养观念未必能真实地反映猪肉和牛肉的食物本性，但无疑能反映人们对一种惯常食物的信任和对另一种非惯常食物的疑虑。

客家人很少吃牛肉，但牛肉并非他们的饮食禁忌。农村不乏牛的存在，它们是作为耕牛被饲养的。当耕牛老迈不能耕作时，人们并不会放过这些可以为他们提供特殊营养的难得的肉食。人们会等到耕牛生命的最后一刻再将其宰杀，将获得的牛肉售卖或分食——分配的方式根据牛的所有权而定。宰牛的时候，人们可能会有一些不忍，但当肉进入到他们的口腔，让他们获得奇妙的味觉体验时，他们又马上兴奋起来。对这种美味的体验，他们需要很久才能经历一次。专门作为肉食而饲养的牛在民国时期就已经出现了，并形成了一种美味小吃，如今成为当地的旅游特产，就是梅县白渡镇的牛肉干。[①] 牛肉在客家菜中也有一些特色菜式，如“三圆”中的牛肉圆、酒楼饭店流行的青椒炒牛脚筋、咸菜炒牛柳、早餐粉面搭档中的酒糟咸菜煮牛肉汤等。随着社会的发展，牛肉的食用渐渐增多，更多的牛肉食谱开始在民间流行起来，包括牛肚、牛肠、牛肺甚至牛鞭等的烹饪方法被发明出来，还出现了诸如“金山顶牛杂”这样的地方特色小吃。

实际上，作为食材的牛肉变得容易获取后，当地人的烹饪智慧便开始发挥出来，以牛肉为食材的菜肴越来越多地出现在人们的日常生活中。但牛肉进入客家人神圣空间的难度，要远远大于它们进入生活空间的难度。在三十多年的生活经验和数次深入的田野调查中，笔者均未见有人将牛肉用于祭祀。笔者曾问过多个当地人是否可用牛肉代替猪肉祭祀，他们给出的答案几乎一样：“牛肉怎么可以用来敬神呢？没有人会用牛肉，我们一向都用猪肉。”“一向都用”对他们来说，是最好的解释。

文化的内在结构，植根于人们的生活经验和在此基础上构建的思想观念中。他们经常只记得某个事件的操作方式，遗忘了这样操作的目的和理由。这种记忆和失忆的共存，反而使他们更加坚持这种操作，因为谁也不愿为误操作而付出代价。[②] 越是对传统形成的原因不明就里，人们就越是

---

① 中华民国廿二年（1933）七月至九月，白渡大街宋益丰行数次在当时的《梅县日日新闻》报上登载“白渡美香牛肉干”的广告，称其产品“滋补卫生，香美适口，是白渡名贵特产，为款客送礼佳品”。见该报7月14日第3版。

② 在日常生活和田野调查中，笔者听一位阁公村籍的老人讲述一些人由于对传统的“误操作”而引发的不幸：①村里有人因不满宗族的一些利益分配，把祖祠里的祖公牌位扔到了水塘里，结果出门被车撞死了。②有人把自己家的老屋卖给了外村人，之后不到三个月就突然死去了。诸如此类。因此人们得出一个结论：这些神圣之物是不可随意触碰的。

容易被神秘的气氛所笼罩。相反，对于能够解释的事象，人们则能表现出通达和释怀。如同样是供品中的三牲，人们不敢把猪肉换成牛肉，但经常将熏鱼换成鱿鱼。牛肉不仅不用于祭祀，也不用于红白喜宴。客家人的喜宴讲究好兆头，菜式多半有好的象征或隐喻。按白宫将军阁村的九旬老人黎婆的说法，牛肉不可以在筵席中使用，因为牛是做苦力的，吃牛肉象征日子苦，兆头不好。

鸡在中国有很悠久的饲养历史，早在秦汉时期已成为中国人节日和待客的主要肉食。[①] 鸡肉是客家饮食中仅次于猪肉的肉食品种。与猪一样，鸡也是不适合经常迁移的动物，鸡的食物也主要来自人的餐厨垃圾，谷粒或糠捞饭，这对鸡来说更有营养；但如果粮食不足，烂菜叶、番薯藤、番薯皮等它也可以消化。放养在野地或山上，鸡会从地上翻虫子吃。所以猪和鸡都适合农耕民族饲养，恰如牛和羊适合游牧民族畜养。

客家人养鸡，早晚各喂一次，白天把鸡放出来，让它们在野地里翻吃虫子、自由活动，晚上再关进笼子里。这样的饲养方式，不会花费太大的成本和精力。母鸡下的蛋是家庭收入的一小部分来源，所以母鸡的饲养很重要。但母鸡不能用于祭祀，按当地人的说法，是因为母鸡会生蛋、孵小鸡，人们认为是“不洁”的，用母鸡来祭祀被认为是对神灵的不敬。按照哈里斯的观点，这种禁忌观念的起源，很可能是出于对母鸡的保护——它具有比祭祀更有价值的经济功能。一般情况下，祭祀用的鸡是阉鸡，即阉过的公鸡。未阉过的公鸡叫生鸡，祭祀中很少用它，但坐月子的产妇刚生下孩子后，要先吃生鸡，接着再吃阉鸡、母鸡。

直至二十世纪八十年代末九十年代初，鸡肉在平时仍然很难吃到，一般在年节、筵席或生病时才能享受到，但这足以在客家人的饮食中形成自己的鸡肉食谱。客家菜中，“鸡”有不少代表作：盐焗鸡[②]、姜酒鸡、白斩鸡、姜油鸡等；家常的烹饪方式是清蒸鸡、清炖鸡汤、香菇焖鸡等，去除鸡的腥味、保持鸡的原味是客家鸡的烹饪重点。

鱼是客家人祭祀的三牲之一，也是他们主要的日常肉食，这是与农耕民族定居生活相适应的另一类肉食产品。客家人的传统民居，按当地的风水观念，会在屋前挖一口池塘，以蓄水、养鱼、防火、防旱。风水之说暗合了

---

① 徐海荣主编：《中国饮食史》（卷二），北京：华夏出版社，1999 年，第 433 页。

② 盐焗鸡原料为肥嫩鸡一只（重 1 千克左右），配以佐料。先用旺火烧热锅，下粗盐炒至高温（盐略呈红色）时，取出 1/4 放入砂锅内，把鸡用干净的纸包两三层放在盐上，然后将余下3/4 的盐盖在鸡面上，加上锅盖，用小火焗约 20 分钟至熟。详见房学嘉：《客家民俗》，广州：华南理工大学出版社，2006 年，第 11 页。

特定生态环境下人类的生计需求，养鱼是村落的生产文化，鱼肉是比较稳定易得的食物。客家人的“三牲”由鸡、猪、鱼三者组成，根本原因在于，这三者是他们常见易得的主要肉食产品。但相对而言，养鱼需要有鱼塘，且需要专门付出割鱼草的时间，饲养的条件比鸡、猪复杂，所以不是每一户人家都有能力做鱼塘，鱼在客家人肉食中的比重也就比鸡和猪要低一些。

二、关于肉食的美好记忆与习俗发明

人的“趋利”本能在困境中尤为突显，他们总是希望在既有的条件下获得更大的享受、满足更多的口腹之欲。客家人因条件限制，无法饲养足量的动物，造成日常肉食的短缺。为弥补动物蛋白营养的严重不足，他们对野生动物资源非常关注。客家山区多山涧溪流，水中物产是人们日常补充肉食营养的一大来源。直到二十世纪八九十年代，农闲时到河中捕捞河鲜，回家“打斗聚”，仍是农户们的乐事。① 丘明生在回忆文章中描写了小时候抓田鸡、吃田鸡粥的情形：

那是暮春四五月间，无月无风却有点闷热的黑夜，田野中蛙鸣虫唱，好不喧闹，我卷起袖口裤脚，提着松树片燃烧旺亮的“火蓝”，赤足下田，轻步前行……我放慢脚步，仔细搜索，在火光亮照下，一发现“猎物”，立即看准抓住，出手要快，一下手便要牢牢抓住……仅取一只煮粥做“夜宵”，宰时只去除肠和胆，整只切成数块，皮肉骨通通下锅，吃时则通通下肚，这种“田鸡粥”，对儿时吃腻了咸菜、青菜和萝卜干的我来说，真是美味极了！②

---

① 笔者小时候就曾多次在外祖母家享受到“咸菜河鱼宴”。外祖母家在梅县白宫河的上游河段，当时河水水量充足、水质好，河中的鱼虾品种很丰富，特别是深水区所产的猪麻锯、石捐子、斑鱼、石搭子、沙钻子、鲤鱼、鳗鱼、帕哥子、滑哥（类似于塘虱）、鲶鱼等河鱼，都是野生品种，味道非常鲜美。夏天一到，舅舅们就会到河里捉鱼。方法是将一种有麻醉效果的草药（或石灰）喷到藏有鱼的石窟窿里，把鱼熏晕或熏死，再捞起来。把鱼捉回家后，家中男女就开始分工合作。男的负责将鱼一条条清理干净，由于基本上都是些无鳞的鱼，主要将内脏和腮去掉即可，但鱼小量多，清理起来也颇费时间。女的则准备咸菜、姜等配料，用于制作鱼汤。把所有清洗干净的材料放进铝制的大盆里，搁置在大锅里隔水蒸即可。蒸出来的咸菜河鱼汤鲜美无比，一家老小十几口人一起围盆共享美味佳肴，这是夏日里最美好的记忆。至今，当地人做鱼都习惯放咸菜作调料，不论是蒸鱼还是炖鱼汤，咸菜都是最佳的搭档，既可以去鱼腥，又可以增味。由于小时候常吃舅舅的咸菜河鱼汤，笔者成年后在异地工作生活，还经常买塘虱鱼或黄骨鱼一类的无鳞鱼，配咸菜和姜丝，炖成鲜鱼汤作为家常炖汤。

② 丘明生：《想念青蛙》，《南山季刊》总第57期，第12页。

日常中，肉食是罕见的，往往只有在喜庆或神圣的场合才能食用。在这种观念的影响下，神圣场合的制作有时也会带有某种现实功利性。梅县雁洋镇雁上村高枧下有个盘古公王坛，据说深得当地村民信仰。公王坛有个“无底会”，每月召集当地李、叶、张三姓村民集体到此宰猪打铜锣祭祀。《粤东客家生态与民俗研究》一书记载了这个以分猪肉为主体事件的信仰活动：

无底会没有资金，也不凑什么基金，每年由入会成员选出12位会首，规定每月会首负责养会猪。会首养的猪，到时要拉到公王坛宰杀，连血肉一齐敬神。从正月初三、二月初八一直排至十二月，一年共宰12头猪，俗民因此而一年要12次到公王坛聚会，且成定俗。会首如果不完成养猪祭祀和把猪肉分配给会友是不虔诚的表现，会带来诸多不吉利因素。据说某年某月，李诚伯的祖母轮做会首，养的猪不够大，到期仍觉得杀之可惜，也对公王不敬，因此无法依期杀猪，结果第二天该猪即被神虎叼走了。俗民搞不清是真老虎还是假老虎，反正民间是这么传：猪舍的石阶上还留下老虎跳下时的爪印。俗民因此说，“公王真是灵验”，确是有神虎。公王坛地势较高，坛背有一棵胡（苦）练树颇大，树枝杈伸出甚长。神坛宰猪祭祀时，均以此树枝勾猪上秤。杀神猪是大事，要提前约村内的屠夫恩祥三伯，先到公王坛杀猪、分猪肉等。其时猪血、猪肉等均摆到坛上敬公王，仪式结束后才将肉切成一份份的分给会友（大约是三两重一份）。若有剩余，则卖给肉贩恩祥三伯充作猪本。当肉贩子走后，会员就将猪肉带回家或在坛边煮来吃。月月杀猪时都要打大铜锣（不是锣鼓），表示隆重。[①]

如此频繁的祭祀习俗，且以分吃猪肉作为祭祀的主要附属活动，在众多的客家民间信仰活动中实属少见。仪式中分食猪肉的活动，表面上是仪式的附庸，实际上是仪式存在的根本原因。在客家，长期的贫困生活使人们在日常秉持节俭的习惯，俗语说“平时不斗聚（加菜聚餐），年节不孤凄”，只有在“非日常”的状态下，加菜吃肉才不会被认为道德败坏。日常饮食的素寡，使人们渴望获得肉食。借助祭祀这种“非日常”的情境，人们为“吃肉”找到了合法性的解释。轮流做“会首”，则很好地解决了肉食的获取和分配问题，保证每个月都能有猪可宰。

通过分食来获取均衡饮食的案例在人类学的研究中历来就广受关注。

① 房学嘉：《粤东客家生态与民俗研究》，广州：华南理工大学出版社，2008年，第246－247页。

就在当今的非洲，还分布着一些靠采集狩猎生存的原始部落，如住在伊图利的穆布迪人和刚果盆地的阿卡人。这些族群中男人负责拉网狩猎，凡是获得猎物，都要与聚落中的其他人分享，以此方式来保证整个聚落的肉食充足——每个人都会遇到空手而归的时候，分食制度使大家在狩猎失败的时候也不至于挨饿，“傍晚，各家在小屋前烧火做食物，做好后主妇们拿来盘子和树叶，分别盛上自己做的食品，然后让孩子拿去分送给各家。他们不仅互相分配生的食物，而且还互送熟食”①。亚马逊地区的亚诺玛米人很少分食他们的香蕉和其他粮食作物，但如果他们获得猎物，就会将其切成肉块，分发给村里人，直到每个人都得到一点肉食。肉食是日常中难得的食物，因此成为人们分享的对象。通过分享肉食，人与人之间联结成一个互惠的社交网络。②

在我国，共食制度在一些少数民族中仍存在，如二十世纪摩梭人就餐时在女家长主持下对食物的平均分配，独龙族、拉祜族、珞巴族在家庭公社的主火塘边由主妇分食等。③ 利用节日、祭祀等特殊的社会活动场合分配难得的肉食的情形更是多见，如鄂伦春族在“棍”（氏族）会议期间分食烤肉；独龙族在祭祀祖先时以牛祭祀后分食牛肉；高山族秋收之后祷神献祭，共食酒、肉；彝族趁结婚和送葬举行家庭聚会，每人分一块牛羊肉和一块荞粑粑等。④ 在个人能力有限时，借助集体的力量，使饮食达到相对充足和均衡。

事实上，客家人不仅借助祭祀，还借助节日、红白喜事等非日常的场合，使日常饮食中紧缺的肉食得到补充。这也是人类社会常见的饮食现象：

> 共食在宗教、节庆、婚丧等仪式中长期保存下来。饮酒也是这样，并不是天天饮酒、吃肉，但是到了重要活动期间才狂饮不止，这是一种古老的风俗，是间隔性的调剂生活，从而改善了人们的物质生活，也是对过去共食生活的眷恋。⑤

王增能在《客家饮食文化》中记载了客家民间流行的“平伙宴”，即

---

① 秋道智弥等编著，范广融等译：《生态人类学》，昆明：云南大学出版社，2006 年，第 14 – 20 页。

② 马文·哈里斯著，叶舒宪、户晓辉译：《好吃：食物与文化之谜》，济南：山东画报出版社，2001 年，第 18 页。

③ 徐海荣主编：《中国饮食史》（卷一），北京：华夏出版社，1999 年，第 347 – 348 页。

④ 徐海荣主编：《中国饮食史》（卷一），北京：华夏出版社，1999 年，第 350 页。

⑤ 徐海荣主编：《中国饮食史》（卷一），北京：华夏出版社，1999 年，第 350 页。

几个朋友凑份子出钱或出物一起分食美味的聚餐活动，梅州人称“打斗聚”。凑份子的形式类似于现代人的上餐馆吃饭时实行的“AA”制，只是参与“打斗聚”的人不仅提供食物，也共同参与食物的烹饪。平均是其一大特点，“所切的肉块大小相似，吃的时候一人一块，绝对公平合理。如果你想让老婆孩子也尝尝鲜，那么可以另外拿一个碗，只能在你分内留下几块带回家去，却不得多占（除非确有剩余）”①。

哈里斯说：“植物性食物可以维系人的生命，而动物性食物的享用可以使人在生存必需之外和之上追求健康和幸福。”② 肉食在很大程度上代表着生活的品质，人们总是在条件许可时追求更多、更美味的肉食，直至有一天，他们发现过多的肉食已经危害到了他们的健康。即便如此，大部分值得享受的“美味”仍然与肉食相关，“动物产品要比植物食品更经常地用于生产者与消费者之间的互惠式分享”③。客家人素食传统的产生，仅仅是因为他们长期以来生活在肉食极度缺乏的环境中。肉食的缺乏以及人们对肉食营养的渴望，使肉食成为具有象征意义的食品。古人拜师以“束脩”（干肉）为礼，孔子说“自行束脩以上，吾未尝无诲焉”④。在客家地区，肉是表达尊敬的礼物，也是子女孝敬父母的礼物。过去，因为肉食短缺，以整只鸡为礼一般人家无法承受，就将整鸡中肉质最好的“鸡髀”（鸡腿）作为孝敬长辈的礼物。过年时，子女要向父母赠送“大鸡髀”（以鸡腿为主，沿一半的鸡胸肉切开成扇形），否则会被视为不孝。笔者曾听一位老婆婆埋怨儿媳祭祀完后没有“脱下”（斩下）三牲中公鸡的“鸡髀”孝敬她，以此作为批评儿媳不孝的理由。在现代社会，虽然人们孝敬父母的方式已改用“包红包”，或送整只鸡，但送“鸡髀”的习俗并没有完全消失，尤其在一些亲友互赠的场合。在这些场合，“鸡髀”代表了食物中品质最好的肉食，赠送最好的肉食也就代表了对对方最大的尊敬。

---

① 王增能：《客家饮食文化》，福州：福建教育出版社，1995 年，第 142 页。

② 马文·哈里斯著，叶舒宪、户晓辉译：《好吃：食物与文化之谜》，济南：山东画报出版社，2001 年，第 12 页。

③ 马文·哈里斯著，叶舒宪、户晓辉译：《好吃：食物与文化之谜》，济南：山东画报出版社，2001 年，第 18 页。

④ 孔子：《论语》，长沙：岳麓书社，2000 年，第 59 页。

第四节　小结

从表面上看，客家人的日常饮食是“理所当然”“本该如此”的，但“理所当然”背后，隐含着生态和文化的规则。萨林斯说：“人的独特本性在于，他必须生活在物质世界中，生活在他与所有有机体共享的环境中，但却是根据由他自己设定的意义图式来生活的”，文化的决定性并不在于“这种文化要无条件地拜伏在物质制约力面前，它是根据一定的象征图式才服从于物质制约力的，这种象征图式从来不是唯一可能的”①，他既肯定物质世界对人类活动的制约作用，更重视人类为“他自己设定的象征图式”之文化决定性。在粮食缺乏的年代，客家人为了最大限度地发挥粮食的实际效用，发明了多样化的米饭烹饪方式，而一旦这些多样化功能失去价值，人们便自觉地放弃了多余的程序，只保留下米饭最基本的烹饪方式和物质形态。番薯等粗粮曾经很长一段历史时期在客家人的日常饮食中占据重要位置，既给他们带来生存的希望，同时也留下艰苦岁月的记忆。在过去客家人的餐桌上，素菜常年占据着主位，肉食几不可见，咸菜成为一日三餐中最持久和温暖的味道，也成为客家人心目中“家乡菜”的代表。山珍野菜的食用，源于物资贫乏的生存需求和对山区资源利用的历史经验，而当这些味道变成了心理依赖，相关的饮食风尚便成为代代传承的惯习，成为具有族群属性的饮食文化，即便外在的物质条件已经改变，这种文化的惯习也依然保留下来。肉食曾经是客家人日常向往的“非日常”食物，为了获得尽可能多的肉食营养，他们选择投入产出效益最高的动物作为饲养对象，并发明各种可以免于道德谴责的食肉习俗，以此给艰难的生活增添美好的色彩。许多在传统的岁月里形成的“不得已而为之”的菜肴，在经过历史的积淀后，变成当代客家人的特色饮食。每一个看似平常的饮食现象背后，都隐藏着生态的密码，也体现着人对环境的适应性和对文化的创造性。

① 萨林斯著，赵丙祥译：《文化与实践理性》，上海：上海人民出版社，2002 年，第 2 页。

第五章　平时不斗聚，年节不孤凄：节日时空与神圣食品

在靠“天”吃饭的古代社会，人类的力量在大自然面前非常渺小，他们无法理解自然灾害为何会发生，于是想象世界被以诸神为代表的超自然力量主宰，只要虔诚地对待神明，就能规避灾祸、获得赐福，由此逐渐形成了一套受到共同信仰和敬奉的神灵体系。国家政权和社会精英借助人们对超自然力量的敬畏心理来规范社会秩序，建立起以“礼制”为中心的祭祀体系。传统年节习俗围绕着各种各样的祭祀活动来展开，这些祭祀礼仪来源于中国古代的礼制思想。《论语·八佾第三》记录了孔子与子贡的一段交流：

子贡欲去告朔之饩羊。子曰：“赐也！尔爱其羊，我爱其礼。”

撤去羊，代表祭祀偏离了原有的礼制，文化的秩序被破坏。子贡对羊的爱惜是小节，孔子责怪他因小节而失了大礼。在祭祀的情境下，献给神明的礼物必须是与仪式相匹配的。尽管这种匹配度实际上是由人设计而非神设计的，但一经信仰群体认同，“设计者”在现实语境中就转换成了神而不是人，人们认为轻易改变“神”的旨意是危险的。孔子不语“怪力乱神”，但他也借助“神”的力量去维护“礼”的神圣性，在他的观念里，礼是社会正常运转的必要秩序。《礼记·礼运》曰：

夫礼之初，始诸饮食，其燔黍捭豚，汙尊而抔饮，蒉桴而土鼓，犹若可以致其敬于鬼神。①

可见在祭祀礼仪中，献祭的食物至关重要。神圣食品在中国的“礼制”文化传统中，是秩序的象征。

---

① 郑玄注，孔颖达等疏：《礼记正义》，北京：北京大学出版社，2000 年，第 777 页。

中国人的节日观念，来源于他们对一年中“凶日”的认识——最初的节日并非如我们现在这样，是充满欢乐的良辰吉日，而是一年中最艰难的“凶”日，为了平安地渡过这些日子，形成了以驱邪纳吉祈福为主题的节日习俗。在这些日子里把各种平时舍不得吃的美食拿出来，供奉、取悦祖先和神灵，以求得他们的保佑，使人们可以顺利“通过”这些日子。因此，这些日子叫“节日”——以植物中不通的、坚硬的“节”来比喻时间的关键节点，平安顺利地渡过这些日子叫“过节”。[①] 民间故事中的“年兽”传说，端午节喝雄黄酒、挂菖蒲等辟邪的习俗都反映了这种禳灾避凶的古代年节观。现在的节日，多被人们赋予了团圆、喜庆的美好意象，从“凶”日演变成了“吉”日。节日的原始功能发生了变化，其年复一年的时间周期使人们形成了“过节”的心理惯性，封建王朝将一些民间节日官方化、规范化，使其获得了更广泛、更久远的传承，现在的春节、元宵节、清明节、端午节、中秋节等中国重要的传统节日，大部分都曾在古代得到过官方的认可。附着于祭祀仪式的祀神表演和祀神食品给人们带来了狂欢效应，使人们的身心得到休养生息，获得愉悦。从祀神为唯一目的的节日观，变成祀神与娱人并重，观念的改变带动了节日形式的变化。节日功能的转变，带来了与节日相关的食品功能的转变，随着节日食品的神圣性越来越被世俗性所代替，美食也越来越成为人们节日想象中重要的内容之一。

中国人的传统节日是人们用于规范人与自然关系、人与社会关系的一套社会文化秩序，年节食品则常常被用于构建和维护这套秩序。反之，相对稳定的社会文化秩序也规范着食物的生产、制作和使用。年节食品因承担祭祀功能而区别于日常饮食，它们是附着于年节的文化产品，具有与“日常”完全不同的象征意义。但其文化属性并不完全脱离营养价值所代表的物质属性，实际上，在很多时候，它们是由于人们对其物质属性的认同而获得流传的——口味上不具备特色的节日食品往往会被工业化包装食品所取代。当然这也要看年节食品的神圣性内涵是否足以让人们放弃对美味的要求，只为获得其凝固的象征意义而坚持食品的制作。仪式食品的神圣性也不是由始至终的，当它完成祭祀功能时，其神圣性自然消失，转化为世俗食品。褪去了神圣性的食品仍然是“被神享用过的”食品，所以其神圣性的退位主要体现在享用对象的变化上，其神圣的隐喻依然存在——因为是“被神享用过的”，所以吃了是可以“行好运”的。借助这种神圣的隐喻，人们在“日常”中再次建立了与“神”的交流。

---

① 万建中：《中国饮食文化》，北京：中央编译出版社，2011 年，第 233 – 235 页。

为了使讨论落实到具体的时空坐标中，本章将点面结合，以整个梅州的节日传统为面，仅作概述；以梅县西阳镇白宫阁公岭村[①]为点，在村落的语境中观察年节与食物的关系。

第一节　十里不同风，百里不同俗：梅州人的节日传统

在客家地区，人们用地方性的俗称来称呼各个传统节日，体现出节日的民间性，如除夕称年三十，新年称年初一，元宵称正月半，端午称五月节，七夕称七月七，中元称七月半，中秋称八月半，重阳称九月九，还有三月三、六月六、秋日（秋分）等节日。这种地方性的节日称呼，体现了从农耕社会一直延续下来的人们对待节日的时间观念——节日最初的文化意蕴是人们对一年四季的生产、生活的调节，就像人们对人生不同阶段的仪式安排，节日就是一年中不同阶段的过渡仪式。节日年复一年地循环，正如乡民们所相信的，人生也是一辈子复一辈子的轮回。

梅州是纯客家地级市，即便如此，其内部仍然“十里不同风，百里不同俗”，习俗的差异性很大，各县区节庆传统差别颇大。例如，蕉岭人、五华人、平远人过“七月半”（中元节）很隆重，但不重视“八月半”（中秋节）；梅县区、梅江区的大部分人过“八月半”不过“七月半”；丰顺一些地方的人不过“七月半”和“八月半”，过“八月初三”。如果说节日的同质部分体现了上层文化对民间文化的形塑，其异质部分则体现了具体时空下的文化主体对自身文化的创造。从节日食品的发明上，可以看到地方性文化主体的创造能力。

梅州人的传统节日，在宏观的层面，与全国各地大同小异，其差别主要体现在微观层面。依照节日的季节性安排，梅州人也传承着春节、元宵、清明、端午（五月节）、中秋（八月半）的大节日传统；但具体到各地民众对这些节日的态度以及对节日形式的创造，却有很多细微的差异。比如说春节习俗，白宫阁公岭、龙岗等大姓村有正月十三（或十四）敬公王、正月十五大祭祖的习俗，许多小姓村则没有。白宫人正月十二至十五

① 当地的大部分姓氏在1949年以前均有除夕祠祭仪式，这些仪式在1949年至1978年之间基本取消，人口较多、宗族实力较强的“大姓”后来在本族爱国华侨的支持和倡议下恢复了祠祭，但许多人口较少的小姓因无力翻修被损毁的祠堂而放弃了祠祭。与其他客家村落一样，在1949年后的三四十年间，阁公岭村传统祭祀习俗基本遭到禁止，直至二十世纪七十年代末八十年代初才逐渐恢复。该村大部分居民为同宗同祖的林姓，宗族势力较强盛。在家族精英的影响下，较完整地恢复了村落的节庆传统。

上灯，主要是到祠堂举行家祭，是否设宴并不重要；平远石正人则一般在正月十五，以持续地放鞭炮来营造气氛，主要活动是宴请宾朋。再比如说，蕉岭的许多地方会隆重地庆祝中元节（七月半），这些地方的中秋节（八月半）往往被冷落，但也有一些蕉岭的乡村不重视中元节而重视中秋节。即便是过中元节的乡村，虽都称过“七月半”，但也不都在“七月十五”那一天过，有过七月初九的，有过七月十四的。梅州也有许多地方有过“七月半”不过“八月半”的传统，《梅县丙村镇志》记载了“七月半”在1949年以前有“打醮”“渡孤”等习俗，1949年后废除，“七月半”成了亲友聚会的佳节。[①] 所以一些民俗学者会将过“七月半”作为整个梅州的传统风俗，视其为梅州与众不同的节日传统，这种判断无疑是不够客观全面的。蕉岭过中秋节的乡村，时间上的选择更加多样，可以在时间地图上找出不同姓氏的不同选择。按《镇平（蕉岭）民俗之春、秋二祭》的记载，不同姓氏的秋祭时间遍布农历八月上旬至下旬，有初一、初二、初三、初五、初八、初十、十二、十三、十五、十六、二十二日等。[②]

中秋节自古承载民间秋祭的节庆功能，此传统在客家地区有较好的保留。秋祭的时间传统在蕉岭的“随意性”，一定程度上反映了中秋节的秋祭习俗在民间的遗留。《梅县丙村镇志》记载中秋节（八月半）旧时有“接月华”，或“伏月三姑”“请桌神”等习俗，后因这些游戏活动带有迷信色彩而被取缔，保留了吃果品、月饼、香茶团聚赏月，欢度中秋的活动。[③]“拜月”传统有着节日庆典城市化、贵族化的味道，“月华”现于一年中月亮最圆的这一天，因此中秋节应固定在八月十五。上层社会通过对传统节日的权力运作，将中秋颁布为国家节日。这是中秋节最后被确立为农历八月十五的关键原因。2008年，国家将清明、端午、中秋、春节作为我国四大传统节日。实行公休制度以后，各地的节庆传统在时间上的差异性被进一步消解。随着四大节日的习俗传统得到加强，我国民间传统节庆的文化多样性从某种程度上难免遭到一定的破坏。

梅州的清明节传统也存在地方性的异同，同一个地方的文献和口传资料，有记录清明节祭墓习俗的，有记录可祭可不祭的，也有记录不祭墓的。端午节在梅州并不如其他三大节日那般盛行，但许多地方仍然有过节

---

① 梅县丙村镇志编辑部编：《梅县丙村镇志》，内部发行，1993年，第181页。除标注出处外的其他信息均为笔者的田野调查所得。

② 《镇平（蕉岭）民俗之春、秋二祭》，梅州市文史资料委员会编：《梅州文史》（第十六辑），内部发行，2003年，第203页。

③ 梅县丙村镇志编辑部编：《梅县丙村镇志》，内部发行，1993年，第181页。

的习惯。在众多现行的传统节日中，端午作为“凶日”的意味较为浓重——甚至“凶”于被称为“鬼节”的中元节。在梅州，端午节被称为“五月节”，人们一方面认为这一天是很“毒”的一天，因此要挂菖蒲、艾草，甚至用柚子叶煮水洗澡，以辟邪魅；另一方面又认为这一天午后的艾草是最“补”的，每年都要在这个时候采艾茎，称为“五月艾”。黄钊的《石窟一征》记载了客家人五月五日沿堤采艾的习俗及渊源：

俗端午正午时，妇人多沿堤采艾。盖以《本草》采药，多用五月五日，且寓祓除之义也。又《天禄识余世传》：“鲍姑艾五月五日曾灼龙女。”鲍姑，女一仙也。宋人午日贴中，有用此事者。余谓葛仙有米，鲍姑有艾，则女子采艾，亦鲍姑之遗也。[①]

在传统时期，梅州人几乎每个月都“过节”。当地人将其解释为：“那都是为了找理由来弄些东西吃。”例如，客家人有过秋日的习俗。《梅县丙村镇志》记：

立秋，俗称“秋日”。农村有过秋日的习俗。因夏收夏种大忙季节基本结束，该休整一下。此日，人们不干田园活，叫作“嫐秋”。家家蒸味酵粄，买鱼、买肉，谓之“过秋日”。[②]

冬至在梅州也是一个以“吃”为主的节日。《梅县丙村镇志》记当地人的冬至习俗：

冬至日，镇人有“过冬至”的习俗。是时，气候较冷，又值农闲，家家户户煮汤圆，有“冬至妥圆，夏至检田”的俗语。有的人家还杀鸡或买羊肉配上药料炖黄酒吃，以补身体。[③]

实际上，并非只有中国人把节日与吃联系起来，世界各民族都有与“吃”相关的节日，甚至都会为了“吃”而“发明”一些节日，如美国感恩节吃火鸡的习俗。有些节日，因“吃”而存续，因“不吃”而消亡，这

① 黄香铁著，广东省蕉岭县地方志编纂委员会点注：《石窟一征》，梅州：广东省蕉岭县地方志编纂委员会，2007 年，第 136 页。

② 梅县丙村镇志编辑部编：《梅县丙村镇志》，1993 年，内部发行，第 181 – 182 页。

③ 梅县丙村镇志编辑部编：《梅县丙村镇志》，1993 年，内部发行，第 182 页。

种情况在梅州地区非常普遍，例如上文所述的“秋日”，在当下便已基本不存在。

梅县白宫过节非常注重敬神，但在平远县石正镇，敬神的风俗较淡，过节就是亲戚朋友们聚餐、请客吃饭。对不同的节日，石正镇内部差异也极大。如南台村过七夕很隆重，其他村则主要过“七月半”。在如今乡民的观念中，过“七月半”似乎也与“鬼节”的民俗信仰没有太大关系：“以前农忙，到这个时候，活都干完了，大家就凑在一起聚餐、吃饭。就是这样而已。‘八月半’就不那么热闹了。”①

梅州人对算不算过节这个问题颇显犹疑。是以祭不祭祀作为标准还是以庆不庆祝作为标准？这是令他们困惑的问题。比如，问一个白宫人是否过冬至节，有人会说过，因为会煮羊肉吃；也有人会说不过，因为白宫人冬至不祭祀。清明节也一样，白宫将军阁村长塘里的黎姓人告诉我他们不过清明，因为清明他们不拜祖坟。虽然清明他们会蒸清明粄，但并不因此而认为这是在“过节”。阁公岭村的林姓人清明也不全都拜祖坟，有些人家可能去年清明拜，今年又换个日子去拜，但不管拜不拜，他们都认为自己是过清明节的，因为家中会蒸清明粄。也有一些人家既不蒸清明粄也不拜祖坟，但他们在观念上仍将清明节视为一个“节日”，这是因为在一定程度上受到周围过节气氛的影响，清明节即便没有“节日”活动，在人们的心理上还是与平常的日子有些区别。自2008年国家将清明节作为中国四大传统节日列入法定假期范围后，人们对清明的“节日”观念又开始统一起来，原来认为自己“不过”清明节的人开始重新认同这一天是“过节”的。

按照萨林斯对历史与结构辩证关系的解释：“历史乃是依据事物的意义图式并以文化的方式安排的”，“文化的图式也是以历史的方式进行安排的”，在历史的演进过程中，文化图式（结构）会因某些意义的转换，改变文化范畴之间的情境关系，发生“系统变迁（system-change）”。② 客家人的节日传统是在历史中形成的，这些节日的形成与中国的社会历史相关，也与客家地方社会的历史发展相关。例如不同姓氏的村落即便地理方位相邻，节日传统可能也有区别，这跟姓氏宗族起源的历史，或者说客家先民文化来源的不同相关。人们对“节日”的理解和需求在不同的社会情境下会发生变化，由此导致了节日系统中复杂的地方性变异，形成了丰富多彩的节日文化。“现代”对“传统”的侵蚀影响着“传统”在现代社会

---

① 受访者：谢姨，1956年生，平远石正人；访谈时间：2015年2月20日。

② 萨林斯著，蓝达居等译：《历史之岛》，上海：上海人民出版社，2003年，第3页。

的各种演变，也模糊了人们的记忆。在清晰与模糊之间，人们的节日观念在悄然发生变化。“传统”的烙印仍然在记忆和实践中徘徊，但今日之“传统”已非昨日之“传统”。

第二节　神圣与世俗：春节食品的文化内涵[①]

> 过年是什么？过年就是要好好地吃，吃吃平时舍不得吃、没时间吃的东西……就是好好地玩、好好地休息……就是一个气氛，一种风俗，一种传统，一种文化。……是一种回忆，是对逝去一年时光的总结，是对人生的一次“盘点”……[②]

这是梅县白宫的知识分子对当地人过年心理的一种解读，带着祛魅的意味和世俗的情怀。在白宫人的现实生活中，春节首先是人与神沟通的“神圣”时间；同时，它也为世俗交往提供了空间和机会。春节食品以不同形式、在不同场合中体现出神圣或世俗的功能，承载着春节习俗中神圣或世俗的文化内涵。

一、年节观念与时间文化

尽管年节的观念随着社会历史的发展不断地流变，但祭祀在白宫人的传统年节文化中一直延续，即使在“破四旧”的压力下也未完全中断。白宫人的精神信仰有其内在的体系，围绕神明信仰和祖先信仰两条主线构建起来的祭祀制度，将大大小小的祭祀活动分布于一年四季的节日和节气中，表现为女性和男性的两个系统，女性系统的祭祀以神明信仰为主线，表现出日常性、个体性的特征；男性系统的祭祀以祖先信仰为主线，表现出制度性、集体性的特征。两者在表现形态上有交叉，但在意识形态上则有较明显的区分。春节既是一年中祭祀活动的终结，也是新一年的祭祀历程的开端。一年之中属春节期间祭祀活动最集中，各种民俗活动也最活跃。较大规模的祭祖活动（祠祭、郊祭）主要集中在春节至清明之间；家祭活动因各地风俗贯穿于每年的主要节日，包括春节、元宵、清明、端午、中元、中秋、重阳、冬至等，这种家祭往往将敬神和祭祖糅合在一

① 本节的内容参考了笔者在参加国家社科基金重大委托项目子课题“中国节日志·广东春节卷”项目写作时的田野调查报告。

② 吴耀三：《过年畅想》，《南山季刊》总第64期，第22页。

起，统称“敬神”。以跨村落的地方神为核心，还构建了地域性的信仰系统，在这个信仰圈中，每年都有一套固定的祝祷活动，即正月的祈（起）福、七月前后的暖福、年末的完福，俗称“三福”。[①] 这些祭祀习俗在客家社会中具有一定的普遍性，但每一个客家村落又有各自的实践传统，从节日的选择、祭祀周期的安排、仪式与祭祀物品的设计，都有自己的特点。“在某种意义上，村落又是自足的生活空间，村民在各自的生存空间创造自己的历史，文化也因此在统一中表现出多样。”[②] 微观层面的信仰差别不影响客家人整体上对神圣世界的高度崇拜和追求，祭祀便是客家人维系其信仰制度的重要实践。

白宫人过年以祭祀（敬神、祭祖）和团圆为中心，体现了节日观念中神圣化和世俗化的两个维度。这里的春节过得很“长”，差不多在进入冬至之后，人们的心理就开始在“日常”和“过年”之间徘徊，谈论过年的话题变得多起来，甚至有些人已经开始准备过年[③]。接近过年，对日子的计算方式自然地转换为农历，他们称农历十二月二十日为“二十”，二十一日为“二十一”，以此类推。这段时间，人们自然地遗忘了阳历，也遗忘了星期，直至元宵之后，甚至更久。农历十二月二十五日被称作“入年架”（入年界），从这一天起，人们在“二十五”的前面加上了“年”字，称为“年二十五”。称呼的改变反映了心理的变化，对严格遵从传统的乡民来说，年已经开始“过”起来了。年复一年的春节，使人们对春节的时间有了惯性依赖，虽然日常的时间已被现代化的时间观念所改变，但春节的时间仍然是“祖先传承下来的”时间。在这个时间框架下，“‘过年’的不同阶段，已经内化成为白宫客家人的一种习俗观念，规范着人们的节日行为，当自然的时序运转到了年度的周期，人们便自觉或不自觉地开始相应的节令活动”[④]。从年二十五之后，每一天都有不同的活动安排，“人们将不同的文化意义赋予不同的自然时间，自然的时间流转与人们的习俗行为共同营

① 袁静芳主编，李春沐、王馗著：《梅州客家佛教香花音乐研究》，北京：宗教文化出版社，2014 年，第 68 页。

② 刘晓春：《仪式与象征的秩序——一个客家村落的历史、权力与记忆》，北京：商务印书馆，2003 年，第 23 页。

③ 笔者在调查中发现，有些虔诚敬神的老年妇人说，她们一过冬至就开始陆续购买过年敬神用的纸宝。因为要敬的“神”很多，不同的“神”有不同的需求，必须让他们的需求都得到满足，人们才能获得心安。为了不出现遗漏，这种重要的敬神物品需要多次购买、补充。冬至后进行过年的物品准备已经成为她们多年的习惯。另外，冬至后一些在镇上开小店、做生意的村民也要开始了解行情、计划过年要进的年货。

④ 刘晓春、林斯瑜：《物品与节日时空——以一个梅州客家村落的“过年”为例》，《民俗研究》2008 年第 3 期。

造了过年的文化氛围，构成了‘过年’习俗的整体文化时空”①。

图5-1 阁公岭村2013年1月30日“天王大公”还福祭品（1）

图5-2 阁公岭村2013年1月30日“天王大公”还福祭品（2）

图5-3 阁公岭村2013年1月30日“天王大公”还福祭品（3）

① 刘晓春、林斯瑜：《物品与节日时空——以一个梅州客家村落的“过年”为例》，《民俗研究》2008年第3期。

图 5-4 还福聚餐菜式

现代社会中，工业化生产形成的作息时序，在一定程度上解构了乡村年节的时间传统。尤其在“空巢”现象严重的中国农村，大部分年轻人已外出上学或务工，农村周边的工业园区又进一步消化了滞留在农村的剩余劳动力。这些进入到现代工业化劳动体制中的农村人口，无法按传统的年节时间回归家庭，导致了一些年俗简化。但传统的力量仍然在顽强地延续，有些家庭中的劳动主力为了回家筹备过年，不得不提前请假。以当地农村人口为主要务工人员的用工单位，面对员工在年前无心上班的状况，有时也不得不采取妥协的策略，适当放宽放假时间①。

人们设定入年架和出年架（正月初五）的时间框架，反映了“过年”在他们心理上的时间设定。过年的敬神活动，从敬灶君开始，客家话叫“烧灶事”，旧俗在农历十二月二十三举行。传说这一天“灶神爷”上天，向玉皇大帝汇报民间百姓的善恶之事。人们便办祭品敬灶君，为灶神送行，希望他在玉皇大帝面前多说好话。但白宫人已经遗忘了敬灶君的历史原因，“敬灶君很重要呀，年年都是这么敬的，我们就是照着‘老下事’（即“老规矩”）做，至于为什么这么做，我们也说不出来”②。不仅说不出“为什么”，连时间也作了修改，近几年，大部分人已经将敬灶君的时间移到入年架之后了，这是年节传统对现代社会用工制度作出的妥协。

入年架之后，各家各户安排大扫除、制作各种年糕（俗称“做粄呐”

① 在 2013 年春节进行田野调查时，笔者在白宫将军阁村一户人家听到婆婆在“年二十五”埋怨在附近工业园打工的媳妇，说她上班上到这个时候还不放假，家里的事都耽搁了。老人家说：“年三夜四了，谁还有心思上班呀，不干脆早点放假！”她媳妇所在的工厂“年二十七”才开始放假。笔者于 2014 年春节再到她家，发现她媳妇已于“年二十五”起请假。显然，工厂从“年二十七”起放假，已是对乡村习俗的适应，却仍然无法满足固守传统的乡民对过年的时间要求。

② 受访者：黎姨，1952 年生，梅县白宫人；访谈时间：2013 年 2 月 6 日。

“煎煎圆”等)、准备娘酒，同时开始到村里各处“敬伯公”“敬公王”，供奉常年信仰的村神。“年”就在各种忙碌之中悄悄地“过”了起来。“很显然，‘入年架’包含了自然与文化两层含义，自然的时间流转已经临近年的关节点，历经世代积淀下来的有关‘年’的意识、观念、情感、心理期待开始在乡民心中酝酿，节日的心理效应使乡民感觉到空气中都似乎弥漫着‘年’的气息。从文化意义上看，正是在人们准备过年物品的同时，整个村落营造出了紧张、忙碌、热闹、充满期待的‘入年架’的节日氛围。”①

入年架至除夕这几天，相当于“过年”这组“交响乐”的“序曲”，通过准备各类年节物品、家庭中的女性作为信仰主体向土地神、灶神等缴奉供品，进行“还福”和“祈福”。除夕的早晨至大年初一的凌晨，是“过年”的主体时间，在行为上主要表现为家庭以集体的、焕然一新的面貌（以正装、新装出现）举行敬天、祭祖仪式，男性成为主祭人；年初一至年初五（正月初五，这一天出年架），是春节中的休闲活动时间，串门、聚餐、郊游、走庵、爬山等，成为活动的主题，小部分的祭祀仪式由女性完成。年初五之后一般不再称“年”（初六称初六，不称年初六），也不“发年光”② 了，但过年的余绪还会向后延续。正如客家的童谣中所唱：

初一又话初一头，初二又话年下头，初三又话穷鬼日，初四又话嬲一日，初五又话神下天，初六又话结团圆，七不去，八不归，九九十十看舞狮，十一十二龙灯到，索性月半占来归。

所以，在乡民的传统观念中，真正从“春节”回归到“日常”，是在元宵之后。

二、春节食品的制作

在过年的一系列活动中，食品在不同的场合体现着“节日”的意义。祭祀作为春节最主要的仪式活动，是通过食品这个媒介来完成的。为了让“年”过得圆满，人们对各种食品倾注了远高于“日常”的热情和关切。

制作年糕、准备三牲是白宫人入年架至除夕这段时间的重要“过年”活动。当地没有“做年糕”的说法，俗称“煎东西”或“蒸东西”，用各

① 刘晓春、林斯瑜：《物品与节日时空——以一个梅州客家村落的“过年”为例》，《民俗研究》2008 年第 3 期。

② 客家人过年时，会不分昼夜地将家中的灯点亮，直至“出年架”，俗称“发年光”。

种具体的表达指代了做年糕的含义，比如“煎煎圆呐”“煎馓呐”“蒸甜粄”“蒸饽粄（发酵粄）”“煎芋圆”等，有时也统称“做粄欸”[①]。比如，年二十五之后，人们见面常以这样的方式打招呼：“什么时候做粄欸？”或“什么时候煎煎圆呐？”“今年蒸不蒸饽粄？”等等。年糕的首要功能是祀神，所以它具有神圣性；但祭祀之后，年糕成为人所享用的节日食品，神圣功能便为世俗功能所取代。世俗功能才是年糕最后被消费的形式，因此年糕看似是为了祭祀而准备的，但决定其存在的不完全是它的仪式功能——在它的仪式功能可以被其他食物取代的情况下，它很有可能会因世俗功能的弱化而不再被制作；如果它的世俗功能很强，它有可能会被附上仪式意义而获得神圣食品的价值。这些食品是否具有仪式价值，解释权看似在“神”，实际却是在人以及惯习，或者说历史传承下来的、被人们坚守的象征秩序上。从古至今一直延续下来的做法，就是“老下事”，即老传统，这代表了“神”的旨意，也是改变传统操作的内在逻辑。人想要改变传统，就要对“神”的“话语”进行解释，为现实找到与传统相通的语义。在神圣食品面前，人们不能像对待日常食品那样随意，食品意义的神圣性维护了其形式的合法性和稳定性。

除了上述祭祀用的主要年糕，根据各家的喜好，还会有虾片、薯片、角子、烧酥[②]等。后面一类的年糕，因仪式功能薄弱，是否被制作，基本取决于人们是否喜欢享用它们，即食品是否具有足够强的世俗功能。当然，一旦它们被制作出来，还是有可能被供奉在神台上的。它们容易被标志为“过年食品”，不是因为过年一定会制作，或用于过年敬神，而是人们习惯于在过年的时候制作。在过去，年糕也是走亲访友的礼品，这是它们另一项重要的世俗性功能。年糕的仪式功能和世俗功能是粘连在一起的，一般的年节食品，最后都会为人所享用，所以后一项功能不可或缺，只有在很特殊的祭祀场合下使用的神圣食品才是不可被人食用的[③]。从某种意义上说，人们的信仰总是以其日常生活为基础，食物的文化意义不会脱离它的物质意义（食用功能）。

---

① “呐”“欸”是衬字，在客家话中常用，虽无实际意义，但删去则体现不出客家人说话时的语气语态。

② 将五花肉（俗称“三层”肉）用糖腌好，沾上面粉浆后放入油锅中炸好，外表再沾上些白糖。

③ 当地有一种“隔小人”的祭祀仪式，要选好“日子”和时间，在夜间于偏僻的地方举行，祭祀食品需丢弃在野外，不可为人食用。

过去做年糕要先“踏粄欸”[1]，这道工序工程浩大，费时费力。两个人轮流踏碓、一个人析米，三个人合作差不多要花上一天时间才能把二三十斤米踏成粉；从“粉”到年糕成品，又是一个复杂、费时的过程。所以过去春节，从准备工作开始，做年糕就是由家庭协作完成的，这也显示了家庭中人口数量的重要性。机械化使年糕的制作简化了许多，米只需浸泡几个小时就可以用机器快速碾碎。二十世纪的最后二十年，机器打粉已经普及，但机器打粉还不能省去浸米的步骤。到了二十一世纪，商品化使市场上出售的糯米粉、粘米粉受到青睐，机器打粉也越来越少见。从多人合作、历时一两天的“踏粄”，到一人半天完成的机器打粉，到直接购买工业化包装粉，年糕的制作工序不断被简化。工序的简化给人们的生活带来了方便，但通过集体劳作来酝酿浓浓的“年味”的过程和形式也同样被简化，过年的过程感、仪式感（制作年糕的复杂流程经集体统一地、年年重复地执行，具有世俗生活的仪式感）被削弱，一定程度上冲淡了“年味”。

年糕不仅能满足物质性的需要，更包含了许多吉祥的象征意义。春节中最重要的几种年糕，其重要性不在于是否可口，而在于是否具有丰富的象征意义。虽然现在有了许多比年糕的外观更好看、味道也更可口的包装食品，人们可以在市场上轻易地买到，也有越来越多商家制作好年糕后在市场上售卖，但一些老人家秉持着旧观念，认为过年的时候甜粄、煎圆应该自己动手，或多或少做一些，事情才圆满。按传统的说法，过年的时候如年糕做得好，喻示着新的一年一帆风顺，什么烦恼也没有。

年糕是素供，过年敬神还少不了荤供，敬神时需要大量用到三牲。三牲从获取到宰、蒸、晾，也是个工作量颇大的工程。劳动过程中有协作、有娱乐，有经验、有习俗，是客家人春节饮食文化的重要组成部分。下面将通过介绍三种当地最具象征意义的年糕的制作方法以及人们准备三牲的场景，来探讨客家人的春节食品。

（一）饽粄

饽粄是白宫人常用的神圣食品，其外形如含苞初放的红花，有如下几

[1] 这是一项体力劳动。首先要提前一两天浸软食材（主要是糯米，掺加一些大米或叫黏米），米浸软了才能“踏”，否则“踏”不动。“踏粄”的工具即是舂米用的碓。把浸好的米淘洗干净，放进石臼里，人踩踏着碓杵将米踏碎。这样做的目的是将米粒碾成湿粉，然后和水搓揉成面。踏成的粉要够细嫩，否则便会影响年糕的质量及口感。米是靠人工踏锤致碎的，难免碎不均匀，于是“踏”了之后要用竹制的网状小孔的筛子析一遍，把碾碎的和没有碾碎的分开。没有碾碎的再倒回石臼里，继续踏，直至踏成粉状。碾好了一碓，再碾下一碓。当时往往几户人家合用一个碓，各家得互相协调。

个方面的吉祥含义：①“饽”的发音在客家话中意为发财、殷实；②饽粄的颜色为红色，是中国传统的吉祥之色；③饽粄蒸出来顶部裂开，有“发”的意思。概而言之，饽粄的含义是：如意、吉祥、兴旺、发达。且饽粄的口味是甜的，又红又甜，象征红火、甜蜜，各种好的寓意集于一体，使饽粄不仅在过年的时候会用到，过大节或办喜事也经常用到。

制作饽粄的原材料是黏米（即大米），制作的过程主要包括以下几个工序：浸米—打浆—吊浆—发酵—掺水—上锅。过年用事的饽粄，一定是红色的，打浆之前在米里掺上红粬[1]，就可以打出红色的米浆。传统时期主要用碓“踏粄”，边踏边放些发酵用的曲饼、酒糟等进去一边发酵；也有少数人会用石磨磨浆，磨浆之后再“吊浆”。现在改用机器打浆，打好之后“吊浆”以去除多余的水分，再放酵母进行发酵。“吊浆”的原因是水分太多不易发酵，发酵后如果太稠，可再添适量的凉水。

蒸饽粄要用“灶头”[2]。客家的传统灶头有现在普通家庭炒菜用锅的四五倍大，适合传统的大家庭使用。旧式灶头为双镬结构，外面那口镬处于柴火的正上方，用于煎、炒、焖、炸、蒸等；里面那口镬吸收炉灶的剩余热量，一般用来煮水，洗澡或其他需要用到热水的时候，就从这口镬里取用。从旧式灶头的构造，可以看出传统客家人环保节能的意识。

蒸饽粄时，需先在镬里放三分之一以上容量的水，搭上木制的甑箅子，密密麻麻地铺上瓦制的小粄碗。水煮开后，一勺一勺地往小粄碗里舀上调制好的粄浆。第一层小粄碗舀好后，再往上叠两层碗，继续舀浆。最后会在镬的中央垒起一个小丘，再盖上状如穹庐的大镬盖[3]。为了减少镬内的热气外泄，还要在镬盖边沿围上一周湿布巾，以节省燃料，缩短蒸煮的时间。一锅饽粄大概需要蒸二十五分钟到半个小时。

饽粄蒸之前先发酵，酵发得好，蒸出来饽粄的顶部能裂开，当地人用“笑”来形容，就像人展开了笑颜，寓意“勃”了、“发”了，所以越

---

① 用大米发酵而成，《本草纲目》中有记载，具有药用价值。梅州人将红曲用作食用色素，在炖汤或做年糕时常用。这里因为饽粄是年糕，故将其染成红色，以示喜庆。详见第七章第二节的相关介绍。

② 客家人的传统灶具，具有风水意义。客家人造新房时，“打灶头”是件关系家族气运的大事。要请风水先生选好灶头安放的位置，打灶头的日子也要认真看好，打好灶头后还需要选个日子“开火”。开火的当天一般会宴请亲友。如果是老房子打灶头，会在开火之后做“三朝”，即开火三天之后宴请亲友，受邀的亲友需带上糕饼（寓意“高升”）、裤菜（即布匹）等礼品上门，结束时主家也会准备相应的回礼。

③ 老灶头通常会配两种镬盖，一种是木制的平面锅盖，这种盖中间不突起，能罩住的空间小，平时炒菜主要用这种，蒸甜粄或量少的饽粄也用这种盖。蒸饽粄量大的时候，要用铁制的“穹庐”盖，如正文所述。

“笑”越好。“笑”与不“笑”，实际上看的是蒸粄人的技术，但在当地风俗中，会被提升到信仰的层面，甚至影响到人们的情绪。如果“饽粄”出炉，“笑”得很好，人们会认为是个好兆头，够喜庆。如果一点都不“笑”，说明蒸得不好，尽管可以在技术上找到原因，人们还是会因“兆头不够好”而心情不痛快。

装粄浆的水桶最后总会粘上一层粄浆，刮不下来。这些在物资缺乏的年代都是可贵的粮食，人们不会随意浪费。于是兑些水，将粄浆冲洗下来，调出很稀的粄浆，同样舀进小碗里蒸，蒸出来的粄叫“洗桶粄”。洗桶粄因水分太多，稀稀软软，适合现蒸现吃。饽粄要留着敬神，洗桶粄正好成为劳动者和小朋友的点心。从口味上说，有些人认为它比饽粄更美味，但它不会因为在口味上获得人们的肯定就比饽粄更受欢迎。作为具有象征意义的神圣食品，饽粄更重要的价值不在口味方面，而在它的祭祀功能方面。外形和口味（甜）所象征的吉祥意义、便于取用的材质、相对较长的保质期等，使饽粄成为传承比较稳定的神圣食品。

（二）甜粄

白宫人过年很重视制作甜粄。甜粄是真正的年糕，与广府人的糯米年糕制作方法基本一样。广府的年糕被制作成各式各样的形状，白宫人的甜粄样式只有一种，蒸出来时为直径半米左右、厚二至四厘米的平坦而厚实的大圆形糕体，使用时切割成边长约二十厘米大小的方形。刚蒸出来的甜粄用“床”来标计数量，称作“一床甜粄”，切成块后叫“一块甜粄”。其颜色呈深浅不一的赭色，土话叫猪肝色，在民间也属于红色系。它的寓意有：①因甜粄的形状大而厚实，平如板状，寓意富足、平顺，老人家认为能蒸出一床甜粄说明家里的粮食富足，且有“一掌平”的说法，“平”即平顺之意；②甜粄，顾名思义，味道要求很甜，这不仅是味觉上的要求，也是甜粄的特殊寓意所在，甜蜜，表达了当地人对幸福生活的祝愿。总的来说，甜粄的寓意是：富足、平顺（或平安）、甜蜜。

蒸甜粄的主要原材料是糯米粉、水和糖；蒸的时候要用豆腐皮垫在底部，“腐”与“富”谐音，符合白宫人趋吉纳祥的文化心理，实际用途是使让甜粄的底部与竹箅之间有一道隔层，不至于因粘连而破坏甜粄的形状。[①] 从实用角度说，蒸甜粄先要煮好糖水，糖选用红糖加白糖，以红糖为主，使蒸出来的甜粄呈赤色。糖水煮好后，稍稍放凉至不太烫手，淋在

① 也可以用香蕉叶垫底，但寓意上不如豆腐皮好，故用的人相对较少。

糯米粉上，充分搓拌，即和面。搓粉的时间很长，往往要半个小时到一个小时，这个过程中适量添加白糖、糯米粉或水。搓到面不粘手，且手指按下去可以留下印的时候，湿度就合适了。搓的时间越长，面的韧劲越大，蒸出来的甜粄就越有嚼劲。准备好一个圆形竹箅，竹箅上先铺一层布帕，再垫上豆腐皮。面搓好后，放在豆腐皮上，沿着竹箅的形状打平，放进大锅里蒸。

一床甜粄厚而大，两三个小时才能蒸好。过年所有良品在制作的过程中都讲究从外形到口感的完美，甜粄也一样。不够火候的甜粄会夹生，兆头不好。蒸出来的甜粄要放两天，冷却变硬后才能切成块，太软的甜粄切块时容易变形，不适合用于祭祀。圆形的甜粄切好后，有些是规整的方形，有些是不规整的扇形。不规整的或先食用，或用来敬伯公，规整的则要留在重要场合，比如年三十用来敬天、祭祖。敬过神的甜粄切成一小片一小片，可冷吃，也可蒸软或煎香了吃。过年的时候，当地人的早餐除了日常的粥饭，还会有蒸甜粄或蒸煎圆。

（三）煎圆

煎圆，像"踏粄欸"一样，在客家话的表达中后面需要加一个衬字，叫"煎圆呐"。这种年糕在整个梅州地区普遍存在，梅州以外的地方也很常见，广府一带叫煎堆。屈大均《广东新语》有记：

> 广州之俗，岁终以烈火爆开糯谷，名曰炮谷，以为煎堆心馅。煎堆者，以糯粉为大小圆，入油煎之，以祀先及馈亲友者也。又以糯饭盘结诸花，入油煮之，名曰米花。①

屈大均所言米花，极似客家人的糯米馓子。煎圆外形类似于乒乓球，但不是规整的圆，呈金黄色或赭黄色。其内涵主要有：①圆形，寓意圆满、团圆等；②据老人的说法，"油炸鬼"，过年的时候要有油炸的食品，有驱邪、除恶的含义。②

煎圆的制作材料和甜粄基本一致，糯米粉、水、糖。煎圆经油炸后自然呈金黄色或赭色，因此不需要用红糖来着色，且白糖做的煎圆口感更好，所以煎圆很少使用红糖。白宫人的煎圆是过年的神圣食品，会在各种敬神的场合使用，所以形状很重要。如果用纯糯米粉制作，口感更佳，但

---

① 屈大均：《广东新语》，北京：中华书局，1985年，第381页。

② 受访者：黎婆，1928年生，梅县白宫人；访谈时间：2013年2月6日。

冷却后容易软塌、干瘪，形状上不美观。解决此问题的办法是在糯米粉中加少量粘米粉，粘米粉的量越多，煎圆就越能保持立体的圆球形，但口感相应就更硬，口味也会变腻。在平远石正镇，煎圆（当地称煎粄）是春节的节日食品，原材料只用糯米粉，口感和味道都甚于加了粘米粉的煎圆，但外形扁、塌，不圆整。

与甜粄一样，煎煎圆要先煮好糖水来和面，将粉搓到适合的湿度，再揉成小圆球。为了口味更香，人们常在圆球外滚上一层芝麻，再放到油锅里炸。为了方便敬神，炸煎圆一般用棕榈油或花生油等植物油，不用猪油，这样炸出来的东西可作为斋盘，用在各种敬神的场合[①]。炸的过程中要不时用长筷子或笊篱搅动，以免未炸熟的面团粘连在一起。刚放下油锅的面团是沉在锅底的，炸好之后，煎圆会浮在油面上。第一锅的油温不够稳定，要炸比较久，很容易焦黑，有时甚至会作废。

正式出炉的煎圆，要先用来供奉神明。用大菜碗，装满一碗敬灶君；再装满一碗，放在家里供奉的祖先台前或神明台前。刚炸出来的煎圆非常香脆酥软，只能在过年吃到，所以大家往往禁不住诱惑，会多吃几个。但这时热气未散，吃了很容易上火。每年过年都会听说有人多吃了几个刚炸的煎圆导致上火，整个春节感冒、咳嗽不停。几天后，煎圆的热气散了，会慢慢变硬，口感差了很多。这时可以蒸软了吃，别有一番风味。煎圆寓意佳、味道好、容易储存，深受当地人的喜爱。许多人家图省事，又为了满足过年的需要，其他年糕都不做，只煎煎圆。

（四）三牲

过年敬神，最重要的供品是三牲。准备三牲跟制作年糕一样，要花费不少时间精力，而且现代化技术也没有为提高这项工作的效率提供什么便利，反而因为鸡鸭的制作数量比以往更多，导致工作量有所增加。作为供品的三牲，主要有全鸡、全鸭、猪肉、干熏鱼等，敬神的时候一般是三种搭配（鸡、鸭不会同时使用），放在一个牲人盆[②]配成三牲用事。鸡、鸭的身上要插上一双筷子，从两边的胫、翅穿过，把鸡头、鸭头夹住。鸡或鸭要放在牲人盆的中间，两旁搭一块猪肉和一两条鱼，便是一副牲人。白宫人养鸡多于养鸭，鸡作为肉食品种受到当地人更多的认同，在祭祀场合，

---

① 按乡民的说法，有些神明是吃斋的，用植物油煎炸的煎圆可组成素盘供奉此类神明。此类神明一般源于佛教，或信奉佛教，如阁公岭村的同身李义妹生前信奉佛教，终身奉斋，故其信众向其献祭时用素供。

② 直径50厘米左右、高2厘米左右的大圆铝盆或大搪瓷盆。

鸡也比鸭更重要。白宫人尤其重视敬天、祭祖，所以这些祭祀要用鸡不用鸭[①]。敬伯公时常用鸭，因鸡、鸭在敬神之后都是人的食品，过年讲究食品种类丰富，需鸡、鸭搭配才能满足人们享用不同肉食的需求，如此一来，鸡的需求量很大，在相对次要的祭祀场合就需要用鸭来补充。要敬的神很多，三牲不够用，有些牲人还会先后在两个祭祀场合中使用。

一般人家过年要用的鸡鸭数量大概是两只鸡和两只鸭，有些人家还要帮城里居住的亲戚准备，往往过一个年要准备十来只鸡鸭。这些工作主要由家里的女人完成，男人从旁协助。敬神要求用的鸡鸭是整只，把外面的皮毛处理干净后，掏出内脏。鸡的制作方法比较简单，往鸡身上抹盐后隔水蒸熟，或者放在水里白灼，这是客家白切鸡的做法。鸭子绒毛多，处理起来比较麻烦，需要较多人手帮忙，妯娌之间、邻里之间或姻亲之间都有可能互相帮忙。鸭子处理干净后，抹上香料腌制两三日，然后隔水蒸熟，再吊起晾干。

在自给自足的年代，村里有不少人做鱼塘，到了年底，就会安排“打旱塘”。打旱塘，即竭泽而渔，时间通常在入年架以前，最好选择比较暖和、不下雨的天气。主家在旱塘之前先用大网捞鱼，等塘里的大鱼基本上打捞完才开始将池塘的水放干。放水的时候要在出水口放上“篓挥”[②]，防止小鱼流失。主家会提前知会邻里打旱塘的时间，乡亲们得知消息后奔走相告，相约而来，只等鱼塘里的水“旱”得差不多了，便一起下塘去捉小鱼小虾。打旱塘是全村人的“集体狂欢”，其间不分年龄、不分性别都可以参加。这是一种变相的集体分食，在物资匮乏的年代，主家以这种方式邀请乡亲们一起分享收获的喜悦，没有放养鱼塘的乡亲通过这种方式获得新鲜的肉食，来年自己放养了鱼塘，也以同样的方式让其他乡民收获肉质食品。按照俗规，鱼塘里的小鱼、小虾、蚌、螺等，谁捞到就归谁所有；偶尔捉到大鱼，大家也很自觉地归还主家。主家捞起的大鱼一部分在现场卖给乡亲们作年货，一部分批发给鱼贩子，一年养鱼的辛劳便在这一天得到转化。

生于斯长于斯的人们，对打旱塘有很深刻的记忆，尤其是二十世纪八十年代成长起来的那一代，那是打旱塘最活跃的年代——改革开放使私人承包鱼塘成为可能，而生活刚刚有所改善，免费的小鱼小虾依然深得人们的青睐。笔者曾见一位在白宫将军阁村长大、后来在大城市定居的80后年

---

① 白宫阁公岭村年三十下午的祭祖，每家每户都需置办一副牲人，笔者观察多年均不见有人用鸭，只在2015年春节见到一例。村里人认为用鸭敬天、祭祖不够尊重神明。

② 带手把的小网兜，捞鱼虾用。

轻人回到老家后，第一时间就在追问村里打旱塘的情况，并为回家没赶上打旱塘的时间而深感遗憾。在物资缺乏的年代，这种分享食物的方式令许多长年缺乏肉食的人家获得额外的肉食补偿，集体狂欢的形式也让大家在忙碌中获得情绪的舒缓，为过年带来了欢乐。二十一世纪以后，打旱塘的节目虽然继续在这些客家乡村上演，但热闹程度已远远不及以往，大鱼塘的旱塘吸引的大部分是中老年妇女，小鱼塘的旱塘甚至已无人问津。一方面是乡村空巢现象严重，大部分年轻人在入年架前还在外地或本地工厂上班；另一方面，物质生活越来越富足，人们对此类肉食已经失去了往日的热情，而冬天鱼塘的阴冷以及对塘泥污垢的不适应，也让许多人认为“不值得”再去参与打旱塘。

打旱塘要将鱼塘里的鱼一次性集中打捞完，量较大。当地鱼塘主要放养鲩鱼，必须新鲜出售。在商品流通不发达的年代，鱼塘的收成基本靠当地人消化，而平时大部分人家都无力将鱼作为日常食材来采买，于是形成了过年打旱塘的传统。这是一年中鱼的消耗量最大的一段时间，家家户户都需购买鲜鱼制作过年祭祀用的三牲。同样的道理，此传统在当代社会的式微，也跟商品经济的发达、新鲜鱼成为农贸市场的日常供应物品有关。

三牲中的鱼，传统做法是保留鱼鳞不去除，把五脏六腑清理掉，隔水熏干，晾在通风的地方。这样制作的鱼保持了鱼的形状，外观上比较完整，且不容易腐坏，方便敬神。吃的时候切成一圈一圈，淋上酱油，蒸熟便可。在物资较缺乏的年代，这种价廉物美的自制熏鱼对当地人来说是难得的美食。但这种传统的做法除了可以延长鱼的保质期外，既无法保留鱼的鲜味，又不够清香可口，现在已部分被干鱿鱼等易保存又较美味的食品所代替。

年前“迟猪”[①] 也是当地人准备春节食品的重要活动。在政府实行生猪定点屠宰以前，大部分农户都养猪，过年前一段时间经常可以听到杀猪的声音。实行定点屠宰，有效地监督了市场上流通的猪肉的质量，但也大大降低了农户的利润（利润转移给了少数屠宰场主），打击了他们养猪的积极性。过去卖猪的钱是农民重要的收入来源，许多人家在操办大喜事之前会先养好一两头猪，用卖猪的钱来解决短期内的大笔开支。随着政策的改变和消费水平的提高，养猪已不能为农户提供这样的保障。农户无法通过养猪来获得实惠，于是养猪的人越来越少，有些村里甚至找不出一户养猪的家庭。

---

① 迟，客家话音译，宰杀的意思。迟猪，即杀猪。文中指猪养大后请人来杀猪，并将猪肉卖出的过程。

在阁公岭村，以做豆腐和养猪（豆腐渣可作为猪食）作为营生的航叔为了避开屠宰场的剥削，主要通过养母猪、卖小猪仔的方式获利，但总会养一两头猪留在过年期间杀。由于农家猪少，亲戚朋友、左邻右舍知道航叔年前要杀猪，会先口头订货，猪还没杀，肉就已经基本分完了。依照传统习俗，猪红（即猪血）是不卖的，由主家煮好猪红汤，分给各房亲戚及左邻右舍。猪红汤用爆香的蒜油炒过，加水煮熟，加盐和胡椒调味，配上香芹。其烹制手法简单，调料也不复杂，但真材实料，鲜美可口。另外，中午照例会由主人宴请杀猪师傅和关系较好的亲戚朋友在家吃“全猪宴”。全猪宴用的是最新鲜的猪肉，主要以瘦肉和“猪下水”为料，烹制成咸菜三及第汤、咸菜炒猪大肠、咸菜炒瘦肉、小炒猪腰等菜式，大家借杀猪一事来喝喝小酒、“打打斗聚”。梅州城里现在有不少食肆打出全猪宴的招牌，招揽顾客；有些城里人委托山里人养猪，利用周末或节假日，邀朋结友，下乡去享受全猪宴。这些现代饮食的新风尚所使用的大部分是老菜式，其来源正是上述客家人的传统饮食习俗。

三、祭祀习俗与神圣食品

中国的传统节日，多源于古代的祭祀仪式，人以“向神献祭”的方式表达“向神祈食（福）”的愿望，祀神是节日的重头戏。梅县白宫阁公岭村客家人秉承着春节传统的“老下事”（老规矩），以祭祀作为过年的中心事件。过年的祭祀，分为敬神和祭祖。不论敬神还是祭祖，村民都称之为“敬神”——祖先及逝去的亲人在他们的信仰系统中已具备了“神”格，也是“神”的一类。按时间的顺序，主要有敬灶君、敬伯公、敬村神（有的地方先敬天）、敬天、敬祖公（祭祖）、接财神等祭祀仪式。作为人神沟通的工具，春节食品在各个祭祀仪式中扮演着重要的角色。食品的神圣功能是在特定时空中体现的，人们通过赋予食物吉祥含义，表达他们向神明祈福的愿望。

（一）敬灶君

阁公岭村人的祭祀活动贯穿了整个春节，还未入年架就开始敬灶君。敬灶君，当地话叫“烧灶事”，旧俗在农历十二月二十三。“传说此日‘灶神爷’上天，向玉皇大帝禀奏各家善恶之事。家家户户必办祭品敬灶神，为灶神送行，请求他向玉皇大帝祈福寿。”[①] 敬灶君在传统时期是件大事，

---

① 梅州市地方志编委办公室编：《梅州客家风俗》，广州：暨南大学出版社，1992年，第63页。

这一送一迎，有着深刻的含义和明确的针对性，但当地人似乎已忘却了这些行为背后的文化根源，只记住了行为本身，甚至行为本身也已简化。虽然仍有不少人在腊月二十三敬灶君，但更多的人选择在除夕敬天之后敬灶君，有些人担心除夕忙不过来，则选择在年二十八、九敬灶君。尤其是有灶头而没有安放灶君神位的家庭，敬灶君的时间会更随意一些。腊月二十三送灶君、除夕迎灶君的一送一迎的仪式也被敬灶君的单一形式简化了。

灶君在客家人的信仰系统里有很重要的位置。客家人建新房要“打灶头”，做“风水”。打灶头前要请风水先生在新房中选出最适合（最有利于促进家庭的兴旺发达）的位置，选好安灶头和开火的好日子。与建阴宅（俗称“葬地”）一样，打灶头关系着全家未来的发展运数。灶头打好后，灶君就成了庇佑全家的喜神，供人们在年节祭拜。客家人敬灶君还有“念上代”[①] 的意思，阁公岭村人认为祖祠里敬的是公众的祖先，“灶头背”敬的是自己家的祖先。祖先的身影与灶君的神位经过这样的重叠处理，每次过节在“灶头背”敬神，便同时有了敬神和祭祖的意义。白宫人做年糕的时候，油炸出来的第一碗煎圆、馓子，刚出炉的第一锅饽粄都要先放在灶头位上敬奉灶君；整个春节，灶头上会点上老式的煤油灯，这灯在白天也是长明的。灶君从某种意义上说，就是一个家庭的守护神。

图5-5　阁公岭村秀姨家年二十六敬灶君

图5-6　阁公岭村云姨家年二十七敬灶君

（二）敬伯公

入年架后，各式各样的敬神活动开展起来了，除夕前除了敬灶君，最

① 意即祭祀祖先。

重要的是“敬伯公”[①]。白宫的民间俗神有很多，各村各寨都有自己的俗神，他们是守卫一方的土地神，管辖的范围或者是一口井、一座山，或者是一条河流经某个村庄的其中一段，通常称“伯公”“伯婆”“公王”。敬伯公的任务主要由家庭里的女性成员负责，时间一般集中在年二十五到年二十九，由各家自行安排。民间的土地神一般不忌荤素，供品需荤、斋、茶、酒搭配，斋供有糖果、饼干、年糕等；荤供中最好用全套的三牲（猪肉、鸡肉、鱼肉），将就一些的会用鸭代替鸡，更随意的则可以单独用三牲中的其中一类作荤供；茶、酒各三杯或五杯（偶尔也见一杯，总之是奇数杯），酒通常用自家酿制的娘酒。敬伯公的食物类供品，除茶、酒以外，其余可多次使用，例如同样一套祭品，敬“塘唇伯公”之后再用于敬“井唇伯公”[②]。

（三）敬村神

客家地区的民间信仰系统中，有一种叫“仙姑嬷”的半人半神角色，为地方性信仰圈中的重要角色，属于人、神之间沟通的中介。有时候他们也自称为某佛教或道教神祇的代言人，被称为某某神明的“同身”，受到圈中善信的信奉。同身以女性居多，偶有男性。他们往往早期是普通人，在突然经历了某种事件后，便具有了神格，从此有了神性，成为某位神祇的同身。阁公岭村有一位天王大公的同身，据说年轻时有一天突然晕倒在地，身体抽搐，醒来后言行就变得与以往不同，具有了预知未来的能力，表明自己作为天王大公的代言人的身份。因她能占卜吉凶，且医术高明，渐渐赢得了乡民们的信任，历经数十年香火不断。目前已去世三十多年，

---

① “伯公”是梅州客家地区对土地神的俗称，有时也称“公王”。村落中各种特殊空间，几乎都有相应的伯公管辖，行使他们在不同场合对村民的保护职能。以阁公岭村为例，分布在村里各处的伯公有：坐落在村口公路对面、白宫河边的弥陀伯公；坐落在村里三口塘塘唇的塘唇伯公（也叫弥陀伯公）；坐落在大古井旁边的井唇伯公；坐落在南山脚下，与邻村交界处的塘里坳伯公（两村共用）；坐落在大坑里的射猎公王（又叫岭上公王或大坑公王）；老祖屋里还有龙神伯公。射猎公王驻守在山坳里，看管着村里几座大山，保佑村民的庄稼和家里的小孩不受山里野兽侵害；塘唇伯公则保佑小孩子不会掉进水塘里。叶丹在《白宫往事》中记录了鲤溪村溪沥伯公的功能：“山里时常发大水，听大人们说，溪沥伯公能打败水鬼，保佑人们不被淹死，家家都敬奉他，每年年初一给他烧香。”总的来说，伯公主要是保佑平安吉祥，同时，在人们的观念中，凡是神明都保佑添丁发财。伯公与社官、公王均有一定关系，有些地方多种称呼会混用，但大部分时候伯公指掌管一方水土的土地神，社官类似于一个地方的“父母官”，公王则与民间传说中的人物有关。夏远鸣的《梅州地区伯公述略》对该信仰有初步研究，他认为伯公与社官原指同一类型的神祇，后来许多社官都变成了土地伯公。

② “伯公”在梅州各地的称谓有所差异，如蕉岭新铺称“路伯公”“水伯公”等。

神位仍在。随着与她同时代的信众逐渐老去，香火已大不如前，但每年信众们仍会组织“三福”活动，家里有什么喜事、大事，也会到神明堂前供奉或询问一番。年三十上午，村里有些信众在家敬天后，会到这里敬神；有些人家也会安排在除夕前的几天来此敬奉。祭祀村神的物品视其饮食习惯而定，如阁公岭村的这位天王大公同身生前长年吃斋，所以村民以斋供祭祀；但因敬神的同时需敬天，天神不忌荤素，故在天神位上需供上三牲。

（四）敬天

在许多重要的祭礼仪式中同时都会有敬天的仪式，以表达人们对这位最高神祇的敬仰。但年三十（除夕）一早的敬天，是对天神的单独飨祀，与其他情况下的敬天仪式有本质的区别。敬天是除夕的第一道祭祀仪式，其规格在整个春节的祭祀仪式中最为隆重。仪式由村民在各自家中举行，神桌以传统的八仙方桌为正统，摆放在各家各户的天井或大厅中[①]，桌子的前端摆好装满大米并用红纸封好的米升[②]，这个米升象征天神的神位，用于插香烛。客家人在祭祀时，器具一般选用红色，用作香坛的米升或米筒要用红纸蒙住，因红色代表吉祥，而大米虽代表粮食、丰衣足食，但大米的白色是客家人忌讳的不祥之色。桌子是神台，米升是天神位，神位以下，摆放三个或五个[③]茶杯，茶杯之下是酒杯，酒

图5－7　阁公岭村平玉楼年三十上午敬天的神桌

① 这种桌子平时是饭桌，很容易拆卸，一张平面的正方形桌板、一个可折叠的四脚的桌脚，使用时桌板跟桌脚拼合在一起，方方正正，显得庄重；不用时拆下来，靠在一起，也不占空间。所以即使现在有了各式各样的新式饭桌，当地人家里都还会有这种旧式方桌，过年过节敬神都用它。

② 米升是客家人用来装米的一种量器。

③ 跟敬神有关的数量一般是单数，以三或五为常见，如上香时拜神的次数是三下或五下；摆放供品的个数通常也是三个或五个等。

杯之下是糖果、糕饼、三牲等供品，三牲一般放在最后一排的中间位置，纸宝财礼也一起摆放上台面。准备就绪后，开始点烛、燃香、斟茶、倒酒。敬天时，各项准备工作主要由女人操办，但在上香时，则以男人为主祭者。

天神被认为是最大的神，掌管着人间的所有事务，敬天的供品和纸宝财礼都比较讲究，敬天要选择吉时、吉向。下面是阁公岭村平玉楼2012年春节敬天的情况：

主家按通书上的记载，根据这一年的喜神、财神、贵神的朝向，将神台的位置移到背对正大门的方向。神位两边各添了一盏煤油灯，并各有一个烛台；神位下面先放一杯茶，旁边是泡好茶的茶壶；第二排五个杯子是酒杯，用的是家酿的娘酒，盛放娘酒的雪碧瓶子也在放台上。接下来有两排供品，一排是五盘斋供，分别是糖（寓意“甜蜜”）、甘蔗（寓意“节节高”）、红枣和莲子（红枣、莲子为民间传统的吉祥食品，寓意“早生贵子”，此处主人主要借此寄托吉祥的愿望）、云片糕和橘子（寓意“吉祥、高升”）、苹果（寓意“平安”）；另一排，在两盘饽粄（寓意“发达、发财”）和煎圆（寓意“圆满”）中间摆放着一大盆三牲，分别是大公鸡[①]、猪肉、鱿鱼。桌子的右上角放着一张红纸，写着敬天的祷告词。

供品摆放完整后，女主人发烛、点香，将数量较多的香交给男主人，其余分发给自己及子女。全家一起拈香先向天神正位鞠躬拜五次，转向左正方鞠躬拜五次，转向后正方鞠躬拜五次，转向右正方鞠躬拜五次，礼毕。大家手中的香统一交由女主人插入天神位和门外各处，其中天神位分两排插，各插三支（共六支），门墙插一支，门坪外的草地上插一支。上香后，主要仪式结束，除女主人外，其余人可自由活动。女主人将各色纸宝财礼叠成方便焚烧又好看的形状，有些卷成圈花形，有些分成每叠两张叠好。待香头烧“圆”，掉了烟后，视为神明已享用了神桌上供奉的各种食品，开始徼奉纸宝财礼。女主人用易燃的纸宝财礼从烛台上引火至门坪空地，一点一点将准备好的纸宝财礼送入火中焚化[②]。二十分钟后，全部纸宝财礼焚化完，火气渐歇。男主人便拆了礼炮，摊放在门坪空地上，取

---

① 敬神用的鸡都是公鸡。

② 这一年春节期间是阴雨天，除夕上午下了大雨。平玉楼在敬天开始时，天是下雨的，焚化纸宝财礼之前停了雨。事后这家的女主人黎姨颇为得意，说她这几年敬神，凡是遇到下雨，都能在她化财宝时停雨或变小，运气真好。据笔者的解读，她认为这是上天对她家的眷顾，是个好兆头。村民们往往能对不好的兆头作回避性的解释，例如在过年吃团圆饭的时候如果不小心摔碎了一瓶酒，他们会异口同声地说“没事没事，大发大发”“岁岁（碎碎）平安”。对于一些好的迹象，他们则会捉住蛛丝马迹，大加渲染一翻，认为是天赐佳兆，从而获得心理上的满足。

天神台上的一支香来点炮。一阵爆竹响过，在地上留下一片殷红，女主人很高兴地说：“今年的爆竹很好，辣辣滚（够响、够连贯）。”放鞭炮象征仪式的结束，女主人开始收拾下午祠堂祭祖需要的供品和准备中午的午餐。神桌上留下几盘素供，其余食品此时已从“神圣”回归“世俗”，成为供人食用的食品。

（五）敬祖公

在梅县白宫的各个自然村，由大姓组成的村落基本上都会在除夕当天举行祭祖仪式，俗称“敬祖公”。敬祖公的时间在除夕的午饭（团圆饭）后，地点在各姓氏的宗祠，方言称“祖公厅下”。

图5－8　白宫阁公岭村除夕敬祖公

以阁公岭村为例。该村人口90%左右姓林。林氏祖祠位于村落中央，是阁公岭村林氏开基祖七世维公之子弘德公所建，为本地传统的半月围，前有水塘，后有化胎；村里主要的水渠从前村穿过数条暗窿，沿着祠堂门前的水塘，向后村流去；连接前后村的主干道从后村的坡地下来，沿着祠堂外围，延续到前村。祠堂正对着村口的省道，直线距离两三百米，中间是村里最肥沃、最平坦的一片农田，至今没有其他建筑物阻挡在前，是村视野最开阔的“风水宝地”。按维公于明成化二十二年（1486）迁居阁公岭村计，这座祠堂已有四百年左右历史。这座祠堂经数次翻修，最近一次大规模复修是在2017年，同年10月10日还举行了“重修维公祖祠落成暨祖公登座庆典”。

祠堂的正大门隐退在一面高近两米的山墙后面，走进大门，有个约五十平方米大小的天井。平时天井是空着的，过年期间，天井里会摆满八仙桌，将天井分隔成两部分，供大家敬祖公时摆放供品，正中间留下两米宽

的过道从大门通向正堂。天井上三级台阶，是祠堂的正殿。正殿正中央有一道木屏风，屏风前镶着与殿齐高的神龛，长年供奉着林氏祖先的牌位。林氏尊商朝忠臣比干为始祖，2005年元宵祭祖仪式中，该村的林氏族人举行了“大始祖比干公登坐庆典”，将比干的神位“请”进了祠堂。因此，现在祠堂的神龛最上方摆放的是比干的画像。神龛下方是龛下伯公神位。神龛前面、正堂中间，纵向摆着两张方形木桌作神台，龛与台之间仅留着半米多宽的过道供人行走。神台上除了有香烛台外，还有各房的祖先牌位。神台正前面的位置也会摆上八仙桌，用于摆放供品。正殿中央的房梁上挂满了大大小小的灯笼，有些是族人添丁上灯时挂的竹灯笼，还有全族人供奉的大宫灯。

正殿屏风左右两侧，各开一扇小门，镶着一尺多高的门槛。跨过门槛，就到了后堂，是个三四平方米的小厅，从后堂大门出去，是半月形的化胎（又叫花头）。化胎比后堂高近一米，后堂大门和化胎之间是仅半米宽的屋檐和排水沟，正对大门的水沟里面，安放着龙神伯公的神位。敬伯公时，村里人也会到祠堂来敬祠堂里的龛下伯公和后堂的龙神伯公。

年三十的祭祖仪式是以家庭为单位的祠祭，祭祀的对象是大家共同的祖先，包括远祖、近祖和过世的亲人。当年去世的亲人的牌位要在年三十上午送入祠堂，这个仪式称为“上神桌”。上午上了“神桌”，去世的亲人就具备了“神”的身份，下午就能配享族人的祭祀，否则就成了“孤魂野鬼”，不能进入家族的“神圣谱系”。所以当年有去世的亲人的家庭，年三十上午的上神桌仪式非常重要，在中午十二点半以前要完成，而各家各户的祭祖队伍从十二点半以后便会陆续到来。

年三十的祠祭是以家庭为单位的家祭，不是宗族的公祭，虽然时间和供品有约定俗成的规则，但具体的时间点、参加祭祀的人员、使用的供品等均由各家各户自由决定。从午饭后开始，人流陆续往祠堂进出，人潮最集中的时间通常是一点至两点。过去元宵节的祠堂公祭仪式非常隆重，但在现今，年三十的祭祖对各家各户而言，才是春节中最隆重的祭祖仪式。通常的供品包括：

茶：3至5杯。

酒：3至5碗。

三牲：一盆，主要是猪肉、鱼、公鸡。敬天祭祖一般不用鸭子，但笔者在2015年春节的祭祖仪式上看到有一户人家使用了鸭子。可见到了现代，祭祀物品的象征意义也不再像过去那么严谨，人们有了赋予神圣食品新的文化意义的权力。同时，严谨性的削弱也反映了食品和仪式之神圣性的弱化。

年糕：甜粄、饽粄、煎圆、馓子或芋圆均可，甜粄、饽粄、煎圆的使用较多，寓意平顺、红火、甜蜜、圆满、顺意发达等。

水果：以柚子、橘子、橙子、苹果、甘蔗为主，火龙果因其外形和名称所包含的寓意成为最近几年被频繁使用的新式供品，偶尔可见葡萄等。寓意均取自水果的外形和谐音，上述水果除甘蔗外，形状都有圆满之意，颜色上或金黄或红艳，皆为当地人喜欢的吉祥喜庆之色。甘蔗表皮为黑红色，亦可被归于红色系列中，且甘蔗外形上有"节节高"的寓意，味道上也体现出甜蜜的内涵，又是当季水果，故同样受到乡民们的青睐，是传统的祭祀水果。从谐音上来说，柚子寓意"保佑"、橘子和橙子寓意"吉祥"、苹果寓意"平安"、甘蔗寓意"甘甜"、火龙果寓意"红火"。

糖果、糕饼：一般取红色、金色或黄色包装（不用绿、蓝等冷色系的包装）的食品。糖果味甜，寓意生活甜蜜美满；糕饼谐音"高"，有高升之意。

斋盘：由香菇、木耳、粉丝等泡开，装在小碗里，以五碗为标准数量，这种斋盘又称为"水菜"。斋盘不仅数量有讲究，摆放的位置也有讲究，一般放于三牲前面。斋盘是佛教供奉的传统，一般家庭在祭祖时不大使用，但如果家中有信佛的老人，会认为斋盘是较正式的供品，在祭祖这样正式的场合不应该缺席，因此偶尔可见个别家庭在神台上摆出一副完整的斋盘。这同样反映了民众在一定程度上对"神圣食品"拥有自由解释的权利。可见"神圣食品"体系的构建并非固着不变，人们在遵循特定规则和秩序下，一直没有停止对文化传统的改写。

祭祖仪式的流程与上述敬天仪式相同，在此不再赘述。

（六）接财神

"接财神"是辞旧迎新的重要仪式。时间一般在年初一凌晨，从深夜零点至早晨六七点都可能是接财神的时间。因每年的吉时不同、喜神和财神所在的位置不同，接财神的具体时间和祭祀方位每一年都会有所差异。各家依据的说法来源也各异，同一年不同家庭接财神的时间也会有差别。[1]除夕之夜，零点的钟声一敲响，就能听到接财神的鞭炮声[2]，一直持续到天亮以后。

---

① 有些人家会根据通行的日历上关于接财神的吉时来定，有些人家会根据自己信仰的同身（自称为神的化身的一类人）或常走的寺庵里和尚师傅的说法来定，有些会综合各种说法来定。

② 零点以后的鞭炮声均与接财神有关。

接财神是新年的第一个祭祀仪式，仪式过程虽然很简单，但在人们的观念中，接财神是对新一年好运的祈福仪式，对其重视程度普遍比较高，主要体现为对良辰吉时的严格遵守。接财神的供品和财礼讲究素而清淡，不出现大鱼大肉，食物类的供品多为水果（苹果、橘子、甘蔗、柚子等）、糕饼、红枣莲子等寓意好的斋供，且分量都较小。

图5－9　阁公岭村某农家接财神的供品

在二十世纪八九十年代，有与接财神时间基本重合的一项活动，当地人俗称“参新年”：由各大姓村组织狮鼓队，到各家各户参拜，有古代“沿门逐疫”的余韵。除夕晚上的年夜饭之后，人们就要准备好鞭炮和红包，等候参新年的队伍，听着锣鼓声越来越近，便会开门迎接。狮鼓队在客厅和厨房参拜一番，然后出门离开。舞狮者出门时，主人在门口放一串鞭炮，舞狮者凑到鞭炮前舞动跳跃直至鞭炮结束，主家将红包塞进领队的红灯笼里，仪式便完成了。参新年从除夕夜开始，往往延续到大年初一早晨，因此乡村里除了鞭炮声，还能时隐时现地听见锣鼓声。这便是“声音中”的客家传统年俗。

参新年的活动在二十世纪的最后二十年曾经非常流行，到二十一世纪初的最初十几年式微甚至消失，在最近几年又重新出现。从形式上看，这项活动有着较明显的古代驱傩仪式的味道，但人们早已忘记了仪式的历史渊源，变得越来越娱乐化。

（七）挂纸

与阁公岭村人热衷于热闹的祠祭不同，“文革”期间祠堂遭到破坏后未恢复祠祭的将军阁村长塘里的黎姓人家更重视墓祭：

我们家从我祖母的时代起就是过年期间上山挂纸的。以前各家挂纸的日子不一样，有春节的、有（农历）二月的、有（农历）三月的，但我很少见周围有人清明挂纸的。现在周围越来越多人春节挂纸了，因为过完年大家都要上班，全家人凑到一起就不那么容易了。[①]

挂纸就是墓祭，也叫拜山、打醮墓。因墓祭之前要在墓地周围压上一圈墓头纸，以将祖先以外的其他神秘力量隔离在祭祀范围之外，故俗称挂纸。相对而言，祠祭的对象是全族人共同的“祖先”，远可上溯至千年以前的始祖[②]，近可接当年刚过世的、刚“上神桌”的族人，“祖先”的意象相对模糊化、概念化，具有慎终追远、敬宗穆祖及新年祈福的意思，气氛较严肃、紧张，仪式性更强。挂纸是对本家近代祖先的祭拜，包括近祖和仙逝的亲人，“祖先”的意象更具体、亲切。乡人有记：

往时乡间祭墓，集叔侄兄弟老少于一堂，结伴以行，相见以礼，昭穆分而人伦序，不特慎终追远，鼓励同气相亲之合群意义，而在春秋佳日，偕行于山岭水涯，鸟语花香，沁人心脾，披荆择路，多识草木之名，拾级登高，还听山歌之唱，墦间设食，大好野餐，晴阴天气，最适远足，虽曰封建遗意，而情与意皆能兼顾，至今尚无以易也。[③]

可见，挂纸是通过召集全家人一起行动的方式，到先祖（一般是五代以内）的墓堂进行悼念活动，起到团结全家人、建立认同感的目的。王明珂曾对祭扫祖坟在强化集体记忆、延续家族凝聚力方面的作用进行过一番解释：

在祭扫祖坟时，我与姊弟们谈着百谈不厌的童年往事。我们都已各自成家多时，这时一个遥远的“家”与可能逐渐淡忘的记忆，又活生生回到眼前。我们手足间的联系再一次被强化。[④]

在特殊的时空背景下，家庭成员通过共同参与一项集体活动，并在此过程中不断地重述“过去”，创造和延续这个家庭的文化传统，从而增进家庭成员的情感、巩固集体的记忆。与祖先的情感沟通，通过献祭仪式来完成，子孙们借助供奉给祖先的食品传达对祖先的怀念之情，又通过与亲

---

① 受访者：黎姨，1952 年生，梅县白宫人；访谈时间：2015 年 2 月 21 日。

② 如林氏认商代的比干为始祖，阁公岭村林氏宗祠最高位置的祖先牌位是比干神位，接下来才是其他与本支系有关的祖先神位。

③ 丘秀强、丘尚尧编：《梅州文献汇编》（第七辑），台北：梅州文献社，1977 年，第 74 页。

④ 王明珂：《华夏边缘：历史记忆与族群认同》，北京：社会科学文献出版社，2006 年，第 27 页。

人们分食这些食品，从意象上实现与去世祖先的共餐。

客家人的墓地讲究风水，认为阴宅的风水将决定子孙后代是否繁荣昌盛，因此建造阴宅要寻找风水宝地，而不计较墓地离家是否路途遥远，于是造成1949年前的墓地往往修建在远离家宅的深山中。老人们记忆中的挂纸，是一家人挑担负柽，浩浩荡荡地远足至山上，进行祭拜、踏青、野炊的春游活动。祭祀用的物品，在野外烹饪，制成午餐，从祖先“享用”的神圣食品，变成子孙们分食的世俗食品，从达到与祖先“共食”的效果。1949年后，由于破除封建迷信，加上土地资源公有化等原因，墓地的选择也简化了，大部分人家都在本村的山头上建造新墓地，因此二十世纪五十年代以后出生的人们已经很少有到远地挂纸的经历了。

墓祭前需要准备好一套祭祀的供品，包括三牲、糖果糕点、年糕等，品种与过年期间的其他祭祀没有太大的区别，但会倾向于准备一些既适合用于祭祀又方便在郊外食用的物品，如包装糖果、柑橘、柚子等。与其他祭祀仪式的流程化形式不同，墓祭往往气氛比较闲适——人们更注重的不是严肃的仪式过程，而是家庭成员与祖先的“团聚”。在一个风景宜人且空旷的墓地，家族几代人聚在一起谈笑风生，借助故事和食物来联络家族成员间的情感。故事可能是触景生情的老一辈经历过的家族故事，也可能是近期发生在小辈身上的趣事，甚至可能是市井间的街谈巷议；食物是刚刚被祖先“享用”过的祭品。午餐虽然无须在山上野炊，但墓祭时使用过的三牲仍然会作为午餐的主要食材。在席宴上，常常可以听到大人这样对小辈们劝食：“多吃点，这些肉是祖公祖婆享用过的，吃了能得到祖公祖婆的庇佑哦。”长辈此言多带着调侃、玩笑的意味，受现代科学意识影响的人们不会将此话当真，但这样的言辞恰恰揭露了隐藏在这一文化事象背后的人们的潜在心理。

（八）上灯

客家人的上灯是上一年家中添了男孩的人家向祖先通报喜讯、宣布男孩成为家族人员，同时以兹庆祝的一种仪式活动。客家人深受汉文化“不孝有三，无后为大”的观念影响，将生男孩作为传宗接代、光耀门庭的人生要务，所以上灯在客家地区非常受重视。兴宁、大埔一带元宵节为上灯日，元宵灯节比过年还热闹，有元宵大过年的说法。白宫人的上灯与兴宁有较大不同，兴宁是“新灯”“老灯”（上一年新添的男丁上灯称“新灯”，其余为“老灯”）一起上，白宫人是只上“新灯”，不上“老灯”；兴宁是万民同乐的元宵灯会，白宫是祠堂挂灯的告祭仪式。

阁公岭村人一般在正月十二上灯。上午带着灯笼和祭祀供品到祖祠，挂好灯笼，摆上三牲、果品祭告祖先，再用祖祠的香火将一个船灯或煤油灯点亮，此火种要带回家中，将家中的另一个灯笼点着，挂在自家的“子孙梁”上，正月十二至正月十五都要亮灯。旧式灯笼用竹篾编的骨架，蒙上油纸，在油纸上要写明几世几代、新丁姓名和“新添贵子”的字样。灯笼底座有个放蜡烛的灯盘，那几天晚上便要在这个灯盘上点上蜡烛。蜡烛既不方便也不安全，现已基本废弃，换成了灯泡。灯笼亮到正月十六上午太阳升起后，这个上灯仪式就算结束了。

上灯的当天，祭祖之后，主家可能会摆酒宴或召集家人聚餐。但在白宫一带，大部分人家会在满月时摆酒，上灯则不再摆酒。旧时上灯实际上是新丁正式进入宗族的过渡仪式，据笔者的母亲回忆，她的几个弟弟就是在上灯之后由祖父将名字写入族谱的。现在族谱的管理已松散，存在缺失，上灯便以祭祖和挂灯的形式，仍然保留了宣示新丁正式进入宗族的仪式功能。

白宫的上灯不是集体狂欢式的庆祝，而是各家各户单独完成的祭拜行为，不需要大摆宴席，重在挂灯、点灯和祭祖。对新添贵子的人家来说，既是向祖先汇报，让孩子正式进入家族的行列，也是为孩子的健康平安向祖先祈求保佑。现在乡村的宗族观念日渐淡泊，通过上灯仪式将孩子列入宗族谱系的功能在人们的观念中已淡化。阁公岭村老人会的前会长杰伯说，现在一些人家生了男孩也不去祠堂挂灯，上灯已不像以前那样受重视了。上灯仪式的式微，显然是宗族观念弱化的现实反映。人们上灯的目的，更多地转向祈福——祖先作为“神”，被认为具有保佑孩子平安、健康的能力。正如云姨所说：

为什么要上灯呀？这是老祖宗留下来的规矩嘛。另外，生了男孩，是件高兴的事，上灯是生男孩才可以上灯的，去上灯当然是告诉大家我们家新添了男丁啊。喜庆嘛，这是有面子的事，当然要热闹一下，也让祖公祖婆保佑小孩子清吉平安。①

告祭祖先必然要表达对祖先的敬意，这种敬意是通过在祠堂供奉祭品和财礼来传达的，三牲依然是上灯仪式中最主要的祭品。

① 受访者：云姨，二十世纪五十年代生，梅县白宫人；访谈时间：2015 年 2 月 20 日。

（九）敬公王

白宫的一些大姓宗族，如阁公岭村（林姓）、龙岗村（李姓）等有在元宵节期间敬明山公王的习俗。据说旧俗还需扛公王、游公王，但今已废除。老人对敬公王的理解是：

毛里求斯很容易起“风车”（台风），华侨就回乡到公王宫里祈福。公王老爷很灵验，一念就不会起“风车”。所以很多华侨重视敬公王，常常捐钱回乡。中华人民共和国成立前，敬公王是要搭戏台唱戏给公王看的，有木偶剧也有汉剧。几个大老板出钱包戏，每人包三五天，可以演上十天半个月，百姓们就可以看上十几天的戏，天天晚上去看。①

明山公王宫原本坐落于白宫圩镇中央，二十世纪六十年代被大水冲垮后，旧址改建成戏院，后来又改建成寿尔康，即现在的老人活动中心，至今乡民们仍称此地为“公王坪”。白宫圩镇联结着阁公岭和龙岗等村，中华人民共和国成立前，各村为争敬公王的时间先后大拼财力，看谁的鞭炮响、供品多、财礼盛。阁公岭村和龙岗村在海外侨汇的支援下，经济实力都比较雄厚。按阁公岭村老人的说法，当时他们村的财力更胜一筹，供品一层一层，叠得又高又靓，鞭炮灰厚厚的一摞，加上公王宫原址属阁公岭的地盘，龙岗斗不过阁公岭②，只好把正月十三的日子让给阁公岭，他们推迟到正月十四。两村敬公王的时间就这样一直延续到现在。

敬公王的活动在“破四旧”时曾经中断。村民们说，那时过的是“革命化的春节”，各种敬神活动被认为是迷信而遭到禁止。改革开放后，春节的各种传统习俗慢慢恢复。明山公王宫二十世纪六十年代遭洪水冲毁后，1996年新的公王宫由将军阁村的旅港乡贤丘育新捐资修建落成，地址设在“南山下”，即南山的南麓。此地属阁公岭村，但与将军阁村交界。地址的变迁，使公王宫远离了龙岗村，该村每年仍到新址敬公王，只是两村之间没有了财力相斗的兴致。将军阁村邻近公王宫的几个自然村缺少有组织能力的大姓，且将军阁村属佛祖岩（佛教惭愧祖师道场，坐落于将军阁村）的核心信仰圈，没有宗族性的敬公王传统。公王宫建成后，基本上

① 受访者：杰伯，二十世纪二十年代生，梅县白宫人；访谈时间：2008年2月25日。

② 宗族活动的兴盛可以提高族人之间的认同感和凝聚力，族人中事业有成者越多，就越有利于推动宗族活动的开展。据笔者的观察，目前龙岗村的宗族活动获得了良性的发展，日益兴盛；阁公岭村则相对式微。

成为阁公岭村的势力范围，管理和使用均由该村村民维持。

按照地方文献和口传历史的记录，“白宫”因宋元丰年间（1078—1084）在圩市上建起一座白色的庙宇“明山宫”而得名，可以说，明山公王的历史与“白宫”一样悠久，它一定程度上就是“白宫”的象征。在过去，明山公王作为保佑一方的重要神祇，是白宫人共同的信仰对象。它在空间上占据了地域的中心，也在观念上占据了信仰的中心。空间位置的变化，反映的不单纯是一个建筑的位移，而是信仰传统在地域文化圈中的位移。现在的公王宫是当地有史以来最豪华的建筑，但这没有给它带来更多的热闹。现在，阁公岭村和龙岗村仍然在宗族负责人的组织下分别于正月十三和正月十四敬公王，宗族负责人成了传统的操办者和代言人，大部分村民将责任委托给了这些负责人，自己置身事外，“传统”以记忆和话语的方式保留在他们的生活中。

2008 年至 2012 年，笔者多次调查了该村正月十三的敬公王活动。相比二十世纪九十年代，这几年的敬公王活动供品、参与人和流程等都已简化了不少。敬公王的时间是在下午一两点。2008 年时的祭祀，敬天的供品只有小三牲和几盘糕果、水菜，与一般人家敬天的物品类似。正殿的供品被摆成了五排，前面两排各摆五个茶杯和酒杯；第三排是五碗水菜，由香菇、木耳、腐竹、粉丝、青菜叶子等搭配而成；第四排是五盆水果糕点，从左至右依次是花生、苹果、橘子、饼干、糖果；第五排中间用牲人盆盛着鸡、鱿鱼和猪肉块组成的小牲人，左边是一包大包装的糖果，右边是一包大包装的饼干；财礼纸宝和爆竹等有些摆放在供品左边桌上，有些大的财礼直接放在桌子左边的地板上。这些是主持祭祀的宗族负责人准备的公祭物品，由六张八仙桌拼成的供品桌，这些物品只占据了中间一部分的位置。在这几排供品的后面，还有两三堆供品，靠前的一堆排成了三排，有一排酒杯、一排果糕（糖果、柑橘、苹果、花生、柚子各一盘）、一排小牲人和年糕（分作三盆，中间是小牲人，左边是甜粄，右边是煎圆）。这些应为村民个人上供的物品。整个仪式过程由林氏集义会的成员操办和完成，参加行礼的主要有集义会成员、临时请来帮忙的妇女以及请来闹锣舞狮的狮鼓队员，总共约二十人，村中的元老除集义会的会长外没有其他人出席。

对大部分村民来说，真正与他们相关的是当晚的老人宴。老人宴照例是由集义会用新年募捐的钱在公王宫宴请村中六十岁以上的老人。老人是固定的邀请人群，老人如有事不能来，也可由其儿孙代替出席。每年还会根据实际情况邀请归国的华侨或外出工作的中青年子弟。2008 年的正月十三，虽然下午敬公王的仪式显得冷冷清清、人气不旺，但晚上的老人宴颇为热闹，

十八桌席位都坐满了，不仅有老人，还有小孩和过来帮忙的年轻人。参加宴席的老人们自动结群，熟悉的几个坐在一起，吃完各自动手，将席中较好的菜肴打包回家。随着一阵鞭炮响，这一天的活动也落下了帷幕。

老人宴年复一年地举办，大家面对熟悉的场景，已不需要组织者的招呼和安排，来了就先上香，然后自由就座，等待菜肴上席。吃完该打包的打包，该离席的离席，一切都在自然的状态下进行。老人们显然已对这一桌宴席习以为常，秩序井然并且心情愉快、满足地接受着传统给予他们的尊重。

通过献祭后共享食物的方式，人们加强了自己与这个信仰群体之间的共同体关系。筵席被称为“老人宴”，是为村中六十岁以上的老人准备的，这既是对内部身份的认同，也是对“尊老”传统的巩固。《孟子·梁惠王上》有云：“五亩之宅，树之以桑，五十者可以衣帛矣。鸡豚狗彘之畜，无失其时，七十者可以食肉矣。”在古代，老人才有资格享受更高的物质待遇，这是儒家的仁孝观念留给后世的文化遗产。《石窟一征》有记：“俗祭田谓之蒸尝田……年登六十者，祭则颁以肉，岁给以米……可谓敦睦宗族矣！”后世的“老人宴”与上述思想一脉相承。乡村社会借助神圣空间的仪式和宴席，将对老人的尊重和“老吾老，以及人之老”的思想带入到现实生活中，既传承了世俗的传统，又延续了神圣空间的传统。

（十）元宵祭祖

阁公岭村的正月十五元宵节，照例每年要在祠堂举行公祭，并在当天晚上宴请全村六十岁以上的老人和各家各户的代表。1949 年后，元宵祭祖活动曾经中断几十年，1990 年在海外侨胞和家族精英的倡导下重新恢复。最初经费由海外华侨捐赠，后来慢慢发展成海外华侨和国内、当地乡民共同捐款，而且国内捐款的比重逐年增加，保证了元宵节祭祖活动的顺利开展。刚恢复的那几年，活动搞得非常隆重，仪式经过精心准备，并借助录像将祭祖的实况传递到海外乡亲手中：

我们 1990 年开始，几乎每年元宵祭祖都录制了录像。1990 年的录像内容包括阁公岭村容村貌、祭祖实况、各家各户的屋况和人员状况等，目的既是保存资料，也是将新中国成立后第一次祭祖的情况记录下来，寄到毛里求斯、印尼、香港、留尼旺等地，满足海外的林氏子孙的愿望。①

---

① 受访者：三伯，二十世纪二十年代生，梅县白宫人；访谈时间：2008 年 2 月。

下面是根据1990年的录像资料整理出的元宵祭祖现场情况：

祠堂内外张灯结彩，正门上挂起了门红和霓虹灯，正厅梁上也拉了长长的门红一样的红绸，绸上点缀着几串霓虹灯，还用红纸写上“庆祝元宵”四个字挂在红绸外面，装饰得很是喜庆。不少男男女女忙碌地在厅里厅外张罗着桌凳、供品、财礼、香烛等仪式用品。供桌上的鞭炮用叠罗汉的方式叠起了三层；桌子边、天井墙角放着各式各样精美的彩纸扎成的财礼；全猪全羊[①]也摆放在天井，一头猪和一头羊放在前排，后排还摆开了几大块切开的猪肉，这些都是未经蒸煮的生肉。供品在正厅摆不下，在天井用几张方桌拼起来，摆了满满几桌；正厅供桌上整整齐齐地放满了供品，一排茶酒、一排斋盘（五盘，由香菇、木耳、粉丝、腐竹等组成）、一排荤菜（酿豆腐、肉圆、海参等）、一排水果（从左至右分别为苹果、甘蔗、柚子、柑橘、阳桃），另外一排有传统年糕甜粄、小三牲盘（鸡、肉、鱼）和橘子，还有一排专备仪式之用的红粄花，所有物品井井有条。围在正厅供桌桌沿的是绣着财神和寿星的福寿图和八仙过海的红绣围布，香烛台上，红烛高照，一边的红烛刻“西河”，一边的红烛刻“忠孝”。[②]仪式在司仪的诵读腔中开始，因为有族中元老和司仪的引导，一切显得井然有序。礼成之后，主持人宣布分猪肉、羊肉。

图5－10　阁公岭村元宵祭祖，乡贤捐赠的全猪全羊

这次祭祀用的猪肉、羊肉由毛里求斯侨领林检祥捐赠，照例祭祀完后分给各家各户。全村两百来户人家，每家两斤。当天傍晚，照例是全村老人和各家代表在祠堂的聚餐活动。《石窟一征》记：“至祭

① 古代祭祀，猪牛羊的组合称为“太牢”，猪和羊的组合称为“少牢”。天子祭祀用太牢，诸侯祭祀用少牢。此礼俗后来由贵族阶层向庶民阶层扩展，成为普通中国人的祭祀礼俗。

② 林氏的堂号通常为“西河堂”，但阁公岭村的林氏祠堂为“忠孝堂”。据房学嘉主编：《梅州地区的庙会与宗族》，香港：国际客家学会，1996年，第81页记：“林氏堂号有西河堂、济南堂，但南山村却用‘忠孝堂’。忠孝堂是宋仁宗所书，宋嘉祐六年（1061）侍御史林悦向宋仁宗奏请回莆田祭祖坟。仁宗问林悦有没有家谱。林悦便把家谱上陈给仁宗看。数天之后，宋仁宗在谱首写了‘忠孝’两字。莆田林氏感到非常光荣，故莆田林氏改用‘忠孝堂’，并将仁宗写的字摹刻于族谱前面，南山人形祖堂上忠孝堂便依此拓临于屏风上的。”

祀时，将祭肉照丁分给，谓之分丁肉。”[①] 祭肉的分食与晚上的共餐，是当地元宵祭祖一直以来的传统，也是汉族祭祀自古留下的传统。《论语·乡党第十》有“祭肉”的记载，说孔子“祭肉不出三日，出三日，不食之矣”，“祭肉”便是祭祀后分配的肉食。共餐的作用很早就被人类学家所关注，“共餐被认为用来推动团结和加强社群的联系；兄弟一起吃圣餐能够确立，并加强共同的纽带”[②]。

图 5-11　祠堂外临时搭建的露天“厨房”和聚餐的纸

2012 年春节，笔者再次参加了该村元宵祭祖的晚宴。这一年祭祖由于没有人捐赠全猪全羊，在经费有限的情况下用全鸡来代替。晚宴时，刚上一个菜，就下起雨来。雨篷不够，坐在祠堂外面的人只好一边撑伞一边吃，饭桌上有人开始唉声叹气。这时听见同桌的一位中年长辈乐观地鼓励晚辈们：“最重要的是跟祖公祖婆一起吃餐饭，下点雨有什么关系？”大家听了都很认同，沮丧的情况顿时消失。这位长辈普通的一句话，之所以可以让大家精神一振，不仅是因为在村民的心目中，“祖公祖婆”有着神秘的“牵带、庇佑”的力量，也是因为祠堂、祭祖、共餐将族人联系在了一起，建立起了集体的传承力量，每个人都是这个传承系统中的一员，都对此有着一份责任和关心。

---

① 黄香铁著，广东省蕉岭县地方志编纂委员会点注：《石窟一征》，梅州：广东省蕉岭县地方志编纂委员会，2007 年，第 106 页。

② 杰克·古迪著，王荣欣、沈南山译：《烹饪、菜肴与阶级》，杭州：浙江大学出版社，2017 年，第 16 页。

客家人的春节祭祀，时间、内容、祭祀物品和流程都有内在的规定性，但又同时具有随意性。在梅县白宫阁公岭村，人们敬灶君的时间比较早，但早已打破了农历十二月二十三日的旧传统；敬伯公、敬村神的时间在除夕之前，但具体哪个时间，由各家自主安排；敬天一定是在除夕上午，敬祖公一定是在除夕的午饭之后，接财神是大年初一凌晨的仪式，但每户人家计算吉时的方法可能不一样。

祭祀的物品以煎圆、甜粄、饽粄等传统的年糕和以鸡、鸭、鱼、肉（猪）组成的三牲为主。三牲的组成以整鸡、整鱼（鲩鱼）、猪肉（连皮的刀肉，以两三斤一条为标准）为佳，三样物品有时可以重复使用，有时可以更换成其他替代品。水菜常见的有香菇、木耳、腐竹、粉丝、黄花菜五样，也可以有替代品。水果可用的包括橘子、橙子、苹果、柚子、甘蔗等，常见的不一定都可以成为供品，还要符合"吉祥"的好寓意。比如香蕉、梨一类的水果，即使方便、易得，也不会用于祭祀。最近几年进入当地人视野的火龙果，因其红火的外观，被认为象征好寓意，越来越多人开始将其用于祭祀。糖果、糕饼素有甜蜜、高升的意头，是常见的供品，各类品种几乎都能用于祭祀，金元宝、金锞子一类的巧克力尤其受欢迎。

丰顺留隍出产的一款云片糕，曾经是当地有名的小吃，现在受品种繁多的包装食品冲击，已乏人问津，但一到春节，这种以双龙抢宝作为吉祥物印在大红纸上包装起来的云片糕就会出现在圩镇上的年货中。这种包装正是顺应人们祈求"四季平安、吉祥如意、一帆风顺"的意愿而设计的。[①]有些讲究好寓意的人家会专门寻找这种代表"步步高升"的云片糕作为祭祀供品。笔者的外婆每年春节都会买十几包云片糕敬神，春节后分给每一位在外地工作的孙辈，即使年轻人不喜欢吃，她也要求出门前一定要带上，求的是子孙们在新的一年"利利是是"。

一部分祭祀物品，讲究"利是"、好寓意，美味与否不重要；有一部分祭祀物品则会在过年的规矩和美味之间寻求平衡。比如三牲中的鱼，传统的做法是大鲩鱼不打鳞、掏去内脏后熏干，完整的一条用于祭祀。这样的做法方便保存，但不够新鲜美味，现在已有许多人用鱿鱼等现成的商品来代替。鱿鱼实际上不属于鱼类，但名称里有"鱼"，人们也就当其是鱼。

---

① 留隍云片糕又称锦糕，据说始创于宋末，其工艺有传男不传女的传统。云片糕取材本地出产的糯米，经水磨成浆装入布袋，吊浆除水成湿粉后晾干。配料有橙糖、芝麻、杏仁、榄仁等，使用龙东甘泉水制作，制成糕块后，手工切成每片不超过 0.2 厘米的糕片。传说南宋末帝曾逃难至留隍，以此糕充饥，因入口清香甘纯，落喉凉澈至心，曾意欲回朝后封此糕为贡品。详见朱友坚、黄世才编著：《留隍风情》，内部发行，2007 年，第 71 页。

可见供品是否符合要求，解释权在村民自己，但其“变化”和“解释”始终没有脱离一直以来祭祀仪式的规则框架，人们始终遵循着传统的内在逻辑。

各种祭祀活动构成了春节期间客家乡村社会主要的仪式传统，通过一年一度的大规模祭祀，人们实现了与祖先、神明的季节性沟通，维持了乡村社会的神圣空间在“保佑”功能上的集体想象。“春祈秋报”是中国传统节庆的基本功能，以祭祀为中心的节日庆典将中国传统节日从历史带到了现在。在现代化的城市，祭祀已失去了传承的物质（神圣空间）和非物质（观念）条件，在乡村，古老的传统还在延续。

以笔者的亲身经历来说，有一年笔者在梅州过春节，母亲从年二十五开始各种忙碌，主要是在“准备敬神”（准备各种敬神的物品，食品是其中最费时的一项）和“敬神”，在城里和乡下之间来回奔走（在城里居住，在乡下敬神）。一天晚上，她一边筹划着第二天要做的事情，一边说：“过年就是很烦，事情总也做不完。”我问：“既然如此，为什么还要做呢?”她对我的问题表示惊讶，回答说：“当然要做呀，传统就是这么做的，能不做吗?”显然，在她看来，我的问题是没有意义的。

“传统就是这么做的”，所以一定要做，就是这种对传统的信仰和坚守，使传统得以延续。这既是一种惯习，也是对传统的敬畏。在乡民们看来，不遵循传统办事的后果，是他们无法想象也不敢承担的。

四、世俗性的春节饮食

除仪式之外，人们在春节期间安排了各种团圆、聚餐等饮食活动，这些活动构成了春节“日常”饮食的主要部分。食品在这些场合展现着世俗功能，虽然褪去了“神圣性”，它们仍然在许多情况下被赋予了特殊的“意义”。

团圆既有在外地务工的家庭成员回归家庭，与亲人相聚之意；也有大家庭聚餐之意，后者即“团圆饭”。在现在的北方地区，除夕“团圆饭”是春节最重要的活动，以全家聚在一起包饺子为主要形式。在南方客家的农村地区，除夕的团圆饭是穿插在祭祀活动中的小高潮。团圆饭照例是在除夕中午或晚上进行。在家庭结构复杂的乡村社会，人们会依据家庭成员的实际情况，安排在中午或晚上的其中一个正餐“大团圆”（指三世以上同堂的家族大聚餐），在另外一个正餐“小团圆”（小家庭聚餐）。大团圆饭由家中辈分最高的长辈召集，一般在祖父母（曾祖父母）家举行。大团圆饭之后，接下来的几天，小家庭之间、关系较亲密的亲戚朋友之间会互相邀约做客，从年初一至初五的中午和晚上，人们忙碌着操办或参加各种聚餐、聚会。

团圆饭和家庭聚餐的饮食，有浓重的“春节”的味道。除夕前各家各户忙碌地准备的食品，在祭祀结束后，它们又成为重要的聚餐食品。年糕是这段时间的早餐食品，甜粄切成一片片，与饽粄、煎圆放在一起蒸软，配上白粥，这样的早餐可以持续整个春节，直至这些年糕全部消耗完。年初一至初七被认为是一年中最清闲的时间，市场上一片冷清，许多商品没有恢复销售，年前准备的年货成为这段时间一日三餐的主要食物。三牲是祭祀的主要供品，春节日常饮食的主要菜式白斩鸡、五香腊鸭、红焖肉、小炒肉、熏鱼等均来源于三牲。

年初一是新年的开始，传统有不杀牲、不食荤的习俗，房学嘉认为其目的是“以通神明”[①]。此俗应与客家地区的佛教信仰传统有关，也是向善、祈福的一种形式。民间传说年初一吃素的来历：

相传，从前客家某地有一位老人，生下满堂子孙。儿孙们长大后，都各自成了家立了业。有一年除夕，这个儿子说要请他老人家去吃团圆饭，那个儿子也说要请他老人家去吃团圆饭。后来，哥哥以为弟弟请他去吃了，弟弟又以为哥哥请他去吃了。结果老人左等右等也没人来请，直到吃饱饭的孙儿们都陆续出来玩了，还饥肠辘辘。老人问他的孙儿们：“你们都吃了饭吗?”孙儿们说：“连狗都吃饱了。”老人听了十分伤心。大年初一起来，孙儿们去喊阿公吃饭，推门一看，阿公不见了，桌上留下一张纸条，写的是：“多子多孙枉自多，不敬不孝又如何，除夕挨饿不如狗，新年出家念弥陀。”

儿孙们四处寻找，不知老人的去向，十分悔恨。为了记取这个教训，此后，每年的大年初一就吃素，直至现在有些地方还保留年初一吃素的习俗。[②]

这则民间传说劝诫人们要遵守孝道，也证明年初一吃素是客家地区较普遍的传统。现在此传统在年轻人当中已不流行，但家中敬神的老人（以女性为主）会长年坚持年初一“吃斋”，她们认为这是对神明的尊敬，是在帮家人祈福。

---

① 房学嘉：《客家民俗》，广州：华南理工大学出版社，2006 年，第 72 页。

② 梅州市民间文学三套集成编辑委员会、梅州市民间文艺家协会编：《梅州风采》，梅州：梅州市民间文学三套集成编辑委员会、梅州市民间文艺家协会，1989 年，第 72 页。

年前敬神，年后休养，这是春节一向的传统。从年初一开始，大家不再忙忙碌碌，而是有意地放松，通过各种娱乐休闲方式尽情地享受生活。人们以此来寄托对未来生活的祝福，希望生活可以多一些幸福、富足、舒适，少一些劳累、辛苦。从年初一到初七，人们携家带口或呼朋唤友去郊游、爬山、各处走亲戚；老年妇女会带着女儿、媳妇、小孩去庵堂进香、祈福、抽签。

嫁出去的女儿要带着全家人回娘家，叫“转妹家”。按旧俗，回娘家的时间是年初二，现在为了可以配合家中更多成员的时间，常常会根据实际情况调整时间，“年初二转妹家”的传统早已不再被严格遵守：

> 我们这几年都是年初三才“转妹家”的。初二让三个弟媳先带一家人“转”她们的“妹家”，我大姐的女儿女婿也是这一天“转”我大姐家。所以我们就约定，初三我们家才和大姐家一起“转妹家”，这样一大家子人就都齐了。①

“转妹家”即姐妹兄弟和父母的大团圆，这是现代人的观念。在过去，嫁出去的女儿不能常回娘家，过年回娘家，主要是为了探望父母。年初二媳妇带着儿子回媳妇的娘家，女儿带着女婿回自己家来，对老人来说，过年家中也始终是热闹的。现代社会，虽然夫权的色彩仍然存在，但夫妻双方家庭之间的走动已变得日常化，回娘家也就被赋予了新的内涵。可以说，现在的回娘家，就是春节期间在“外婆家的大团圆”。

家庭成员之间的交流从餐桌外延续到餐桌上，在共享过年食品的过程中，交流进入到更加热闹的阶段。宴饮表面上看是回娘家的主要活动，实际上只是为人们创造交流空间的方式。“聚”如果没有“餐”作为载体，就营造不出轻松、活跃的交流气氛，餐桌上的食品不仅是人们用于果腹的材料，还是人们借以交流、引起话题的对象。

初二至初六，亲戚朋友间相互串门，代表了送福、赠福、接福的意思。串门要带上礼物。直至二十世纪九十年代，鸡腿仍是最适合用于孝敬父母或表达对长辈尊敬的礼物，年糕、水果是常用的手信，糖果、饼干曾经比较珍贵，很少人家可以送得起。这些情况在后来都慢慢发生了变化，鸡腿不再代表“重礼”，但鸡还是人们孝敬父母或尊重长辈的重要选择，只是从一个鸡腿变成了一整只鸡，活的熟的均可。年糕逐渐被包装精美的

---

① 受访者：黎姨，1952 年生，梅县白宫人；访谈时间：2015 年 2 月 20 日。

糖果、饼干取代，水果中的橘子、苹果仍是人们惯常的选择。礼物的变化，与生活水平的提高有密切关系，但礼物中始终包含着“利利是是”的祝福，因此对礼物的选择并没有脱离人们对物品“吉祥”含义的选择和判断，凡是象征吉祥、吉利的食物都可以成为春节送亲友的礼物，凡是与不吉利相关的食物都会被自动地排除在礼物的选择范围之外。有些礼物的选择更关乎喜好而非其他，如烟酒，便是适合大部分男性长辈亲友的常见礼物。

正月初七按习俗要吃“七样菜”。《梅县丙村镇志》记载的“七样菜”有芹菜（寓意勤劳）、大蒜（寓意会划算）、葱（寓意聪明）、芫菜（寓意有缘）、韭菜（寓意长久）、芥菜（寓意有计谋）、甜菜（寓意甜蜜）。“意思是吃了这七样菜，使人勤劳、会划算、聪明、有人缘、长久平安，生活过得甜蜜。”[①] 七样菜就是七种寓意好的菜，主要是葱、蒜、芹这几样，其余的搭配具有较大的自由，有可能是上述几种，也有可能是油菜、春菜、荠、油麦菜、生菜、香菜等常见的蔬菜。按白宫老人们的说法，每年的年初七吃七样菜，来年可以拾金捡银，也就是进财的意思。梅州人流行吃七样菜，赣南客家则有初七吃“七种羹”的习俗，所谓七种羹，指用米、豆、花生、番薯、芋头、大蒜、生姜等共煮的羹汤，人们认为“吃了七种羹，各各做零星”，表示吃完羹汤之后，年就过完了，可以开始新一年的工作了。[②]

第三节　节日与日常之间：“为了好吃”的节日传统

传统时期的客家人，为了应对贫乏的物质条件，秉持着勤劳节俭的生活作风，“平时不斗聚，年节不孤凄”，就是指平时粗茶淡饭过苦日子，将好的东西都留到年节再享受。苦日子过得久了，人就容易被压抑、愤懑的情绪所占据，需要适时地发泄、释放，但根深蒂固的道德戒律却如紧箍咒一般时时禁锢着人们的行为。如何才能在不破戒的情况下，让偶尔的“狂欢”合理合法？在二十世纪八十年代以前的客家乡村，大大小小的“节日”遍布一年四季的时间周期。那些甚至已经让人记不住名字的节日，许多只是“为了吃点好吃的”。“那时候每个月都过节，大家没东西吃，就盼

---

① 梅县丙村镇志编辑部编：《梅县丙村镇志》，内部发行，1993年，第181页。

② 刘晓春：《仪式与象征的秩序——一个客家村落的历史、权力与记忆》，北京：商务印书馆，2003年，第131页。

着过节，过节就有好东西吃，炒饭也好，炒面也好，各种粄也好，总之是平时吃不到的东西。”一个二十世纪六十年代出生的当地人如是说。类似的记忆对五十年代出生的人来说也不陌生：

我记得小的时候，我的阿婆每过一段时间总是会叫上她村里要好的几个姐妹，说是什么节到了，带着大家一起做吃的。你家出点荞或芍菜，我家出点薯粉，她家出点萝卜，谁家又出点花生，反正一人凑一点，或者煎荞粄，或者做饭圆、粉圆、萝卜圆、芍菜圆，敬了神之后分给各家，我们小孩子就有口福了。那些节日到底是什么节，我也说不清楚了，好像有些是跟神明或佛教有关的节，反正阿婆总能找出名堂来。①

乡人记旧俗称：

家有小宴，妇女多能硺鱼圆，炸芋丝圆，蒸粉饵，且必制节令食品，或荐新，或贮藏，清明节制苎叶糕，或青草汁制糕，麦熟则打面、炒面。客人之炒面，乃以配料混合于面中同炒，炒之极透，味隽而香……端阳节则裹粽，蒸麦包，六月新谷上场，家家制味酵粄……②

现在当地人记忆中的节日，除了春节、中秋这种大节，还有（农历三月）清明节、四月八、五月节（端午）、六月六、秋日（立秋）、七月半、九月九（重阳）、冬至等有着“食物”标记的节日。特殊的食品构建了节日的文化内涵，甚至成为某个节日的象征。在物质极为丰富的当代社会，上述节日中“为了好吃”而存在的那些已逐渐被人们淡忘，只有像清明、端午、重阳等具备食物之外的更丰富内涵的节日还继续传承着。本节着重关注几个食品与节日之间黏性较强的文化现象，并尝试分析现象背后的社会心理。

一、清明节与清明粄

清明最初作为节气，与农事相关，与节日、祭祀等习俗无关。清明的节日文化，来源于上巳节和寒食节的合流。古代上巳节（三月三）有修禊、祓除、郊游的传统；寒食节传说是晋文公为纪念介子推而设，形成了

---

① 受访者：平叔，1951年生，梅县白宫人；访谈时间：2019年11月8日

② 丘秀强、丘尚尧编：《梅州文献汇编》（第七辑），台北：梅州文献社，1977年，第77页。

郊祭的传统。[1] 唐代时，官府将寒食与清明连在一起放假，使之成了春游的高潮期。[2]

现在人们普遍认为清明节是郊祭祖先的传统节日。这种传统在客家的风俗文献里有很多记载，但另外一种完全不同的风俗也同样被记载在案。《石窟一征》卷四“礼俗”记载蕉岭一带的风俗“每岁自正月至三月，无日非祭扫先茔之事”，又记“俗有清明后封墓门之说，故清明以后，无上冢者。近以代数既长，兼之晴雨不常，不得不迟至清明后始上冢者，始破其说”[3]。另光绪《嘉应州志》中有冬至祭始祖、立春祭先祖和“新地不过社，老地不过清明”[4] 的记载。

相比墓祭，在白宫人的记忆中，清明节更持久的传统是吃清明粄。如果问当地人：“对你们来说，青名节[5]一定要做的事情是什么?”很多人会回答：“做青名粄、吃青名粄。”清明节吃清明粄的传统在整个梅州地区都一直被传承，当地人对这个传统的守护，隐含着他们对生活的理解，同时折射出他们在某个历史时期的生活状况。

清明粄不是梅州所有县区对这种食物的通称，蕉岭新铺就称之为“艾粄”，因里面的配料以艾叶为主。新铺的另一种吃法是做成艾草煎粄（梅县的煎圆在蕉岭新铺被称为煎粄），即将艾草和糯米粉和好后，放入油锅中炸，而不是蒸。不管是否叫清明粄，清明节吃青草药粄可以保健的观念在梅州地区普遍盛行。但保健是现在的说法，更早之前，清明粄则主要被认为是具有驱邪功能的食物。

清明粄的主要材料是草药和米粉。将采来的草药洗好摊在大竹匾上晾，晾干后切碎了混在大米里碾成粉。蒸清明粄的地方一般在祖屋的老厨房，那里的老灶头最适合在年节时蒸粄用。做清明粄首先要和面，青草药在研磨大米的时候已经混进去了，打好的米粉呈淡墨绿色。因为大米浸泡后，只是滴干了水就拿去研磨，故打好的粉是湿润的。把湿粉晾成干粉，可以储存，随时使用。这个做法早在几年前就已流行，家乡人有时会托人将这种干粉拿出去给外地的亲人，这样不能回家过清明的亲人在外地也可以吃到新鲜的清明粄。

---

① 王雨：《清明节俗形态分析》，《前沿》2011 年第 24 期。

② 丛振：《唐代寒食、清明节中的游艺活动——以敦煌文献为中心》，《敦煌学辑刊》2011 年第 4 期，第 103 – 110 页。

③ 黄香铁著，广东省蕉岭县地方志编纂委员会点注：《石窟一征》，梅州：广东省蕉岭县地方志编纂委员会，2007 年，第 102 – 104 页。

④ 温仲和纂：光绪《嘉应州志》，台北：成文出版社，1968 年，第 127 页。

⑤ 清明节在当地俗称“青名节”，两者在客家话中的读音不相同。

图 5－12　制作清明粄的原材料：浸泡后的糯米、各种草药碎、南姜

将和好的清明粄面搓圆，再压扁，捏成扁圆的饼状，当地人叫“粄块”，将“粄块”放进锅里隔水蒸熟便可。清明粄传统的材料是黏米粉，人们认为“黏米没那么腻，糯米比较腻、比较滞（肠胃不适的一种症状）”[①]。但这样蒸出来的粄较粉脆，不够软糯。现在街上售卖的清明粄一般都会加糯米以增强口感。笔者认为，客家地区较少种植糯米，糯米产量不高，这应该是不使用糯米的更初始的原因。随着社会生产力水平的发展，糯米不再稀罕，而糯米的口感优于黏米，故糯米慢慢取代了黏米。

图 5－13　“打”清明粄

按白宫将军阁和阁公岭村人的说法，传统的规矩里清明粄是不用于祭祀的，这应该与清明粄最初的辟邪、去毒功能有关（缺乏吉祥的内涵和意

① 受访者：云姑，二十世纪五十年代生，梅县白宫人；访谈时间：2013 年 4 月 4 日。

象)，也间接反映了当地清明节缺乏墓祭的习俗。清明节成为国家法定节日后，越来越多的人在清明当天举行墓祭仪式，清明粄作为与清明节牢牢捆绑的一种食物，也渐渐打破了不作祭祀供品的传统。可以说，在白宫的很多村落，清明节原本最显著的节日特征是"当天要吃清明粄"。现在，这个饮食传统仍然被牢固地传承着，但在国家意识形态的影响下，其功能不再单一地表现为"吃"，而是更多地增强了祭祀的文化内涵。

二、六月六、秋日与味酵粄

传统时期，人们对节日的向往比现代人更迫切，一方面借着二十四节气的季节变化，创造了不少新的节日传统，节气日成了民间节日的重要来源；另一方面，一些带着信仰色彩的特殊时间也被开发出来，成为小范围内流行的"节日"。而这些"节日"都具有同样一个功能特征，就是"吃"。人们将这些"节日"与"日常"进行切割，使其具备"日常"所不具备的特殊性。在白宫人的记忆中，小时候盼节气日就像盼过生日一样，因为平时太缺乏食物了，到了节气日，人们就有正当的理由可以做些好吃的来满足一下长期被压抑的食欲。但并不是家家都会在节气日时"弄吃的"，得看家里是否有足够的粮食。

节日，尤其是节气日的食品，主要是各种各样的粄食，这可能是造成客家粄食品种丰富的一个原因。例如，当地有六月六①磨"味酵粄"、秋日(即"立秋")做"圆粄"(客家的糖水汤圆)的习俗。梅州地区种植双季稻，春耕夏收，上半年的收割时间大概在农历的五月底六月初。六月六时，正值新米收成，农人们用新米磨出米浆，蒸成味酵粄，用来庆祝丰收，也用来犒劳农忙中辛勤劳作的人们。立秋之际，下半年的稻种已经播下，人们获得了喘息的机会，加上季节转换，人们需要一个仪式来表达对新季节的心理适应，于是"秋日"也变成了民间的一个节日。

秋日吃圆粄的习俗在二十世纪五十年代以后出生的人们记忆里是不存在的，但成长于民国时期的老人对此则印象深刻。新一辈人的记忆里，秋日不吃圆粄，而是跟六月六一样，吃味酵粄。这种变化在不经意间就发生了，以至于当地人自己也没有发觉。客家人生活的环境，山多田少，土地资源很宝贵，可以说是寸土寸金。糯米因产量小于稻米，在当地种植的量很少。白宫人种糯米，主要用途是蒸酒(酿酒)和蒸甜粄，酒和甜粄都是

① 古代中原地区曾有六月六吃麨的习俗，据说是粒食阶段的产物，即先民在无磨粉器时为了携带方便而制作的粗糙的食物。可见把六月六作为一个特殊的日子，并形成特殊的饮食习俗，梅州并非个案。详见万建中：《中国饮食文化》，北京：中央编译出版社，2011年，第235页。

年节祭祀的重要物品，为了保证自产的糯米在这些场合够用，日常很少消耗糯米。由于祭祀的需要，糯米是必需品；在商品流通不发达、购买力低下的年代，糯米基本靠自给自足，因此糯米虽然种植得少，但并不至于完全不种植。秋日时节，新种播下，新米也基本晾干收仓了，家里有了糯米。日常饮食中食物种类的贫乏，使客家人常常借助节日来填补日常饮食中的饥饿感、缺失感，难得见到的糯米也成了他们“打牙祭”的对象。糯米是日常舍不得吃的粮食品种，因稀罕而珍贵，节日是不同于日常的特殊日子，人们可以理直气壮地以特殊的形式来消费这种特殊的粮食，因此有了秋日吃圆粄的习俗。

圆粄由糯米粉搓成，可直接揉成糯米小团子，在里面嵌一颗花生米作馅，用糖水配以酒糟煮开，成一锅甜品。圆粄需要现做现吃，不易存放，每次只做少量，大概人均一份，因此消耗的糯米不多，对糯米的主要用途不会产生影响。人们农忙之余，借这种平时吃不到的食物获得心理上的满足，困苦的生活于是有了一些慰藉，辛劳也因对收获之物的品尝而得到了缓冲和调剂。圆粄后来逐渐脱离了节日的习俗，成为梅州的街头小吃。

在1949年以后出生的人们的记忆中，六月六和秋日都要吃味酵粄（大埔人称“鸡血粄”，因在饭碗中蒸出来的形状与新鲜鸡血在饭碗中凝固出来的形状相似而得名）。味酵粄是用稻米打成浆，调以草木灰（苏打）蒸出来的米粄，因未经发酵，粄的质地嫩滑、紧致且富有弹性，与同样是由米浆制成但经过了发酵的饽粄的蓬松质地不同。味酵粄一般不放糖、盐等任何调味料，而是另外制作蘸酱。蘸酱以甜酱为主，用少许油将蒜蓉煎香后放入红糖、适量的水和少量的盐，调出黏稠的蒜香味的红糖酱。将味酵粄割成小块状，蘸着酱吃。还可以将味酵粄切成片状，拌在青菜里炒着吃。对于丰收的庆祝自古就有，内容通常包括祭祀与尝新。现在祭祀的仪式已极尽简化甚至消失，偶尔有人家会将蒸好的味酵粄放在灶君位前当作供奉，但大部分人连这个仪式也省略了，尝新成为六月六和秋日的主要庆祝形式。此刻的节日对人们来说，是饱受“日常”压力之后的一种疏导，“非日常”的食物是疏导的载体。从这个意义上来说，秋日吃圆粄的习俗为何会变成吃味酵粄，吃圆粄和吃味酵粄之间有何区别，这些问题已经无关紧要——笔者认为，现在秋日不吃圆粄与大部分村民不再种植糯米有关，因糯米可以直接购买、人们也有能力购买，所以人们主要通过购买来满足蒸酒等需要，糯米不再是自产的粮食。

图 5 - 14　味酵粄

不管是味酵粄还是圆粄，都因与日常饮食不同而显示出“非理性”的节日意味。日常饮食中的精打细算、节衣缩食，以及以“吃饱”为目的，不讲究口味，不考虑新鲜、猎奇的观念，在节日中被暂时地忽略了。人们在一起享用美食时悠闲地斗嘴、聊天、讲故事，消解了日常的忙碌感、紧张感，带有“狂欢”的性质。与“严肃”的节日（指承载祭祀功能的节日）相比，六月六、秋日这样的节日因其“非正式”而显得休闲。为了吃到日常吃不到的美食，人们同样需要忙碌，做味酵粄需要先浸米、磨米浆，才能盛在粄碗里、放在粄架上蒸；做圆粄也要先将糯米碓踏成粉，再和面并搓成圆粄、煮成糖水，但这种忙碌与日常的忙碌有极大的不同，这种不同来源于他们日常无法吃到的美食即将带给他们的满足感。食物在这种“非正式”的节日中成了重要的媒介，人们借此暂时从日常的沉闷、劳累中解脱出来，获得了身心的舒缓和愉悦，食物因此而具备了“治愈”的功能。食物的这种功能，使它变成“节日”的重要角色，因此在物质贫乏的过去，人们对节日的需求比在现代社会更强烈，才会出现“月月有节日”的现象。这也从一定程度上解释了为何这些“节日”在现代社会消失或濒于消失——其因人们对食物的特殊需求而存在，也因这一需求的消失而消失。

端午究竟吃不吃粽子，白宫人众说纷纭，莫衷一是。有人说五月节吃粽子；有人说五月节不吃粽子，吃麦粄、鸡蛋；还有人说五月节要吃饽粄。这些应该都是客观存在的现象。粽子是糯米做的，包粽子得有糯米；麦包是面粉做的，蒸麦包得种麦子；饽粄是稻米做的，没有糯米和面粉，还可以蒸饽粄。之所以每个人会有不同的记忆，是因为糯米和麦子在当地不是高产粮食，糯米有特殊的用途，常种植，但量少，不能常有；麦子因没有特殊的用途而变得可种可不种，反而更稀罕。可见，节日的食品是因物产而变化的。

麦粄是许多人记忆中的端午节食品，这种小吃现在已成为梅州城区的特色小吃。这里有必要说说麦子在当地的种植情况。客家地区种植的谷物以稻为主，很少种麦。屈大均《广东新语》解释了岭南种麦少的原因：

麦属阴而粟属阳，岭南阳地，故多粟而少麦，多小麦而少大麦。晚禾既获，即开畦以种小麦，正月而收。然作面常有微毒，以霜雪少，麦花夜吐，又种于冬收于春，以春为秋，故其性罕良。惟雷州小麦，九月种至二月收者为良，然食必以北麦为上，次则楚南、粤西所产；又次增城，又次则长乐。长乐麦以产青树下者为上。①

光绪《嘉应州志》记当地种麦的情况：

有大麦、小麦，亦有百日麦。按《岭表录》：异地热，种麦则苗而不实。故唐时岭外尚不宜麦，今则不然矣。晚稻既获，即种麦，刈麦之期于二月，刈麦后即莳早稻，于青黄不接之顷得此而民不乏食。《尔雅》翼所谓继绝续乏之谷也。然瘠土之区，岁□一麦二谷，地力尽矣。故培拥之法在所宜讲也。又相传环城四五十里之麦皆白日开花，故其味佳。北人谓性味与北麦无□，惟质稍脆，作拉面易断，以榨油条。较广潮麦面每斤多得三四条云。②

麦子是可以在旱地种植的粮食作物，但当地人多用旱地来种植更加高产的番薯等根茎植物；只有在没有更需要种植的作物时，才用旱地来种麦子。麦子因耐寒，经常在秋收之后，用收过稻谷的田地来种植，但冬天这些田地常常需要用来种植萝卜和咸菜，以制作未来一年所需的腌菜，所以麦子仍然是次要的选择。麦子是否种植，不由气候决定，而是由一家人的具体需要和土地的余量决定，在同样一个家庭，也可能出现今年有麦子而明年没有的情况。

当地人不热衷于面食，在一日三餐中食用面食不能使他们得到满足，但面食可以作为“节日”食品，为他们的生活增添滋味。白宫人的面食品种，除了生日时的寿面，就是在“小节日”里制作的拳头粄、面粉粄和麦粄。拳头粄是将和好的面捏成一扁圆的小巴掌大的面片，放进糖水里煮熟

---

① 屈大均：《广东新语》，北京：中华书局，1985年，第377页。

② 温仲和纂：光绪《嘉应州志》，台北：成文出版社，1968年，第73页。

而制成的一种甜品。面粉粄是在面粉里放白糖，和好后放入油锅摊成的面饼。这两种粄制作简单，味道也比较一般，现在已很少见。麦粄重要的佐料是红糖（当地人叫“黄糖”）或秦糖，以及少量的苏打（用于发酵和增加香味），习惯吃姜食的平远人还会拌些姜末。红糖要先用热水溶化，晾到微热，倒入大碗或盘子里，放入面粉及其他佐料和好，隔水蒸熟，这是家常的做法。现在常有小贩做好了沿街切开论斤售卖。更有商家将其优化成“南方的包子”，称为“黄糖包”，大小和形状与北方的包子相似，只是不加馅，味道全赖于黄糖和苏打的特殊清香，麦粄因和面的技巧特殊而质感柔韧，成为当地特色的小吃。

图5－15　黄糖包（由麦粄演变而来）

六月六吃味酵粄、秋日吃圆粄、端午吃麦粄的这些习俗已基本在客家地区消失或濒于消失，但味酵粄、圆粄和麦粄却没有离开客家人的生活，反而以一种更加熟悉和日常的形式出现在人们的生活中。正因为它们走进了“日常”，改变了原有的“节日”功能，才最终消失在“节日”当中；依赖它们而存在的“节日”也因为失去了“为了好吃”的特殊功能，而失去了“节日”的存在价值，在生活中缺席的同时，成为人们的集体记忆。

第四节　小结

中国传统社会的生活制度，与自然时间的周期性变化密切相关。人们根据季节流转的规律，制定了一年四季劳作的时间秩序，也衍生出了以祈福禳灾、休养生息为目的的年节制度。国家和历史的时代大背景塑造了属于全体中国人的时间文化，地域和族群等因素构成的具体时空背景则进一

步细化了为同一方水土中的民众所具体认同的时间文化。年节，是一年之中人们最重视的时间点，年节活动体现了人们对不同季节时间的理解，反映了人与自然、生命、社会的关系。一方面，年节往往与仪式相辅相成，而仪式被认为是“种种社会力量与空间对时间的定义”；年节是由空间与时间共同构成的生活范畴，“单位空间、媒体空间、民间的地方文化管理部门创造的文化空间及作为个人生活在家庭和邻里当中的空间，都存在时间性，构成人类学家所说的不同‘年度周’”[①]，仪式就在这样的一个时空中年复一年地展演。在传统的客家村落，超自然力量世代影响着当地社会，仪式则是人们用来与超自然力量沟通的方式。在年节的时空背景下，食品往往具有特殊的民俗意义，是与“事件、仪式、过程”构成某种关联的媒介物。正如《物品与节日时空》一文所揭示的：“人生产出来的物品，并不仅仅只是供人消耗、使用的自然物，而是处于一定社会、历史、文化情境之中的产品，与社会过程形成相互建构的关系，物品与社会、历史、文化之间并不是彼此孤立，毫无关联。这种关系特别明显地表现在节日庆典之中。”[②]

另一方面，有些节日并不完全与祭祀仪式相关，而是与食物的“美味”带给人们的满足感相关。食物作为人类生存的基础，既有营养的作用，也有情感的作用——美食能给人们带来情感上的愉悦，而情感的满足是人类生存与安全之上的更高需求。美食在日常中的缺席，造成人们某种情感需求的缺失。节日以“非日常”的面目出现，为“反规范性”行为提供了合法的时空背景，人们以驱邪、祛病、祈福、报恩等理由发明各种节日食品，本质上却是在弥补日常生活中对于美食的情感渴求。特殊的节日食品与节日之间形成了互相构建的关系，食品因节日而存在，节日也因食品而存在。这种食品与节日之间的互建关系，反映了人们潜在的“狂欢”需求。

“所谓狂欢精神，是指群众性文化活动中表现出的突破一般社会规范的非理性精神”[③]，这种“狂欢”体现为人们通过可控制的非理性行为对理性规范进行冲击，从而使其在日常生活中被压抑的自然本能得以释放，但又不对正常的社会秩序造成破坏。“狂欢精神”的重要价值，在于它既肯

① 王铭铭：《我所了解的历史人类学》，《西北民族研究》2007 年第 2 期，第 78－95 页。

② 刘晓春、林斯瑜：《物品与节日时空——以一个梅州客家村落的“过年”为例》，《民俗研究》2008 年第 3 期。

③ 赵世瑜：《狂欢与日常——明清以来的庙会与民间社会》，北京：生活·读书·新知三联书店，2002 年，第 116 页。

定了人类之自然本能的合法性，又维护了日常秩序之正统性，让人们可以在紧张、压迫的日常理性中稍作休整，给本能和理性之间的冲突找一个和解的机会，以便未来的生活可以更好地延续。在物质缺乏的过去，人们对食物的理性安排，导致日常的饮食必须以守住温饱为虑，注重量的安排，而难以注重质的设计。除了物产的缺乏，有限的制作时间也是导致美味难以出现在日常饮食中的重要原因。由于生产力低下，人们必须尽可能地把有限的时间用在劳作上，将时间过多地用于烹饪对于普通家庭来说消耗过大，因此日常饮食多以粗简为主，这就造成了人们对美食的欲望在日常饮食中难以得到满足。于是，被“日常”所压抑的需求积蓄到一定程度后，不可避免地需要寻找宣泄的渠道。界于“神圣”与“日常”之间的某些节日便成为缓解这种紧张关系的媒介，白宫人记忆中“月月有节日”的原因便在于此。

第六章 茶香酒香，子孙满堂：人生仪礼与筵席

如果说年节传统是对社会每年所经历的时间循环的仪式性设计，那么人生仪礼就是对个体一生所经历的时间过程的仪式性设计。在传统的客家乡村社会，人们对人世的理解，也同样包含对超自然力量的敬畏。在他们的观念中，人世的幸与不幸，与神明的赐福与降罪有关，通过行善以及向神明供奉、祈祷，就可以获得神的赐福。因此每一个重要的人生仪礼都会包含“敬神”的仪式，在敬神仪式中需要借助物品来表达人们对神明的敬仰和对未来的美好祝愿。人生礼俗中的各种食品，多具有象征的意义。客家社会的人生礼俗，源于《周礼》的规范，至今保留着不少中原文化的古老习俗。同时，南方少数民族的信仰观念也不同程度地影响着客家礼俗。本章主要介绍和分析客家人如何理解食物与人生的关系，如何借助食物在礼俗活动中的运用来构建乡村社会中的人际交往。

第一节 人生礼俗与象征食品

“先秦时代，不论冠、昏、丧、祭，或是射、饮、聘、觐，行礼时都要陈设食品”[①]，故常用食器来指代具体的某种礼仪或整体含义上的儒家之“礼”。《礼记》有云：

夫礼始于冠，本于昏，重于丧祭，尊于朝聘，和于射乡。此礼之大体也。[②]

自古以来，冠、婚、丧、祭就是华夏民族传统中围绕人一生的轨迹而展开的四大礼仪。在客家，冠礼或与婚礼合并，或已式微，出生礼反而是

① 叶国良：《礼制与风俗》，上海：复旦大学出版社，2012年，第148－149页。

② 郑玄注，孔颖达等疏：《礼记正义》，北京：北京大学出版社，2000年，第1890页。

现实生活中极受重视的人生礼俗。在人生礼俗中，食品既出现在仪式场合，也出现在日常场合，分别有着不同的象征意义。

一、出生及生辰礼俗

生育，关系家庭和宗族的延续和发展，在客家地区备受重视。客家妇女怀孕后，多以鸡肉或狗肉进补——客家人虽然否定狗肉的仪式功能，但并不排斥其营养功能。在整个怀孕过程中，孕妇的食物多关注营养；禁忌主要体现在家庭事务中，要防止冲撞了胎神，比如不能随意搬动房中的东西，不能在房中钉钉子等。旧俗，婴儿快出生之前，丈母娘会去女儿家中探望，叫“催生”，去的时间不能预先告诉女儿，要买一条鲩鱼，鲩鱼全身光滑，象征着女儿生产时婴儿像鲩鱼一样快出娘胎。①

婴儿出生当天，主家要杀鸡拜天地，并用此鸡炒姜酒给产妇吃。产妇吃的鸡，先是雄鸡。梅县白宫的风俗是先吃三只雄鸡，再吃阉鸡和母鸡。民间认为雄鸡姜酒主“排瘀”，能助产妇将体内瘀血排出。《石窟一征》对此亦有记载：

> 俗妇人产后月内，必以雄鸡炒姜酒食之。盖取其去风而活血也。②

婴儿出生后第二天，由婆家的已婚妇女将炒好的鸡酒送到娘家报喜：

> 初生子，必以姜酒送外家，名曰“送姜酒”。饷客亦以姜酒。故问怀孕之信曰：“姜酒香否？”③

婴儿出生后三天，要“洗三朝”，当天要煮红鸡蛋给家人吃，称为吃“三朝红蛋”，还要拜天地、祖先，送鸡酒给亲戚、朋友吃。娘家在三朝后要送阉鸡和酒给女儿补身子。客家人很注重产妇的饮食，一般只让吃鸡酒、饭和干咸菜，青菜少吃或不吃，以免生寒气，导致“过奶”使婴儿腹泻。这种饮食要持续至月子结束（共40天）。

婴儿在满月前一般不出房门，至满月，主家会做“满月酒”。做满月

---

① 房学嘉：《客家民俗》，广州：华南理工大学出版社，2006年，第50页。

② 黄香铁著，广东省蕉岭县地方志编纂委员会点注：《石窟一征》，梅州：广东省蕉岭县地方志编纂委员会，2007年，第141页。

③ 黄香铁著，广东省蕉岭县地方志编纂委员会点注：《石窟一征》，梅州：广东省蕉岭县地方志编纂委员会，2007年，第141页。

有开斋之仪：

俗生子，弥月延宾。至酒半时，父抱子至筵前，众宾皆整衣冠起立。父抱子以授上座者。饔人捧盘，盛熟肉一方，生鱼头一，熟鸡腿一，葱一根，水一盂，银印一置于水盂。上座者每取一物，各因其义为吉语咳而祝之，谓之开斋，言小儿自此食荤也。①

做满月时，娘家人会送来贺礼，除给婴儿的服装和首饰，还有鸡肉和用于烹制汤圆的糯米粉。

元宵节时，要为婴儿上灯。《梅县丙村镇志》记，元宵节“上灯”，要用三牲、汤饼敬祖宗上代，请客吃“添丁酒”。② 周岁时，会“做对岁”，祭祀祖先，宴请亲友，还会做“对岁米粄”。③

客家人的生辰庆典，逢1的年纪做“大生日”（如11岁、21岁、31岁等），其余的年纪做“小生日”。做小生日会煮两只鸡蛋给寿星吃，做大生日则会做些好菜，但按照旧俗，60岁以前的生日一般不请酒。“到了60岁称为‘上寿’，始有祝寿之礼。逢60、70、80岁祝寿称为‘做齐头’；逢61、71、81称为作‘大生日’。庆寿可以提前，不可推后。寿诞当天，燃放喜炮，寿翁坐在堂上，接受晚辈拜寿……午间，做寿主人设宴招待亲朋。”1949年后，寿诞一般不行摆寿堂、拜寿之礼，只设宴招待亲友。④

二、成年礼与婚礼

成年礼按儒家礼俗，为冠礼。在客家民俗中，冠礼很早就已合并到婚礼中，并渐渐消失。当地流行“出花园”的成年礼，此礼受花公花母信仰影响。《广东新语》卷六“神语·花王父母”记载：

越人祈子，必于花王父母。有祝辞云：白花男，红花女。故婚夕亲戚皆往送花，盖取诗“华如桃李”之义。诗以桃李二物兴男女二人，故桃夭言女也，摽梅言男也，女桃而男梅也。华山有石养父母祠，秦人往往祈子，亦花王父母之义也。⑤

---

① 黄香铁著，广东省蕉岭县地方志编纂委员会点注：《石窟一征》，梅州：广东省蕉岭县地方志编纂委员会，2007年，第142页。

② 梅县丙村镇志编辑部编：《梅县丙村镇志》，内部发行，1993年，第181页。

③ 房学嘉：《客家民俗》，广州：华南理工大学出版社，2006年，第53页。

④ 梅县丙村镇志编辑部编：《梅县丙村镇志》，内部发行，1993年，第183页。

⑤ 屈大均：《广东新语》，北京：中华书局，1985年，第214－215页。

出花园的习俗与佛教关系密切，仪式通常在寺庵中进行，由主家出资延请香花和尚或斋嫲为出花园的少男少女拜忏。按仪式规定，拜忏中需要有相应的供品，王馗的田野调查曾记录西华庵的某次出花园仪式：

西华庵的供桌和“红桥”由南向北排列在庵堂的A区。供桌上例放五盘斋供（大致为果品和糕饼）、三杯茶和一个米斗、一对蜡烛，净水一杯，以及米、茶如一小盘。富家人一般认为桥公桥母是食肉的，也会供猪肉一条，但是西华庵并不允许如此行事。①

供品寄托了主家的心愿：

一般的斋供都要有时新水果和糕饼……梁女士在正堂前置办的供品为：莲子、腐竹、红枣、苹果、包子、番石榴等。在这里，莲子表示连子连孙；腐竹代表大富大贵；红枣表示红红盛盛；糕饼表示高高上上；苹果表示平平安安；包子意为保平安；番石榴表示隔小人。②

与一些地方16岁出小花园、19岁出大花园不同，白宫人的做法是16岁入花园、19岁出花园，祭祀的都是花公花母。入花园时需准备一对白花和红花，准备花公花母衣、花边等纸宝财礼以及三牲、果品，要在红纸上写清楚入花园的少男少女的姓名、住址等（即供养人的联系方式）；出花园时还要多准备一个纸扎的“花园”，在祭祀后焚化。在寺庵里举办仪式需拜忏，花费颇重，人们于是认为“只要在神明台前做就可以了”，所以许多人会在自己日常供奉的神圣空间里举行仪式（敬奉的对象是花公花母，但不一定在花公花母庙里敬奉，白宫本地并无花公花母庙）。

在中国古代的礼制中，婚礼被称为“礼之本”，《礼记》释其义曰：

男女有别，而后夫妇有义；夫妇有义，而后父子有亲；父子有亲，而后君臣有正。

---

① 王馗：《佛教香花——历史变迁中的宗教艺术与地方社会》，上海：学林出版社，2009年，第72页。拜忏指请寺庵中的香花和尚或斋嫲演绎香花佛事，香花为梅州地区特有的佛教科仪，出花园拜的是“花园忏”。出花园是中国传统的成人礼（“男子二十而冠，女子十五而笄”）宗教化、地方化的一种表现，也是佛教忏仪世俗化的一种表达，详见《佛教香花——历史变迁中的宗教艺术与地方社会》第86－87页。

② 王馗：《佛教香花——历史变迁中的宗教艺术与地方社会》，上海：学林出版社，2009年，第87－88页。

孔颖达疏曰："（婚礼）若不敬慎重正，则夫妇久必离异，不相亲也……昏姻得所，则受气纯和，生子必孝，事君必忠。孝则父子亲，忠则朝廷正"，婚礼是诸礼的根本，故婚礼应"敬慎重正，而后亲之，礼之大体，而所以成男女之别，而立夫妇之义也"①。

黄钊《石窟一征》云：

> 乡俗，男子将婚、女子将嫁，伯叔姑姐以酒食相延，谓之"衬脑"，或云"衬好"，言好事将近，而衬之也。

黄钊认为，"衬脑"之"脑"意指男子行冠礼、女子行笄礼，喻成年，可以婚配的意思。② 客家传统婚俗称"大行嫁"，即成年初婚婚礼③，是客家人传统的婚礼，需行"六礼"、过"三帖"④，"六礼"为纳采、问名、纳征、纳吉、请期、迎亲。《礼记·昏义》云：

> 昏礼者，将合二姓之好，上以事宗庙，而下以继后世也，故君子重之。是以昏礼纳采、问名、纳吉、纳征、请期，皆主人延几于庙，而拜迎于门外，入揖让而升，听命于庙，所以敬慎重正昏礼也。⑤

客家的"大行嫁"婚礼源于此礼。婚礼中使用的象征性物品，多带有地方色彩。迎亲前的许多礼节，在现代婚礼中多已不复见，但通过地方志文献，可窥得大概。

据光绪《嘉应州志》记载，男家到女家提亲（即"纳采"）时，要带上礼物，"届期，女使执红皮榼，外束红线，内盛翠花二枝，两旁衬以石榴、状元红、柏树叶，又糕饵十包"，女家收到后，要将礼物置于案上，

---

① 郑玄注，孔颖达等疏：《礼记正义》，北京：北京大学出版社，2000 年，第 1890 页。

② 黄香铁著，广东省蕉岭县地方志编纂委员会点注：《石窟一征》，梅州：广东省蕉岭县地方志编纂委员会，2007 年，第 108 页。

③ 青年 16 虚岁，男孩称"上丁"、女孩称"及笄"或"出花园"，视为成年，可婚配。详见房学嘉：《客家民俗》，广州：华南理工大学出版社，2006 年，第 34 页。

④ "纳采"即男家请媒人向女家提亲，女家答应议婚后，男家备礼用大帖（一帖）去求婚；"问名"即男家再次请媒人去问女方生辰八字；"纳吉"即男家拿双方八字去问卜，又称"对年生（年庚），查八字"，如八字合则订婚；"纳征"又称"纳币"，即订婚后男家用大帖（二帖）向女家下聘礼（彩礼）；"请期"即男家下聘后，择定婚期，备礼、用大帖（三帖）告知女家，征得女家同意；"亲迎"即新婿随娶亲仪仗队至女家迎娶新娘。详见二十世纪广东婚俗大观编委会编：《二十世纪广东婚俗大观》，广州：广东旅游出版社，2005 年，第 207 页。

⑤ 郑玄注，孔颖达等疏：《礼记正义》，北京：北京大学出版社，2000 年，第 1888 页。

告知祖先。“问名”时，男家的使者再带拜帖、礼物到女家，女家则要回礼，回礼包括“袍仪十元、靴一对、书经一部、笔四枝、墨二条、白扇二柄、糖圆二个、灯心两束、响炭两枚、饮榜两枝，每具衬以红纸或束之或藉之。视其物，更取早稻、粟、黄豆、绿豆、长角豆五种，各少许，贮以帖袋，署曰五代同堂；母鸡一只，红带束足，曰祖婆鸡”。温仲和解释“糖圆”的制作方法及内涵为：“搓黄糖为丸，圆径一寸。圆缘同义，取有缘也。”解释“灯心”的内涵为：“灯丁同音，义取丁口繁衍。”解释“响炭”的内涵为：“义取干事轰烈。”[①] 从礼单中可以看出，相关物品或隐喻男女双方的身份，或寓意未来生活的美好，每一样物品都内涵深刻，具有象征意义。

男女双方订婚后，男方要择日“斗床”（即安床）。光绪《嘉应州志》所载安床时的仪式食品很繁复：

时安床，荐早稻，戒女使捡点礼物，如充盆仪十元、告祖席仪四元、犒仪二元，然烛仪二封；又办礼十色，如猪肚、鱼、鸡鸭、鱼圆、油鱼、鱼翅、海参、鲍鱼、槟榔蒟叶，又猪一只、陈酒一坛，坛首压肉十斤。女有内外祖母，具肉二方，曰阿婆菜。[②]

房学嘉《客家民俗》中的记载则简单很多，即女方要送柚子和木炭到男家，“有早生贵子和暖新房之意，俗称‘探子探孙’”，男方则以大肉圆返赠女方及其亲友，“以示结缘”。确定婚期后，男家向女家送聘礼，除身价银外，还包括猪、酒、鸡、鱼、橘饼、糖果，甚至米、豆、粉、面等食品。[③]

出阁前，未行成年礼的男女需先到祠堂行礼，行礼后要祭祀家神，女家抬妆奁到男家。“午后，以槟榔、早稻、长命草煮鸡子二枚啖，女即以水作浴汤，其槟榔取出，硃书双喜字，益以雄精两块，纳小绛袋，俟出阁日系女身。”[④] 娶亲的前一年及娶亲当年的春节，男家还需“舂米作粄二百块致送女家”。[⑤] 这些习俗现已基本废除。

迎亲是婚礼中最重要的仪式。迎亲队伍中，有数人负责用桱隔抬肉鱼

---

① 温仲和纂：光绪《嘉应州志》，台北：成文出版社，1968 年，第 128 页。
② 温仲和纂：光绪《嘉应州志》，台北：成文出版社，1968 年，第 129 页。
③ 房学嘉：《客家民俗》，广州：华南理工大学出版社，2006 年，第 36 页。
④ 温仲和纂：光绪《嘉应州志》，台北：成文出版社，1968 年，第 129 页。
⑤ 温仲和纂：光绪《嘉应州志》，台北：成文出版社，1968 年，第 130 页。

馔盆，其中的三牲用于在女家祠堂祭拜，并与馔盆一起交由女家做“轿下酒”。“轿下酒”一般在出嫁日早晨准备。[①] 旧时“轿下酒”的食物材料由男方供给，女方只负责烹煮，今轿下酒与婚酒一样，已承包给筵席馆，资费由男女两家约定，多为男方出资。

迎亲时，新娘的嫁妆会一起送到男家。《白宫往事》记录了“桂容姐”出嫁时的嫁妆：

> 嫁妆有吃的，有穿的，有用的，都装在一个一个的杠口[②]里。每个杠口按行进时的先后顺序摆放好了。杠口是用木材做的，敞着口，没有盖子，两边有“耳朵”，“耳朵”上有孔，可以用一根棍子穿过去，两个人抬。吃的有全猪，猪已经杀好了，猪头朝前地趴在里面。一只黑色的小山羊，是活的，被绳子捆绑着固定在口里。还有糕点等其他吃的东西。用的有梳妆镜，有金属制的水烟筒，有放着纸捻的搪瓷桶。纸捻是用来点烟的。有被子、被单、木棉褥子、花床布、绣上花鸟的枕头、枕套，头尾两头有几条黑色条纹的红色羊毡，木梳子、炊具、粉盒子等等。这些东西都是成双成对的。穿的有衣服、鞋、袜……[③]

这是二十世纪初白宫鲤溪村一户家庭条件较好的人家准备的嫁妆，一般人家用不起猪、羊等这么好的牲畜作嫁妆，生活用品也会从简，但嫁妆的类型基本与上面的例子一致。梅县白宫将军阁村的黎婆回忆当年自己大行嫁时的嫁妆，提到一对活的公鸡、母鸡，母鸡要没生过蛋的，有“带子鸡婆”之意，寓意六畜兴旺的好兆头。[④] 黎婆对此俗的解释，与《白宫往事》中“桂容姐”嫁妆中的猪、羊寓意相似。但《二十世纪广东婚俗大观》记录的梅江区婚俗中，有迎亲时带一只活大公鸡，俗称“带路鸡”，接到新娘后，女方提供一只未下过蛋的母鸡，陪公鸡一起回到男家的习

---

① 《二十世纪广东婚俗大观》载：“女家做‘轿下酒’时，男家要送‘三牲’（即鸡、鱼、肉）、馔盆（统称‘送盆’），即送给女家办酒宴用的酒和菜，用撑格（即柽隔，笔者注）抬着猪肉一臂（约 10－20 多斤）、大鲢鱼两条（偕双连，又偕连子连孙）、双丸（肉丸、鲩丸）、红酒（客家糯米酒）两壶（用锡壶两个各盛满红酒，壶盖贴上用红纸剪的双喜图案）等各种馔盆。”详见二十世纪广东婚俗大观编辑委员会编：《二十世纪广东婚俗大观》，广州：广东旅游出版社，2005 年，第 212 页。

② 应为杠柽。

③ 叶丹：《白宫往事》，2005 年，第 115 页。

④ 受访者：黎婆，1928 年生，梅县白宫人；访谈时间：2013 年 2 月 6 日。

俗。[①] 此俗应与生育的象征有关，其形式与黎婆的口述相似，故笔者认为，黎婆所述的“带子鸡婆”也应具有生育的象征。

迎亲是嫁娶习俗中非常重要的仪式，新娘在等候迎亲之前要做许多准备工作，且不可随意外出见人。笔者小时候曾见村里一位姐姐在出嫁前一天足不出户地待在闺房中，其间有一个妇人为她“开脸”。迎亲的路上，新娘不可下轿，为此民间也采取了一些预防措施，如为防止新娘在半路小便，让新娘在上轿前吃些白果，[②] 另一种说法是吃白果煮鸡蛋或猪小肚。[③] 新娘上轿时，轿夫或媒婆要说吉利话。光绪《嘉应州志》的说法是：

主妇诸姑伯姊簇拥出上轿，钥轿门，舆夫沃以酒，赞曰：茶香酒香，子孙满堂。[④]

《二十世纪广东婚俗大观》中梅江区婚俗的记载是姑娘上花轿后，年长长辈一手端酒一手端茶，将茶酒浇到轿上，边浇边唱：“茶香酒香，子孙满堂，夫荣子贵，五世其昌！——高升！”唱完轿夫喊“高升”，将花轿抬起出门。[⑤] 将军阁村黎婆对当年大行嫁时的记忆与《二十世纪广东婚俗大观》基本一致，用茶酒浇轿后，重点是要说“茶香酒香，子孙满堂”，可见茶酒是用来引出后面吉言的起兴修辞。

进门后，新婚夫妇要一起同席在红烛灯下吃“五福菜”。黎婆这样回忆吃“五福菜”的情景：

进门后的第一餐，是跟男人一起在阁楼[⑥]上吃的。拜完堂后我就被引到房间里，爬着梯子就上了阁楼。饭菜已经放好在上面了，有鱼、有肉。就我们两个在上面吃，吃完才下来。

在迎娶之前，男家要准备好新房。关于新房中的物品摆设，光绪《嘉

---

① 二十世纪广东婚俗大观编辑委员会编：《二十世纪广东婚俗大观》，广州：广东旅游出版社，2005 年，第 214 页。

② 受访者：黎婆，1928 年生，梅县白宫人；访谈时间：2013 年 2 月 6 日。

③ 房学嘉：《客家民俗》，广州：华南理工大学出版社，2006 年，第 40 页。

④ 温仲和纂：光绪《嘉应州志》，台北：成文出版社，1968 年，第 129 页。

⑤ 二十世纪广东婚俗大观编辑委员会编：《二十世纪广东婚俗大观》，广州：广东旅游出版社，2005 年，第 212 页。

⑥ 客家传统民居每个房间都有阁楼，阁楼的地面就是房间的天花板，用木板搭成。将木梯搭在阁楼入口的墙壁上，爬上去，将阁楼门向上推开，翻开倒放在阁楼内侧，就出现了阁楼的入口。阁楼内高不足一人，上去要躬着身行走。阁楼是个与房间的平面大小一样的储物空间。

应州志》记录的旧俗如下：

房内□花烛二、灯檠二、茶酒壶二。烛旁有石榴花、状元红、柏树叶，烛下有槟榔、蒟叶、糖圆、莲子、茶叶。①

《白宫往事》对“桂容姐”的洞房摆设是这样描述的：

屋里摆着一张有两个抽屉的新木桌，桌上放着一个量米用的斗，斗里面装满了稻谷。斗的中间插着一个长长的竹编笼子，笼子两边各插着一根红色的大蜡烛，蜡烛燃烧着，火红火红，一闪一闪的，好像也在笑呢。斗的前面摆着一排小小的碟子，碟子里放着各式各样的干果品。其中有百合、花生、莲子和枣子，还有做成圆球形的红糖珠，这些东西都是成双成对地摆放着。这排碟子两边还摆放着两把锡壶。我不知道里面是空的不是盛着米酒。嫁妆的一部分也抬到新娘间里来了。被褥放在床上，衣物放入橱柜，日用品放在桌上，把新娘间装点得更加富足。②

进了新房后，新郎就把新娘的“罗帕”掀开了。主持仪式的长辈将桌上小碟子里的红糖球放进锡壶里，用筷子搅拌后，倒出两碗酒，每碗酒里各放一个去了壳的鸡蛋，端给新郎新娘食用。一边有妇人在说吉利话：“你们两公婆（夫妻）团团圆圆，和和气气，早生贵子……”文中的“阿婆”对在碟子里放花生、莲子、枣子的解释是：“那是图个吉利，枣子是早生儿女，莲子是连着生，花生是既要生儿子又要生女儿，花着生。”③ 在光绪《嘉应州志》的记载中，新郎新娘在新房中吃的鸡蛋是用槟榔、早稻、长命草煮的鸡蛋，后来以红糖球和酒替代了槟榔、早稻、长命草，但富足、长久之寓意并未改变；鸡蛋既有生育的寓意，又代表圆满的祝愿。

婚礼的酒宴一般在中午，头菜需是红枣莲子百分甜汤，其余菜式以三牲三圆为主，讲究丰盛。《白宫往事》记载二十世纪初一户较富裕人家的婚礼酒宴菜式：

席上有三牲（猪、鸡、鱼肉）三圆（猪肉圆、鱼圆、牛肉圆），还有鱿鱼、海参、墨鱼、鲍鱼、扣肉……我最喜欢吃白斩鸡，底下是炒过的米

---

① 温仲和纂：光绪《嘉应州志》，台北：成文出版社，1968 年，第 129 页。

② 叶丹：《白宫往事》，2005 年，第 122 页。

③ 叶丹：《白宫往事》，2005 年，第 123－124 页。

粉，上面是鸡块。[①]

现在客家乡村的婚宴已基本承包给了筵席馆，菜肴基本还是以“三牲三圆鱿鱼墨鱼”的传统习惯为主。

二十世纪初至二十世纪九十年代，客家乡村的婚礼中有晚上“搞新娘”的习俗[②]，应源于古时的“闹洞房”，但花样更丰富、更开放。笔者小时候曾多次见闻“搞新娘”的活动，多将苹果、糖或红枣等寓意吉利的食物用线吊起，作为诱饵，引逗新郎新娘用嘴取食，故意使两人嘴唇接触或使其无法获取食物，以致做出各种亲密或狼狈的动作，取乐嘉宾，同时营造出热闹、喜庆的气氛。现在许多年轻人忙于工作，先领证后摆酒的现象非常普遍，摆酒时可能新娘已怀孕，“搞新娘”有一些危险动作，容易对孕妇造成伤害，故“搞新娘”的习俗也渐渐式微。

新婚第二天，新婚夫妇早起第一餐要吃汤圆，寓意团圆幸福，然后由新郎引新娘向全家敬茶。按客家许多地方的乡俗，送亲的娘家人第二天上午离开夫家前要吃够六餐：送亲到男家后的第一餐是汤圆点心；第二餐是中午的婚宴；下午吃第三餐，一般是肉汤；第四餐是晚餐；第五餐是第二天一早的早餐；离开前由夫家给每人发六个红鸡蛋作点心，视为第六餐。此俗与“六六大顺”的寓意有关。

旧时新妇初嫁的第二天，要祭祀灶君，并开始进入厨房担当起主妇的角色。首先是“搓粉为圆煮糖”，即煮汤圆（当地称圆粄）给家人亲戚享

① 叶丹：《白宫往事》，2005年，第124页。

② 《二十世纪广东婚俗大观》载“搞新娘”习俗：“主人在厅中心摆好桌凳，桌上放满糖果糕点，客人在四周围坐着，‘搞新娘’开始，新郎给抽烟者敬烟，新娘用火柴取火——点烟，点烟从长辈开始，新郎要喊‘某某叔公抽烟’，新娘跟着喊‘某某叔公抽烟’，点火时，客家有意把火弄灭或烟含口中不吸气，无法把烟点着，弄出很多滑稽、尴尬动作，引得哄堂大笑。接着端‘四手茶’，亦由长辈处开始，新郎、新娘均用双手共同端着放有斟好茶的茶杯的同一茶盘，两人齐声喊‘某某叔公食茶’。凡到场者，不论老幼，都要饮上四手茶。端四手茶，搞笑更多，如喊的声音不齐整、不够大、不够清楚等等，客人就会不接茶杯，一定要喊得客人满意为止。以上两种形式过后，客人出节目，新郎新娘要按节目完成。最常用的节目有：新郎抱起新娘采摘吊在高处的花（俗称贪花——与‘探花’谐音）；节目人用线吊红枣，新郎新娘要口含住枣子的各一半（俗称早子）；要新郎大声喊‘娘子有礼了’，新娘大声回喊‘郎君有请’，要求声音大而清晰，不合格重来，直至大家满意为止（俗称夫唱妻和）；还有五子登科；夫荣子贵；等等。‘搞新娘’要到十点多才结束。结束后，还有不少年轻人要去闹洞房，要他们吃交杯酒、亲嘴等等。最后由吊帐伯姆为新床吊蚊帐，说好话：‘新做眠床四四方，夫妻和好有商量’‘新被新帐新眠床，早生贵子旺丁财’‘新吊蚊帐口哇哇，生子状元榜眼并探花’等等。然后大家离开，各自安歇。”详见二十世纪广东婚俗大观编辑委员会编：《二十世纪广东婚俗大观》，广州：广东旅游出版社，2005年，第213页。

用。乡人记客家旧俗有云：

客人女子初嫁，翌晨入厨，先令搓汤圆，继使脱鸡臂，盖将整只熟鸡，将两腿之大块鸡臂卸下，刀法纯熟者，其形圆而大，颇具美观。[①]

此俗象征新妇进入新家庭后开始担当主妇的角色，汤圆和鸡腿在客家人的饮食观念中有特殊的含义，汤圆寓意圆满，取材于粮食；鸡腿被客家人认为是肉食中的上佳之品，常用于孝敬亲长。选用此二物，象征对未来生活的美好祝愿。三天之后，新娘的母亲上门省亲，送鱼肉，此时新妇已“卷衣洗手霍霍然持刀劘鱼矣”[②]。

大行嫁耗资靡费，非殷实人家难以承受，所以真正经大行嫁完成婚礼的夫妻并不多。除了大行嫁，客家婚俗中还有童养媳[③]、等郎妹[④]、花顿妹[⑤]、隔山娶亲[⑥]等形式。

笔者在2012年参加过两次客家婚礼，一个在乡村，一个在城市。乡村婚礼中的新郎新娘平时在广州工作，借国庆长假回乡摆酒。新娘是大埔人，新郎是梅县白宫人。入门前双方已领证多时，新娘也早就熟悉了男家的环境。但入门的仪式还是按照较传统的方式进行。按照双方确定的吉时，10月1日凌晨，男家驱车到女家。凌晨一点时，将女方从家中接出。出门时，女家有一名妇女为新娘打红伞，将新娘送入车中。到男家时，吉时未到，新娘便一直在车中等候。三点吉时到，娘家人再为新娘打伞，将她送入男家。旧时新娘出嫁需用罗帕（盖头）盖住头脸，直至送入新房才由新郎揭开盖头，现在早已不用盖头，为了新娘的脸在进门前不被看到（另有说法是挡住新娘身上的煞气），以红伞代替了红盖头。新娘的“嫁妆”用红桶和皮箱装着，有喜糖、红枣、花生、龙眼、谷等食物，以及牙刷、牙膏、镜子、衣服、毛巾之类的日用品。新娘的嫁妆在传统时期是有

① 丘秀强、丘尚尧编：《梅州文献汇编》（第七辑），台北：梅州文献社，1977年，第77页。

② 温仲和纂：光绪《嘉应州志》，台北：成文出版社，1968年，第129页。

③ 贫苦人家办不起“大行嫁”婚礼，生育了男孩后，从外姓人家买一女孩抱养，长大后为他们圆房，称童养媳，又称细心臼（小媳妇）。

④ 贫苦人家还未生儿子时，先买个幼女抚养。生了男孩后，由女孩将男孩带大，再行婚配。此种情况，往往女的比男的大很多，山歌有唱：“十八娇娇三岁郎，夜夜睡目抱上床。睡到半夜思想起，不知是子还是郎。”

⑤ 童养媳或等郎妹未与家中“丈夫”婚配，成为养父母的养女，俗称花顿妹。其婚嫁仪式似“大行嫁”，但略简。

⑥ 隔山娶亲指家中父母帮出洋谋生的男子（不在家）在家娶亲，因新郎不在家，拜堂时由公鸡代替其拜堂。

实际用途的，但如今这些嫁妆的实际用途已经淡化，剩下的主要是象征意义。其象征意义仍延续着传统，都是以物品来寄托对新家庭的祝福，包含了吉祥如意、早生贵子、丰衣足食等寓意。

该婚礼中，新郎新娘常年在外地工作，回乡时间短，新人的观念意识也较开放，婚礼的仪式功能大大削弱，主要保留了以“告知”为目的的社会交往功能，即借婚礼向亲戚朋友宣布新婚的喜讯，因此当天中午的婚宴才是婚礼最重要的活动。客人们一早就陆续到来，进门时先将贺礼（红包）交给主家，主家一边收红包一边记录。封完利是的客人被引到客厅喝茶，“喝茶礼”顺便也在此刻进行了。新郎托茶盘，新娘向客人奉茶，客人接过茶后，往茶盘中放一个小利是。主家在家里的客厅和各个待客的房间都安排了陪客的亲人，熟人们便各自聚在一起聊天、喝茶，等候午宴。午宴已承包给了筵席馆，主家只需专心待客。午宴结束后，客人们向主人告别，纷纷称赞宴席“很讲究”，主人则不忘给每家来客都带上一包由饽粄、糕饼、糖果、苹果等组成的“等路”（客家话音译，意为手信）作为回礼。回礼完全由食品组成，这些食品是否美味不重要，重要的是必须寓意吉祥、喜庆。

2012 年春节期间，笔者参加了一个在梅州城区举办的婚礼。它已完全是由婚庆公司策划的现代婚礼，只是在婚宴的菜式中，还可以看到红枣莲子、“三牲三圆”等具有象征意义的食物；在新人的新房中，也有成双成对的灯烛、红枣、莲子、花生等传统的象征物品。可见即便婚礼的仪式已与旧式婚礼迥异，传统意义的祝福还继续借助象征性的物品保留在仪式当中。

传统客家婚俗脱胎于儒家经典之《仪礼》，只是所行“较仪礼为简耳”①。实际上，婚礼的简化趋势是一直存在的。大行嫁婚礼因为耗资巨大，一般人家难以承受，故衍生出童养媳、等郎妹等婚姻形态，即便是行大行嫁婚礼的人家，在聘礼和婚礼物资的准备上也必然是丰俭由人。现在客家人的婚礼中传统的成分已越来越少，一些现代的元素融入其中。在乡村，入门和婚宴是大部分人会保留的婚礼传统。入门时与新娘一起带入婆家的象征性的嫁妆、新房中有寓意的物品，这些可以被现代生活接受的礼俗仍然普遍地存在于民间，但大行嫁的“六礼”已很难完整存在。传统的文化秩序在新的物质条件和文化观念下不断重组，新的文化形态也在传统秩序的约束下获得特有的表征和意义。

---

① 黄香铁著，广东省蕉岭县地方志编纂委员会点注：《石窟一征》，梅州：广东省蕉岭县地方志编纂委员会，2007 年，第 110 页。

三、丧礼

到目前为止，客家人的许多人生礼俗都已简化，但丧礼一直比较完整地传承下来。丧礼中也有一些食物被人们赋予特殊的寓意，承载起仪式的功能。但这些食物则与其他喜庆仪式中的物品及含义大相径庭。

按传统的做法，在梅州一带，人死之前要换上新衣，从房间抬至厅堂，谓之“出厅下”。换新衣意为“脱去脏衣、换上新衣，以进入另一世界”①，“新衣”即寿衣。人死时，要在死者嘴中放一个银钱币或去皮熟鸡蛋，“表示名贵的意思”；要放一串米粄在死者胸前或身子周围，死者一手执桃枝，一手执米粄串等，“俗民解释桃枝是供死者在阴间途中赶狗用，米粄是供死者过祭何桥时丢给狗吃，以免伤害死者”②。《石窟一征》记：

扶尸于几，以米数粒，白金数分为含，犹饭于牖下之义也。③

另有说法是死者要握巾扇和含口银，其中含口银源自先秦礼制依死者等级身份含玉、贝、饭之制，寓意为自生至死，有吃有用。④

客俗丧礼有小殓、大殓、成服之礼。小殓指把棺材放进厅堂，不加棺盖；大殓则盖上棺盖。大殓后，在厅堂设灵堂，供人吊唁行礼。死者亲属按亲疏关系穿上丧服，称成服。《白宫往事》记录了作者记忆中四叔公的丧礼：

大厅并放着四张八仙桌。桌上放着灵屋（给死者做的纸房子）、香火蜡烛和贡品。

灵屋是用竹枝做架，再用各种颜色的纸糊成的一座几层的楼屋。有门有窗，有亭台楼阁，还有各种人物。有端茶倒水的仕女，有点烟的仕童，五颜六色挺好看的。

灵屋前正中放着遗像，摆着香烛，炉中央插着一大把香。香炉两侧的烛台里各插着一根粗粗的蜡烛。点燃着的蜡烛发出很亮很亮的光。

香炉后面排列着供品，第一排一把茶壶，几只茶杯，杯子里斟满了茶

---

① 吴永章：《多元一体的客家文化》，广州：华南理工大学出版社，2012 年，第 51 页。

② 房学嘉：《客家民俗》，广州：华南理工大学出版社，2006 年，第 56 页。

③ 黄香铁著，广东省蕉岭县地方志编纂委员会点注：《石窟一征》，梅州：广东省蕉岭县地方志编纂委员会，2007 年，第 115 页。

④ 吴永章：《多元一体的客家文化》，广州：华南理工大学出版社，2012 年，第 51 - 52 页。

水。第二排一把酒壶，几只酒杯，杯子里斟满了米酒。第三排是干鲜果品。最后一排，放着一个大圆盘，中间一只煮熟了的鸡，左边一条熟鱼，右边一边长长的熟猪肉。

还山（出殡）前，尸体要在厅下（正堂）停放三两天。停放期间，每天一早一晚，敲铜锣，铜锣一响，四叔公一家人就会哭上一阵子。亲戚、朋友来探青（吊丧），也会敲响铜锣。

…………

接下来入殓，分大殓和小殓。小殓只是将死者移入棺内，不加棺盖。入棺后的四叔公左手握把扇子，右手拿着米粄（米粉糕）。听说拿粄是给狗吃的，到了阴间要过狗岗，把粄丢给狗吃，才不会被伤害。棺材里还放了些随葬品，都是四叔公平时喜欢和常用的，有水烟筒、拐棍和眼镜。[①]

笔者于2013年2月3日曾亲历白宫阁公岭村一位86岁女性逝者的丧礼。她灵屋前的桌子上摆满了供品：香炉前是三个高脚酒杯，接下来放了五个日常吃饭的碗，用来盛酒；酒碗左边盛了满满一碗米饭，一双筷子从中央插入，直立其中[②]；酒碗前面一排是五碗供品，分别是猪肉圆、酿豆腐、红烧肉、鲩圆、粉圆，左边用塑料红盘放着一捆白色的缝衣线和一盒缝衣针；再前面，有点杂乱地放着两盘干粉丝、两盘苹果（五个一盘）、一盆小三牲（鸡、鱿鱼、猪肉条）和六盆“鸡公记粄”。鸡公记粄四盆大两盆小，大的有两盆上面插着纸扎的白花，另外两盆上面插着红花，白花大些，红花小些。四盆大的鸡公记粄全身剪花，两盆小的只是剪了底下两层花。

图6-1　2013年2月3日阁公岭村丧礼中的灵堂供品

鸡公记粄是由糯米粉加粄红[③]制作的，粉和水蒸成粄块，垒在叠起的碗外部（大鸡公记粄用两三个大碗反扣叠起，小的用

① 叶丹：《白宫往事》，2005年，第16－17页。

② 筷子插在饭中央象征碗中所盛为死人食品，故客家日常饮食中禁止筷子正插碗中央。

③ 粄红是一种食品颜料，可将粄染成鲜红的颜色。因鸡公记粄的作用主要是仪式性而非食用性的，为了使颜色更好看，人们不用红曲染色（红曲染出的颜色是暗红色），而用粄红。

一个小些的碗反扣)，形成圆塔状，再用剪刀剪出一圈一圈类似于“鸡冠”的花形——客家人称鸡冠为鸡公记，鸡公记粄因此得名。大粄从头剪到脚，小粄只剪底下两层。大粄上要插纸花，主要是亡者的近亲挑柽送礼时用于“压柽”的。小粄则不插花，主要由主家自制，用来置于灵堂神台上祭奠亡者或祖先。

在该丧礼中，祖先神台用一小方桌设于灵堂左侧的走廊边，桌上供奉着一个小香炉，炉中插红纸写成的祖先神位和黄色大香，炉的左侧有一盏油灯，前置一杯茶水；茶水前是三碗颜色极艳的红酒，左右各有一支点燃的红烛插于芭蕉茎上；再前面一排中间分别是用饭碗盛好的酿豆腐、红烧肉和肉圆，左右两侧是两个小的鸡公记粄；再前一排是四个小碟，里面各盛一个粉圆、一个鲩圆、一块酿豆腐、一个肉圆；最前面的一排是两个一次性透明塑料杯，分别装着茶水和红酒。

图6－2　灵堂左侧走廊放置的祖先神台，左右两侧的红粄为小鸡公记粄

白宫人已不能解释鸡公记粄的功能，他们只知道其使用的场合。现在有些人为了方便，还会改用包子一类的食物来代替鸡公记粄。松口的走堂师傅说，松口人称鸡公记粄为“粘花粄”，这种粄以前是做一天一夜斋（香花佛事的一种）时才用，意思是像做好事一样，红红顺顺，现在半夜功也用了。另一说是有“脚踏莲台步步高”的意思，也有说是和佛堂里佛像坐的莲台以及佛像帽子上的莲花一个意思。①

受宗教的影响，客家人在丧葬礼俗中嵌入了超度仪式（丧葬仪式源于《周礼》，超度仪式源于佛教或道教），梅州大部分地区的超度仪式是佛教

① 松口镇的口述资料由中山大学中文系刘鹏昱博士提供，为其在松口镇调查中所取得的。

香花。[①] 以梅州城区为中心的上水地区，香花超度仪式在成服礼后就开始了。此时棺材被移至门坪，香花僧人唱诵佛教音乐，领着亲属举行“绕棺”仪式。此仪式结束后，棺材才送出去火化或下葬。送葬人回到孝家后，用预先在门口放好的“红曲水”（或红曲茶水，或红曲酒水）洗手，此水具有辟邪作用。中午是主家宴请送葬亲友的筵席，下午开始举行成套的香花佛事，直至凌晨。

在香花佛事的仪式过程中会使用一些食品，多为素食。佛事开始前，需先设佛坛于厅堂中。在上水派全斋法事[②]中，除了佛手，佛坛上还会有“看碟”，这是一种供奉用面捏成的金鱼、大田螺、鲫鱼、青蛙、扇贝等五彩图绘的小碟。

大部分香花佛事都主要依靠僧人的唱念做打来完成仪式过程，其中有几个科仪项目借助了象征食物来作辅助。较常借助的食物有米、水、茶、酒。如“打莲池”[③]，该仪式演绎的是目莲救母的故事，一般用于女性亡者的超度仪式，分为五段：寻娘、请佛、入狱、施食、破狱，其中施食需要借助食物来表示供养：

① 袁静芳主编，李春沐、王馗著：《梅州客家佛教香花音乐研究》，北京：宗教文化出版社，2014 年，第 229 页载：“传统的上水派香花佛事，一日通宵的被称为‘鸭嫲斋’或‘半斋’；一日两宵的被称为‘正斋’，一般均在下午三点左右开始举行。完整的香花仪式套路包括‘门外起坛’（或‘门内佛堂起坛’）、‘发关’‘沐浴’‘把酒’‘初辰救苦’‘二辰救苦’‘三辰救苦’‘十王过勘’‘拜忏’（‘弥陀忏’‘千佛忏’等）、‘完忏’‘开光’‘行香’‘鲫鱼川花’‘缴钱’‘关灯’‘顿兵’‘安更’‘开启’‘赏供’‘安幡’‘扬幡’‘接佛’‘朝参’‘忏井’‘忏灶’‘药师’‘走药师’‘渡孤’（或‘施食’）、‘游狱’‘莲池’‘血盆’‘卖血酒’‘缴钱’‘红门忏’（或‘拜诸天’）等。但实际表演过程中却要依据亡者的身份、斋主的经济条件以及时间的可能进行增改，如果是‘半斋’，一般表演上述前十六套；如果亡者客死他乡，回家超度，则须在“起坛”之前加演‘招魂’一套；如果亡者是女性，则必须加演‘游狱’‘莲池’‘血盆’三套；如果亡者逝世之前长期病卧，则要加演‘药师’或‘走药师’，有些时候也要依据斋家的实际心理要求来选择，如‘关灯’之后则有‘拜红福’和‘拜诸天’两套可供选择，前者表示白事的结束、红事的开始，后者表示对外财的祈祷。但无论如何有两种情况是必然会出现的：即表演过程中套路、文词的选择、增删与正规佛教经典在香花科仪中的介入。类如拜忏之类的仪式，在香花僧侣看来是属于‘禅门’的内容。”

② 全斋法事，即一日两宵的佛事，从丧礼当日下午三点左右开始，至第三日凌晨结束。一日通宵法事被称为“半斋”，时间由丧礼当日下午三点至次日凌晨结束。

③ 袁静芳主编，李春沐、王馗著：《梅州客家佛教香花音乐研究》，北京：宗教文化出版社，2014 年，第 234 页载：“纸扎莲池上的莲花四白四红，交错排列，煞是好看。在莲池中放一蜡烛，三只瓷碗反扣，形‘品’字置于周围，上面扣倒覆的瓦盆一个，正好围罩住中间点燃的蜡烛。瓦盆上面安放米斗，用来放置亡者的魂炉。在莲池内正东、西南、西北、正北四处各燃点白烛一支，居于瓦盆周围。瓦盆内的蜡烛象征目连的母亲刘青提；倒放的瓦盆，又称‘鸡心钵’，象征地狱；莲池内的其他白烛，象征受苦的地域诸女性。莲池外按照正东、正南、正西、正北四个方位，各放供品，需要有香、米、纸钱、水、草纸（代表经书）等，为仪式进行时的‘施食’所用。”

所谓“施食”，即将莲池外边供祭的香、水、斋、钱、经等，通过佛力迦持，施与地狱众生。当僧人唱到“常妙香”时，两位法师即取放于莲池边东、南、西、北方伴的四炷香，放到莲池中，表示香供养。其他如水、斋、钱等，则取碗中清水、米、纸钱散于莲池地上。每次施后，僧人将空碗一一垒迭，用鼎托于手中。[①]

图 6-3　由物品摆设成的象征性的莲池

“把酒”仪式在“沐浴”之后，象征性地为亡魂沐浴后，法师领五位孝子在诸佛前参礼，参礼结束后，开始“把酒”，“意即由孝眷向亡者敬献酒食”[②]。“救苦”仪式需向坛上诸神敬献茶酒，以示恭敬[③]。“接佛”仪式中，需在摆放供品的方桌上摆满供奉，常见的食品有茶水、苹果、米饭等。2004 年，笔者的爷爷去世，他的丧礼上，在香花仪式结束后，有一个环节是香花师傅将簸箕里装着的大米洒给孝子贤孙，各家要尽可能多地接住大米，据说接得多的人家便会“得到更多的庇护”。

如果亡者生前一直生病，就会加演“拜药师”仪式。笔者在 2013 年 2 月调查的阁公岭村那次丧礼，到“拜药师”仪式时，穿麻衣的孝子贤孙全被召集在一起跟师傅走仪式。小工师傅事先在天井处摆开了八仙桌，将一大包夏桑菊颗粒倒进大碗里，并在八仙桌正前方摆上香案，在香案前斟了三碗酒和三碗供品。仪式过程中，孝子贤孙在僧人的指示下正对八仙桌跪

① 袁静芳主编，李春沐、王馗著：《梅州客家佛教香花音乐研究》，北京：宗教文化出版社，2014 年，第 244 页。

② 袁静芳主编，李春沐、王馗著：《梅州客家佛教香花音乐研究》，北京：宗教文化出版社，2014 年，第 238 页。

③ “救苦”仪式的寓意是“参礼十王，申诉为人之苦，请求超升”。详见袁静芳主编，李春沐、王馗著：《梅州客家佛教香花音乐研究》，北京：宗教文化出版社，2014 年，第 238 页。

拜，每拜一组，小工师傅就用小杯将泡好的药水倒进大碗里。仪式结束后，所有的孝子贤孙都要从大碗里接一小杯药水喝下去。这碗夏桑菊便是仪式中象征药水的道具。

也会有一些象征吉祥的食物出现在香花仪式中，如下水派[1]香花的“开光”仪式中，孝媳手捧放着“财丁兴旺”竹排、“枣子”“莲子”“（红）布”“糕饼”等物品的簸箕，竹排表示“有前有后好兆头”；布与“富”谐音，均取吉祥富贵之意。[2]

出殡后，要做“头七”，即第七天的祭奠礼，又叫酬七。屈大均《广东新语·事语》载：

吾粤丧礼，亡者七日一祭，至七七而终，或谓七者火之数，火主化，故小儿生而七日一变。逢七而祭，所以合变化之数也。予谓人生四十九日而魄全，其死四十九日而魄散。始死之七日，冀其一阳来复也。祭于来复之期，则不复矣！四十九日者，河图之尽数。数尽而祭止，生者亦无如何也。[3]

2013 年阁公岭村的调查中，笔者见到前来协助主家办理丧礼的村民在当天已杀鸡准备三牲。她说，主家准备明天就做“头七”，因为逝者的子孙多在外地工作，无法按旧俗在真正的“头七”之日行祭。《石窟一征》有“七七之祭，俗多以先一日酬，至完七之期，竟前一二日酬，殊失其义”[4] 的记载，可见风俗早在黄钊之时已有改更。熟悉村里风俗的云姨说：

按旧俗要做完“三七”（即二十一天）子孙才能出远门，但现在年轻人个个都要上班，哪里能坐着等日子呢，所以就全都放在一起做了。三朝、头七、三七，都一起做了，然后大家就可以安心出门去上班了。头七还有一个说法，一个儿子可以减一天，如果有五个儿子（我调查的那位八十六岁老人正好有五个儿子），那就可以减五天，“头七”就可以在第二天做了。[5]

---

① 指梅县丙村以下的梅江下游区域。

② 袁静芳主编，李春沐、王馗著：《梅州客家佛教香花音乐研究》，北京：宗教文化出版社，2014 年，第 254 页。

③ 屈大均：《广东新语》，北京：中华书局，1985 年，第 292 页。

④ 黄香铁著，广东省蕉岭县地方志编纂委员会点注：《石窟一征》，梅州：广东省蕉岭县地方志编纂委员会，2007 年，第 120 页。

⑤ 受访者：云姨，二十世纪五十年代生，梅县白宫人；访谈时间：2015 年 3 月 6 日。

村民们知道丧礼中的各种规矩，以及用哪种解释可以解决老规矩与新生活之间的冲突，但他们却说不出为什么会有这些规矩，只能给出“老下事”“老祖宗传下来就是这么做的”诸如此类的答案。“头七”的象征含义早已为村民忘却，但民俗及仪式仍然在“变化地传承着”。

白宫的丧礼通常会在正日子（下葬那一天）的中午宴请亲戚朋友和村里人吃饭。丧礼的宴席在过去以互助的形式由村里人协助主家完成，但二十世纪九十年代以后逐渐承包给了专业的筵席社。不管是协作制还是承包制，食物的配置都多多少少能体现丧礼的特征，第一道菜便是豆腐头（用豆腐渣做成的菜肴），取其谐音“头富”之寓意，寄托对生者、对子孙的庇佑（与婚礼的红枣莲子汤形成鲜明的对比）。同时，豆腐的颜色与丧礼的主色调相同，也符合丧礼的象征意义。实际上，整个丧礼仪式过程中出现的食品，除基本的三牲、斋盘这一类的祭品之外，其余的祭品大致分为白色和红色两种色系。白色系的祭品往往作供奉之用，也蕴含祝福之意，但一般不出现红火、热闹的意象；而红色系的祭品多具有辟邪功能。

四、祭礼

客家人祭祖有三种形式：寝祭、墓祭、祠祭。寝祭即在家中厅堂立祖先牌位，逢朔望日、祖先忌日、各种节日和家中有重大事件时，都可作家祭。墓祭即到墓 地中挂纸，第四章第二节已分析了白宫的部分人家在春节期间挂纸的习俗，实际上，对于很多重视墓祭的大姓宗族来说，墓祭是合族大事，多在阴历二月和八月（仲春与仲秋）举行：

一般先祭开基祖或共同祖先墓地，次为各房祖先墓地，最后为各小家庭自己祖先的墓地。批墓时需芟除草莱，标挂纸楮，供奉祭品，焚香烧燃放鞭炮。全族进行的祭始祖或开基祖最为隆重。有的供奉猪、羊等祭品，盛设仪仗鼓乐，与祭者甚达成百上千。祭祀活动由族长或族中德高望重者主持，司礼生负责唱仪，宣读祝文。祭毕举行盛大筵席，数以十百计不等。①

祠祭指全族在祠堂举行的祭祀，一般在年三十下午举行，详见第五章春节习俗相关论述。

每年的主要年节，都会举行常规的祭祖仪式，除此之外，还有一些因为修祠、安龙、修坟等事宜而临时安排的祭祖活动。白宫江子上的吴姓人这样记载他们2011年“为纪念江南四世祖考妣坤二公及彭、王婆大太新

① 吴永章：《多元一体的客家文化》，广州：华南理工大学出版社，2012年，第19页。

建复葬一周年暨五世吉甫公林婆大太、六世祖五四郎公祖考妣、七世千一至千九公祖考妣”在大埔县举行的祭祀：

11 月 2 日早晨，太阳还未从东边升起。江子上村白沙坑，山口及西阳移民村的梓叔，坐着二辆中巴和一部小车一行共五十二人，从白宫出发，直入嶂下，上凹头下大埔县，前往茶阳镇新春雪坪祭祖……到了茶阳镇，那里早有祭祖委员会安排的人特来带路。先休息半个钟头。这时各地梓叔的车辆像车水马龙一样奔向祭祖基地……当我们到了那里，坟前周围早已挤满了人。负责人安排我们把彩旗插到坤二公坟堂左右中间，彩旗迎风飘荡，这更增添了吴氏祭祖的庄严和宏伟，体现出我们虔诚的景象。在坤二公墓堂水城外还插有 32 面各地梓叔的地方牌，最远的是贵州、广西，其次是兴宁、五华……

这时坟堂中摆满了供品：全猪、全羊中间三座盆，里面装满鸡、鱼果品及象征金银珠宝的东西。祭祖开始：全体拈香，由唱生三令主祭代表鞠躬三献茶酒后礼生宣读祝文。最后是各地梓叔连接式进坟堂上香。接着又到离坤二公 20 米左右的山头上参拜祖考妣六世祖五四郎公墓，回来后大家辞坟三鞠躬！鸣炮、礼毕。大锣大鼓和我们的锣鼓队响成一片。正是锣鼓喧天，下山的队伍长长地排成约有二三百米……下车后由理事会会长指挥大家请到茶阳镇上的大饭店午餐。进入厅堂，那里已摆上五十三台酒桌，来自 32 处的梓叔按照各地安排的桌位入席就座，厅堂上语声鼎沸，热气腾腾，洋溢着深情厚谊，互道平安！午宴开始，首先由会长吴初访先生总结此次祭祖的意义，财务公布各地梓叔来礼和收支情况。接着请来自贵州、广西等的代表讲话……三道菜后大家举杯欢呼祝愿吴氏后裔兴旺发达，光宗耀祖更上一层楼，勇攀高峰，继续祖先遗志。首先品尝由贵州十一位梓叔带来的名闻各地的“贵州茅台”酒（每桌一瓶，此酒由贵州梓叔捐赠）。这次大家品尝了名酒，也吃到了大埔茶阳的席宴风味，最后酒足饭饱。休息一会，将近午后两点，各地梓叔亦驱车还乡……①

《镇平（蕉岭）民俗之春、秋二祭》记载了蕉岭人的祭祖习俗。当地的春祭在除夕及大年初一，全村老少在本村祖堂祭祖，此后至元宵，各家各户至近祖或亲人（祖父母、父母、平辈等）坟前上香。清明节前后，各姓合族或分房集体隆重祭祀开基祖，场面盛大：“县城附近的丘、徐、涂

① 奇彬：《坤二公祭祖记》，《奖坑乡音》第五十七期，第6－7页。

等姓都备制了古色古香的红缨顶帽、礼服。丘、徐两姓有上万裔孙上坟，锣鼓、鞭炮之声响彻云霄，筵开上百席。”墓祭的日期，各姓不同，“涂姓为农历二月初一；丘姓为清明节前两天；谢姓及徐姓为清明节；黄姓为春分节”①。秋祭：主要是祭祀各姓宗祠，兼祭地方神祇，时间从农历七月开始，直至中秋。不同姓氏的秋祭时间安排迥异②：

表 6－1 蕉岭各姓秋祭时间表

日期	地点	姓氏
七月初九	新铺镇狮山	邓姓（祭祖，并祭祀“仙师爷”）
七月十五（中元）	新铺镇	姓氏不少，具体不详
八月初一	县城及兴福镇	丘姓
八月初一或初三	本县	徐姓（祖公、祖婆生日分别为农历八月初一、初三，故一年为初一，次年为初三）
八月初二	新铺镇湖秋墩	李姓
	新铺镇油坑	宋姓
	文福镇路亭岗	夏姓
	蓝坊镇峰口	林姓
八月初三	广福镇大黄屋	黄姓
	蕉城镇西门外	赖姓
八月初五	兴福镇神岗下及长潭镇	李姓、田姓、张姓
八月初八	兴福镇琉湖坝、长潭镇高陂以及三圳镇东岭	刘姓
八月初十	新铺镇尖坑	谢姓
八月十二日	长潭镇	陈姓
	长潭镇峡里	林姓

① 徐志超：《镇平（蕉岭）民俗之春、秋二祭》，梅州市文史资料委员会编：《梅州文史》（第十六辑），内部发行，2003 年，第 203 页。

② 徐志超：《镇平（蕉岭）民俗之春、秋二祭》，梅州市文史资料委员会编：《梅州文史》（第十六辑），内部发行，2003 年，第 203 页。

（续上表）

日期	地点	姓氏
八月十三日	广福镇大坝里	钟姓
	三圳镇	刘、吴、钟、戴、林、凌等姓
	三圳镇兰畲、田心	谢姓
	三圳镇巷口	涂姓
八月十五日（中秋节）	文福镇	丘姓
	新铺镇尖坑	赖姓
八月十六日	蕉城镇山下	古姓
八月二十二日	长潭镇虾麻念	龙姓
秋分	兴福镇湖谷岗子下	黄姓
国庆节	徐溪镇各姓及蕉岭华侨农场	

注：兴福镇现已并入蕉城镇、长潭镇，徐溪镇现已并入新铺镇。

上述材料中记载，在1997年秋祭和1999年千禧之年春祭中，旅港和旅澳乡亲分别也写了祝贺祖国恢复对香港、澳门行使主权的祭辞。春祭、秋祭，原为家族盛事，在民族—国家意识形态的影响下，有些已成为“民间”与“国家”对话的一种形式——“祭祖”变成“国庆节”的活动内容，“国庆节”被塑造成秋祭的时间，“热爱祖国、热爱家乡”的国家话语与“深切怀念祖先、慎终追远”的传统习俗融为一体，显示了民间的智慧及其对国家的认同。

五、礼俗食品的象征与隐喻

人生礼仪，喻示着生命从一个阶段过渡到另一个阶段，新的阶段开启，人生的责任和义务发生改变，需要以新的面貌迎接未来的挑战。食品在梅州人的每一个人生礼仪当中都是不可或缺之物，不同的食品分别承载着祝福、祈愿、禳灾、辟邪、引渡、感恩、纪念等象征功能，反映了当地人对每一个人生过渡阶段的谨慎和对人生未知的敬畏。

以婚礼为例。婚礼是正式的成人礼，结婚又称为“成家”，这是昭示新家庭诞生的仪式。成家之后，夫妻从原生家庭中相对独立出来，就像从

树干上长出一根新枝，所谓“开枝散叶”，宗族的大树就是通过树干上长出新枝，大枝上发出小枝来向上向外扩展的。婚礼仪式中出现的食物，每一样都有其特殊的象征意义；食用这些食物的过程，都带着某种隐喻。如迎娶新娘过门后，在新房中吃五福菜、饮合卺酒、吃红鸡蛋，就象征新婚夫妻“合体同尊卑”。其礼仪源自古礼，《礼记·昏义》云：

妇至，婿揖妇以入，共牢而食，合卺而酳，所以合体同尊卑，以亲之也。[①]

婚礼食品的隐喻一般与生育、生计家业、夫妻和顺、长长久久等愿望有关，用的都是热闹、红火的物品。丧礼寓示着生命的结束，其仪式以哀悼为主，所用物品的寓意以供养为主，也喻示家庭未来发展的好兆头，有些食物还有辟邪的意思（如鸡公记粄）。人们根据对仪式的理解，设计仪式食品的意义，通过构建食品的象征秩序，使其在仪式中发挥作用。这些仪式食品的象征意义，借助音、形（物质的形状、颜色或味道）、义的相似律来构建。

苹果、柚子、橘子、糕点、圆粄等，因音的相似律（谐音）而拥有寓意美好祝愿的功能。孕妇生产前娘家送鲩鱼，以鱼顺滑的形态动作表达对女儿顺利生育的祝愿；石榴寓意多子、糖果寓意甜蜜、甘蔗寓意节节高等，这些是物品形的相似律在起作用。就像《仪式过程：结构与后结构》一书中所描述的，恩丹布人在举行伊瑟玛仪式的时候，选用木质坚硬的树木制作草药，原因是它们象征着“强壮”，代表病人所需的“健康和力量”[②]。孩子满月酒时的开斋食品，婚礼中用到的长命草、状元红、五谷、五福菜等，都具有某种特殊的寓意，符合义的相似律。客家人对各种物品的外形和内涵的解释，使不同的物品具有了各自特殊的意义，一些物品因此进入了神圣场合，一些物品则被拒绝在外。王馗如此解释：

也正是这种谐音、引申等方式形成的意义，使许多水果物品也失去了供养的资格，例如香蕉代表焦焦急急和疾病，解厄就不能用；花生代表翻

① 郑玄注，孔颖达等疏：《礼记正义》，北京：北京大学出版社，2000 年，第 1889 页。

② 维克多·特纳著，黄剑波、柳博赟译：《仪式过程：结构与反结构》，北京：中国人民大学出版社，2006 年，第 23 页。

身，在做香花好事的时候对亡者是不用的。[1]

仪式的规范一直随着历史的发展而变迁，文明生活对旧式观念产生了巨大的影响，儒家礼教在现代社会的败落使许多仪式简化或消失。文化秩序徘徊于传统与现代之间，但许多规则并未因礼教的败落而更改，人们因对吉祥、平安、幸福、富贵、子孙满堂、瓜迭绵绵、多福多寿等美好愿望的向往和追求，继续坚持着仪式的传承，仪式食品的象征和隐喻原则始终没有脱离原有的文化逻辑。

第二节　仪式与筵席

用餐方式和餐桌礼仪在世界各地的饮食文化中有着不同的表现。据研究，目前世界上约有40%的人用手吃饭，使用筷子或刀、叉、汤匙的人口各占了约30%。在菜肴呈送的形制上，有将菜肴一次性呈现在用餐者面前的“空间展开型”配膳法，有按时间次序将菜肴一道一道端上餐桌的“时序列型”配膳法，不同的配餐方式与具体的社会文化习俗和餐桌餐具的搭配情况相关。[2] 日常饮食和礼俗饮食在餐桌形制、上菜时间、食用礼节等方面有诸多不同。礼俗场合的餐饮有社会交往的功能，其餐桌礼仪、用餐形制和菜肴设计、上菜顺序都体现了具体时空背景下的社会文化习俗。

一、筵席礼制及其现实功能

客家人的人生礼俗多离不开筵席，而筵席注重各种礼节。“筵席”一词是客家人沿用至今的称谓，现在乡下仍可见许多筵席馆或酒楼打出承办筵席的招牌。“筵”跟“席”都是竹席之意，用苇、蒲、萑、麻一类的植物编织而成，铺在地上以供跪坐；其中先铺者为筵，后加者为席。后世借此代称宴飨宴食之事。直至东汉和魏晋年间，坐在筵席上用餐的宴会仍然普遍存在，直至唐及五代，座椅才逐渐取代了筵席，就食于餐桌的形制成为宴饮的主要形制，[3] 但用“筵席”来指代宴饮之事的传统却流传至现代。

① 王馗：《佛教香花——历史变迁中的宗教艺术与地方社会》，上海：学林出版社，2019年，第88页。

② Ishige Naomichi, East Asian Families and the Dining Table, *Journal of Chinese Dietary Culture*, 2006, Vol. 2.

③ Ishige Naomichi, East Asian Families and the Dining Table, *Journal of Chinese Dietary Culture*, 2006, Vol. 2.

中国的筵席文化滥觞于祭祀后的共餐活动，其礼仪源于古代礼制。① 客家人对筵席之称的矜持，一定程度上反映了他们对古礼的遵从。

在客家人的人生四大礼仪中，尤以婚礼和丧礼的筵席最为隆重，其礼仪也最为严格。其筵席礼制首先体现在席序和坐序方面，客家人的筵席实行围餐制，传统采用八仙方桌，根据筵席空间来设定“首席”。中国自古有尊“左”的礼仪，据说与华夏的建筑文明有关。华夏族最初生活在黄河流域，为避寒取暖，建筑物都坐北朝南，门朝南，朝大门的方向往外看，左边为东，右边为西。太阳升起于东边，于西边落下，也就是从左升，从右落，所以左为阳、右为阴，于是有了“天道尚左”的宇宙观。② 客家人依从古礼，尊“左”为上，以此确定首席。如在正厅设席，则正中面对大门的位置为首席，首席以下近大门的位置左边设次席、右边设第三席，三桌成品字形时，首座为首席左边的一位，以此类推。现普遍改用圆桌，但以左为尊的习俗仍然延续着。

座次之外，当地人还讲究筵席的菜品，传统以“三牲三圆（丸）”“四盘八碗”为筵席菜式的基本标准，不同类型的筵席在菜式之象征意义上的区别主要体现在头菜（即第一道菜）上。按当地习俗，各类筵席首席首座的入座者和头菜的礼节安排大致如下表③。

表 6－2　梅州客家筵席安排表

筵席类别	入座者	头菜（第一道菜）
婚宴	送嫁人（一般是新娘的哥哥或弟弟，不论其年纪大小长幼）	红枣莲子百合汤
三朝回门宴（婚宴）	女婿	无特殊规定
婴儿三朝、弥月、周岁宴	娘家人（如同时有生母和养母，则养母坐首席首座）	鸡酒
寿宴	寿星	炒面
丧宴（男性死者）	族长	豆腐头
丧宴（女性死者）	娘家人	豆腐头
祭祀宴（销蒸尝）	族长	无特殊规定
筑坟宴（风水宴）	堪舆先生	无特殊规定

① 徐海荣主编：《中国饮食史》（卷一），北京：华夏出版社，1999 年，第 549 页。
② 叶国良：《礼制与风俗》，上海：复旦大学出版社，2012 年，第 60 页。
③ 根据笔者田野调查资料整理。

一些寓意不好的食品会被拒绝在筵席之外，如牛肉、狗肉、蛇肉等。牛肉不上筵席是因为牛一生劳苦，象征人生的辛劳；狗则是因为其在客家人的印象中不洁净。但现代人饲养肉狗，抹去了以往对狗肉的不良印象。狗肉登席的禁忌现在虽已打破，但采用的人仍然很少，暂未形成流行风俗。

客家筵席的席位座次在以左为尊的传统之下，往往因地制宜。以笔者在2013年10月亲历的梅县白宫将军阁村的婚宴为例。新郎的父亲十多年前单独在老屋对面五十米处建了一幢二层的小洋房，全家从老屋中搬了出来，但仍有老屋的屋产。婚宴要摆二十多席，小洋房只能摆下十席，另外十多席便放在老屋摆。这种情况下，首席被安排在老屋。老屋是传统的堂屋，正门进去有个小前厅，与正厅之间隔着一个两米宽、五米长的天井，天井前方对着正厅，右侧是一个大侧厅，祖先的像被挂在侧厅。正厅能摆下一席，侧厅可摆三席。首席就设在了正厅，侧厅靠门外边的一席设为次席。除了新郎父母和新娘家的代表被安排在首席和次席，其余席位都未再作精细的安排。每个设席的区域都有负责招待客人的主家亲友，客人们根据空位入席。

据白宫迎宾酒楼的大厨吴锡鹏介绍，丰顺等地办筵席，排座直接反映客人与主人的亲疏及客人的身份地位，所以开席前排座常常要煞费苦心，有时菜已烧好，座还未排好，不得不等上一些时间。现在白宫一带废除了此制，除少数特殊的客人，其余均自行找位入座，反而矛盾更少，秩序也不乱。

过去的筵席，男女不同席，据说是因为男人要喝酒、吃肉，女人则一般只吃饭和素菜或菜汁，肉和有营养的菜肴都打包给家里的老人孩子吃。[①]但这应已是“新传统”。《礼记·内则》有“七年，男女不同席，不共食”[②]之说。研究表明，在民国时期，河北、山东、台湾等地普遍存在男女不共餐的习俗尤其在上层社会，[③]可见成年男女不同席是自古以来的传统。在讲究“男女大防”的古代社会，男女不同席是必然的。客家传统筵席中男女不同席的习俗应沿袭自古代，只是社会风气的改变使人们遗忘了其初始的含义。到了二十一世纪，男女同席已不存在禁忌的约束，然而因群聚的习惯，许多情况下还会出现男女不同席的现象，但已与礼俗无关，

---

① 受访者：吴锡鹏，二十世纪五十年代生，梅县白宫人；访谈时间：2013年2月7日。

② 郑玄注，孔颖达等疏：《礼记正义》，北京：北京大学出版社，2000年，第1012页。

③ Ishige Naomichi, East Asian Families and the Dining Table, *Journal of Chinese Dietary Culture*, 2006, Vol. 2.

只与社交习惯有关。

在过去，筵席既有仪式的功能，也有现实的营养功能。它在简朴、寡淡的日常饮食之外，适时地为人们补充了必要的肉食营养。《白宫往事》记载二十世纪初一家较富裕人家的婚礼酒宴：

> 席上有三牲（猪、鸡、鱼肉）三圆（猪肉丸、鱼丸、牛肉丸），还有鱿鱼、海参、墨鱼、鲍鱼、扣肉……我最喜欢吃白斩鸡，底下是炒过的米粉，上面是鸡块……我看见席上有人把夹来的各种肉块、肉圆，放在自己面前的一张菜叶子上，觉得好奇怪，就问阿婆，阿婆说："那是要包好，带回家去，给阿爸、阿姆（父、母）、兄弟子侄吃的。"①

做了几十年的厨师，吴锡鹏对此有深刻体会：

> 新中国成立前酒桌上有男女之分，男女不同席。男人要喝酒嘛，女人上酒桌都是菜味（菜汁）捞饭，吃饱了就好的。好东西就用芋禾叶包回来，带回家给老人小孩吃。所以以前的席很不好做，为什么呢？比如说猪肉，一个人三块，就要二十四块——（一张桌）坐八个人的嘛；比如说肉圆，一个人四个，就要三十二个，如果算成三十一个，有个人夹不到，厨师会被人骂死。一碗菜端出来，一桌人就分掉，包起来了。然后（肉）底下垫的咸菜什么的，就用来捞饭。所有的肉都要算过的，要分匀的。这种情况到五六十年代都还是一样，七十年代后开始，生活好些了，就不会总是想着要夹回去给孩子吃了，（做厨的时候）也就不用总是算着数来了。但菜式还是一样的，到九零年都还是以猪肉为主。

如前文所述，过去客家人以素食为主，且主要以粥和杂粮为主食，平时白米饭不足量甚至吃不到。虽然省吃俭用，但对红白喜事却不会忽视不办，往往提前一年半载就开始养猪养鸡，筹办"好事"。客家人所有的喜事，都至少包括两个方面的内容，一是敬天、祭神、拜祖先，二是操办筵席。客家人的筵席与人生仪礼相辅相成，每一个大的人生仪式都会操办一次筵席，其中红好事主要有满月酒、结婚酒（包括轿下酒）、乔迁酒、寿酒等，白好事所涉及的筵席有丧葬、"葬地"（做风水）席。这些人生礼仪交错在日常生活中，创造了亲属间往来的社交机会，人们借此进行食物的

① 叶丹：《白宫往事》，2005 年，第 125 页。

互换和交往，为日常生活补充肉食营养。在当下，人们借助筵席获得食物调剂的需求已逐渐消失，但筵席的社交功能仍使其存在具有重要意义。

二、筵席形式的变迁：从互助到承包

传统客家乡村的筵席由村民互助完成。掌勺的一般是村里大家公认厨艺较好的主妇：

以前一个队人有什么红白好事都让我去做厨。去做厨是不给钱的，就是回家的时候主家会包些菜给我带回去，小孩子吃到这些菜不知有多开心。除了我，还有两个是切菜的，还有一些帮忙做小工。一般就做12碗（样）菜，多数都是这样，10碗也可以，家里过有的（比较富裕的）就放12碗：三牲三圆鱿鱼墨鱼，再炒些菜。炒菜就是，以前的人有点瘦肉炒菜都非常欢喜，芹菜、花菜、雪豆（蜿豆）等都可以用来炒。也可以用肝或肾（鸡杂），这样配够一碗菜。以前的鸡好，现在都是饲养鸡，肝都没人吃了。

以前的人比较穷，要做好事的时候，比如说要娶媳妇了，就先养条大猪，做好事的时候，就把猪杀了，把我们叫去“到（剁）捶圆”、煎烧酥、做水晶肉（丙村人会做成豆沙肉），一头猪就这样做掉，（然后）就请人吃饭。①

因为物产有限，过去客家乡村筵席的菜式都比较固定，办喜事的家庭不需要为配菜花费精力。《梅县丙村镇志》载客家人“宴客讲究4盘8碗（俗称‘四小八大’）或12碗。常用的烹调方法有：焖、炖、煎、炒、煮、蒸、溜、炸、烧、焗等10多种。最具特色的菜肴有：红烧猪肉、梅菜扣肉、圆蹄肉、锤圆（猪肉圆）、鲩圆、开锅肉圆、清蒸鱼、醋熘鱼、炒墨鱼、鱿鱼滚筒、酥烧肉、炸芋圆、姜酒鸡等”②。重复率高的菜式，一般妇女都会烹制，每个村子必有手艺较好的妇女。在习惯于互助协作的社会中，主家不需要支付厨师的费用，所以人们乐于延请手艺好的人来做厨；对方虽得不到金钱上的补助，但可以获得主家的赠菜，补偿家中常年单调的饮食，因此也乐于前往帮忙。每户人家都会遇到有喜事、办筵席、需要别人帮忙的时候，因此当他人需要帮忙时，也会义不容辞。相沿成习，大家便将互助作为地方的社会义务，自觉地遵从。在一个商品交易不发达的

① 受访者：吴顺英，1938年生，梅县白宫人；受访时间：2013年1月14日。

② 梅县丙村镇志编辑部编：《梅县丙村镇志》，内部发行，1993年，第185页。

人情社会，人们用自己对别人的劳动来换取别人对自己的劳动，以这种“互助劳动”的形式来实现人与人、家庭与家庭之间的社会交往。

2013 年底，笔者在平远石正参加了一次丧礼，由于当地尚不流行承包筵席的方式，丧礼数日的餐饮和筵席，除在酒楼打包熟食（菜肴）外，其余工作（饭的烹煮、菜肴的加热、餐具的准备和清洗等）均由邻里帮忙处理。丧礼结束时，主家给这些前来帮忙的邻居奉送了数额不等的红包。实际上，即便在筵席承包流行的地区，婚礼、丧礼一类持续时间较长（尤其是丧礼）的仪式，仍然离不开村民之间的互助劳动，只是互助的范围缩小了。

梅县各地的乡村筵席，在二十世纪八十年代末以后，逐渐由专业的筵席队伍承包。“挑席篮子”的专业办席人员据说在旧社会就有了，只是未广泛流行，这种形式在当代，以一种更加蓬勃的姿态重新回到客家乡村，其起源看似是一种偶然，实为乡村礼俗的现实需要。筵席馆的师傅最初作为专业的厨师被请去做厨，只负责菜肴的烹制，材料和餐具全部由主家自行准备。因为家中日常所备的桌凳、碗筷不够，主家得在开席前一天，在村里请十几个人，去各家各户或祠堂里借桌凳、碗筷，将所有餐具洗好、摆好。虽然大家来帮忙，有互助的性质，但已开始要发红包，以作酬谢，对主家而言，也是一笔开销，另外准备食材也需要人手。主家要协调、组织此类工作，耗费不少精力，渐渐地，人们开始对这种筵席形式感到不满。

这里还要提到贺礼的变化。二十世纪八十年代初期，人们收入尚低，贺礼主要以实物的形式出现，如热水瓶、脸盆、毛巾、水杯等，后来慢慢开始流行现金贺礼——红包。红包成为主家办喜事的经济资助，到最后甚至成为筵席最主要的资金来源。有了更多可支配的现金，人们逐渐有能力将筵席中更多的事务承包给专业的筵席队伍。厨师们也发现了其中的商机。双方的需求在八十年代的特殊社会背景下不谋而合：

八十年代华侨回乡的多起来，就会请我们去做厨，我们最初只是做厨，主家封的是手工费，10 元、20 元包给你，不是像现在这样的一席多少钱。后来开始按席收费，比如做 10 桌，一桌 50 元，由我们负责采购，但端菜还是（主家）家里人来端。我们纯粹拿砧板、菜刀、锅铲去做菜。后来工钱越做越高，开始 8 元，然后 10 元、12 元、15 元。做到 15 元时，我们就建议他包席了，因为工钱与包席的价格已经差不多了。加上大家

（参加筵席）都包红包了。[①]

筵席食品的变化在物质层面，有不断丰富的表现：

最早做的时候，全部都以三牲为主——猪肉、鱼、鸡……最早是八仙桌，改革开放后就换成圆桌了—那时候东西多，又是碗又是酒杯，交横记价（纵横交错），不小心就撞掉了；而且开始用盘子（装菜）了，八仙桌没放两盘就放不下了，所以就改成了圆桌。且又更省钱，比如说，25桌，八仙桌就（只能坐）200个人；今用圆桌，我只要20张桌，那就省了5桌——不说菜省了5桌，酒水就省了5桌。开始是10个人一桌的，现在生活环境好了，大人都比较大（胖）了，10个人坐得太挤了，所以就改成了9人一桌。

1990年以后，梅县开始有人经营海鲜了，都是从外面来的，虾呀、鳗鱼呀、脚鱼呀、桂花鱼呀，这些都是从广州运进来的。有了之后，大家也比较能消费得起了，所以也就逐渐逐渐用起来了。最近十多年又开始用鸟了，发展到飞禽类了，比如鹧鸪、鹌鹑，它们也不贵，十多块一个，一桌成本在30元左右，都是饲养的，或炸或蒸。乳鸽以前也用过，最近又用得少了。主要还是看主家，请的人家较高档呀、经济较许可呀，就会用好一些。现在最高用到鱼翅、龙虾等，但很少人用，单龙虾一道菜就得五六百块钱，我做厨几十年才用了一次，那次一席就用了1 380元。

传统菜目前占的比例约在三分之一左右，这个比例在二十世纪九十年代还在百分之八九十以上。

现在的席面价格最低约350元的样子，一般用于做白好事。现在白宫这边较多用的是438元、468元、488元，488元的菜在酒楼都可能要一两千才能吃到，其中较贵的菜有多宝鱼、海参之类的。438元以上就可以用海参了。我们白宫（的筵席队）纯粹做人工的，不需要场地，不需要养工人。[②]

白宫的“筵席馆”，师从于吴锡鹏。吴师傅年轻时曾在小吃店帮工腌

① 受访者：吴锡鹏，二十世纪五十年代生，梅县白宫人；访谈时间：2013年2月7日。
② 受访者：吴锡鹏，二十世纪五十年代生，梅县白宫人；访谈时间：2013年2月7日。

面，后师从梅县著名大厨李裕生[①]学配菜、做菜。二十世纪九十年代初，吴师傅开始下乡包席，经历了从包厨到包席的筵席风俗变迁。人称白宫"出厨师"，现在白宫本地承包筵席的厨师基本上都是吴师傅的弟子。吴师傅的宴席，被誉为"正宗客家菜"，他本人亦以师从正宗客家菜大师为荣，认为自己的客家菜在全梅州市都是比较正宗的。其主要菜式有：梅菜扣肉、脆皮扣肉、水晶肉、圆蹄、姜油鸡、酒娘鸡、上汤鸡、清蒸滑鸡、松花鱼、清蒸海鲜、酸甜猪肚、炒肚尖、开锅肉圆等。包席价格从280元至480元不等，甚至高达上千元。据统计，梅县白宫厨师每年做宴席8万台左右，带动了当地第三产业的繁荣。吴师傅不怕"青出于蓝胜于蓝"，认为徒弟超过师傅，事业才能兴旺发达。他拟定厨师守则："诚信勤奋创业，食品卫生安全，厨艺精益求精，团结互助和谐。""每年农历五月初二定为团拜日，全部厨师都会到齐，首先是重温'守则'，然后是拜候师傅，通报业务，交流经验，师傅总结。二十多年来，从未发生过食品安全事故，四十多位新老厨师之间也未发生过背后搞小动作之事情。"[②] 据吴师傅介绍，他们现在承包的筵席早已跨市，最远跨到惠州市了，梅州市七县一区早已做遍了。

在这样一个有传承、有组织的筵席社团带动下，当地的筵席形成了"包席制"的新型消费形式。这种形式需较大的活动空间，经济实惠，既可以不脱离原本的民俗空间——可以在事主家中操办，又使事主摆脱了烦琐的准备工作，迎合了乡村礼俗活动的新需求。与传统的筵席相比，原来属于厨师和事主双方的责任更多地转移给了厨师，这种形式没有侵蚀传统礼俗的神圣空间，反而更好地配合了相关仪式的开展。除了家庭中的红白喜事，村落中年节在神圣空间开展的共餐活动也承包给了筵席馆，其影响已经扩展到了不少城郊工业园区的厂庆等聚餐活动。包席制的交易方式不再是传统互助形式下的物品赠予，而是现金结算，走上了市场经济的道路，契合现代社会的运行机制。

---

① 李裕生为二十世纪五六十年代梅县两大名厨之一。1949年以前是前黄埔军校教官、国民军第三军政治部少将主任、中山大学教授钟季蔚的私人厨师。后在梅县政府会议招待所做厨师，郭沫若先生曾品尝他做的咸菜糟水"三及第"，并对其赞不绝口。详见《南山季刊》总第84期，第13页。

② 《佳筵誉遐迩，名师出白宫》，《南山季刊》总第84期，第12－13页。

第三节　小结

食品的象征意义有其内在的逻辑（历史结构），人们根据这些逻辑来构建文化秩序。通过音、形、义的相似律，人们建立起一套仪式食品的象征秩序：苹果寓意平安、柚子寓意“有”、橘子寓意吉祥、石榴寓意多子、糖果寓意甜蜜、甘蔗寓意节节高等。客家人对各种食品的外形和内涵的解释，使不同的食品具有了专属的意义，一些食品因此进入了神圣场合，一些食品则被拒绝在外。社会在发展变化，许多礼俗在变迁，但人们对生活的美好向往和追求仍在，仪式食品的象征和隐喻原则始终没有脱离原有的文化逻辑。

筵席可以说是客家乡村的社交场域，它与人生礼俗相伴，是礼俗活动的重要组成部分。人们既借助筵席来完成礼俗的仪式，又借助筵席来加强与亲友、邻里的交往，增进互相之间的关系，更借助筵席来补充日常饮食中缺失的肉食营养。筵席的传统功能随着社会的发展已有所变化，但仍然是维持传统礼俗和实现乡村社会人际交往的重要方式。

第七章　客家美食：食物及其文化隐喻

中国人将“食物和吃法”当成了其“生活方式的核心之一”，也当成了其“精神气质的组成部分”①。这种精神气质决定了他们将创造和发明美食作为生活的乐趣，只要条件允许，他们就会不遗余力地创造美食。与富人阶层对美食的精致化追求不同，“农民的饮食”对美食的创造带着质朴的特征，客家人的美食带着后者的气质。这些美食大部分形成于一日三餐之外，但并不完全脱离日常饮食的体系，许多美食是对一日三餐的调剂和补充，它们不一定具有仪式食品的意义。它们的出现本质上反映了人们对美好生活的向往，体现了人类对美食的本能欲望和不懈追求。许多美食被赋予养生保健的功能，这既是人们对人与自然关系的一种理解和转化，在某种程度上也是人们在“日常”当中追求“非日常”美食的借口。

本章将介绍几种客家美食在生活中的出场，通过分析客家人对它们的生理依恋和文化认同（表述），探讨客家美食与客家社会之间的关系，讨论食物如何成为族群的象征性符号，以及人们如何借助食物来构建族群的文化认同以及与他群之间的边界等问题。

第一节　母亲的酒

酿酒是客家人自古以来的习俗，文献记载：“十月晚造收成，则必有糯谷，妇女以酿酒为一年中的重要工作。”② 客家人的酒叫“娘酒”，是由女人，而且主要是由“母亲”酿制的（不包括作为商品的娘酒），从生产到饮用、从形式到内涵，都带着“母亲”的意象。客家娘酒由糯米酿制，又称黄酒，度数低、味道甜而醇香是娘酒的特征，也是女性酿酒文化的重要标志。娘酒还是乳汁的源泉。客家的产妇坐月子，要用娘酒煮鸡或鸡蛋

---

① 张光直：《中国文化中的饮食——人类学与历史学的透视》，尤金·N. 安德森著，马孆、刘东译：《中国食物》，南京：江苏人民出版社，2003 年，第 257 页。

② 丘秀强、丘尚尧编：《梅州文献汇编》（第七辑），台北：梅州文献社，1977 年，第 77 页。

以催奶，酒经过母亲的身体转化为母乳，成为哺育婴儿成长的营养品，“母亲—娘酒—母乳—孩子”之间建立起了生命的联结。月子坐得好不好，关系着母亲身体能否恢复好、孩子能否健康成长，而客家人对月子坐得好不好常以鸡酒吃得好不好来判断。月子酒要经过精心的制作，首先蒸酒的技术要过关，蒸出来的酒是红色的——用特殊的酒饼酿制或酿好后用红曲染制，没有人会把白色的糯米酒当作月子酒。这种红与绍兴黄酒的“黄”不同。红色是血液的颜色，在中国人的文化中代表了生命之源，在民俗观念中代表了喜庆、吉祥。“红”与“母亲”都有生命之源的意象，娘酒以红为主色，这是娘酒的又一个带着“母亲”意象的元素。味觉上，娘酒甜而不烈，与具有男性特征的白酒有着味觉上的本质区别，体现着女性特征。客家人祭祀，不用白酒，要用娘酒；不仅如此，从出生到成年、婚嫁、死亡，每一个仪式，都会用到娘酒。娘酒可以说是融入了客家人生命历程的一种特殊食品。

客家人好酒，但不同的客家居住区好酒的程度不同。王增能的《客家饮食文化》介绍了民国时期武平城关黄酒经营的情况，当时所有的店铺加起来不上百家，黄酒店就已占了 29 家。[①] 虽然梅州人几乎家家都酿酒，但平远县八尺镇的娘酒尤为出名，多因该镇地理位置偏北，气候偏冷，民更好酒。在梅县一带，家家年年酿酒，但并不天天饮酒，只在年节、喜庆和妇女坐月子时饮用，娘酒并不具有“日常”功能，而是具有特殊文化内涵和药用价值的饮品。

屈大均《广东新语》卷一四“酒”中有记：“有酒草，其形如艾，名曰甜娘，以为酿，曰甜娘酒。”[②] 甜娘酒是经过甜酒饼的发酵作用而产生的。酿酒讲究技术，也讲究天时人和，俗谚有“蒸酒磨豆腐，不敢逞师傅”[③] 之说，故客家人认为能酿出好酒的妇女为有福之人，认为酿出好酒是好兆头。客家人称酿酒为“蒸酒”，其方法为：将糯米浸透，淘净，捞起，滤干，倒入大饭甑里蒸熟；将蒸熟的糯米饭倒出，稍晾一会儿，在饭

---

① 王增能：《客家饮食文化》，福州：福建教育出版社，1995 年，第 21 页。

② 屈大均：《广东新语》，北京：中华书局，1985 年，第 386 页。

③ 丘秀强、丘尚尧编：《梅州文献汇编》（第七辑），台北：梅州文献社，1977 年，第 77 页。

仍较热但不烫手时，加入酒饼[1]，拌匀，在仍有余温时就要入酒瓮；在米饭中间扒开一个小湖穴，以使酒的原浆（俗称酒娘）渗出后方便舀出；准备妥当后，封盖，盖不能封死，需留下一个小孔透气，以防水蒸气凝结滴入米饭中，米饭遇水容易使酿出的酒发酸。有人也会在瓮盖里层垫一张干毛巾，帮助吸水。

在酒饼的催化下，糯米饭里面的成分开始分解，转化成芳香的液体渗出来，那便是“酒娘”，意为母酒，即没有掺水的娘酒原浆。气温较高的夏天，24 小时左右就可以开始出酒娘。一个星期左右，酒娘出得差不多了，即可盛出。酒娘滤干后，酒瓮中的米饭变成了“酒糟”（又叫酒娘糟），里面还余有许多原酒的成分。往酒瓮里加入适量的水[2]，可将酒糟里剩余的原浆析出来。几天后，酒糟浮在水面上，说明饭粒里面的营养成分已全部转化成酒浆，就将酒糟从酒水中全部滗出来，这样制出来酒叫“水酒”。酒娘是原浆，比水酒更利于保存。水酒一般直接饮用，酒娘饮用前需兑水，转换成水酒。用于保存的酒是酒娘，食用的水酒则叫娘酒。娘酒的色泽是棕色或红色，用普通酒饼蒸出的酒原色是透明偏白色的，需加入红曲使之变红；用甜酒饼蒸出的酒色泽本就是红棕色，不用再加红曲。

娘酒在食用前还有一道工序要完成，即“炙酒”。《客家饮食文化》中记载了冬酒的制作方法：

一入冬令季节，即酿造酒娘糟，装入酒坛密封，勿泄酒气，至翌年四月，酒娘糟仍不会变质。需制冬酒时，每斤酒娘糟注入醴泉水约半斤，浸一二天，把酒液压榨出来，装入酒坛密封。然后把酒坛放在谷壳或木屑（俗称“锯屑”）堆中，点燃煨沸，随即排去部分酒坛周围的热灰，使坛中之酒在微热中逐渐降温。[3]

在木屑堆中将酒坛煨沸的过程，就叫“炙酒”。梅州山区环境，水土

---

① 好的酒饼非常重要，据笔者了解，客家地区使用的酒饼主要有两大类，一类是普通酒饼，酿出的娘酒口味较清洌、甜味较少，梅县一带常用此类酒饼；另一类叫甜酒饼，酿出的酒口味香浓、甜味足，平远等地常用此类酒饼。有说法称，客家人用的酒饼源自畲族。《客家饮食文化》记载：“畲族酒饼的主要成分是草药，叫酒饼草，撒上它即可使饭变酒。至今仍有畲族人将剩饭，不管是糯米饭还是粳米饭，撒上酒饼草酿酒喝的。”详见王增能：《客家饮食文化》，福州：福建教育出版社，1995 年。

② 水好才能酒好，客家族群居住在南方山区，水源充沛，多山泉水或地下水，故多用此类矿物质水酿酒。

③ 王增能：《客家饮食文化》，福州：福建教育出版社，1995 年，第 24 页。

寒凉，饮用生冷的酒水容易引起肠胃不适。娘酒经文火炙过以后，去了寒气，在当地人看来，这样才能“安全”饮用，而产妇尤其不可饮用未炙过的酒。

王增能将娘酒分为四类：冬酒、冬浸酒、四双酒、单酒。冬浸酒也是在冬季酿造酒娘糟，与冬酒不同的是，它在制作时往酒娘糟中加入的不是生水，而是煮沸并冷却后的冷开水，且此酒不经烧炙即可饮用。四双酒四季均可酿造，酒娘糟和泉水按1：1.5或1：2的比例浸3～4天，压出酒液后炙沸。单酒即薄酒，是四双酒的酒糟复加水少许，浸数日，将酒液炙沸。这四种酒是黄酒店的制作规格，家庭酿酒的酒糟一般在析出酒娘后，再加一次水制出水酒，就不再重复使用酒糟了。两者虽有细节上的区别，但基本流程是相同的，最后形成娘酒的方式一种是通过酒娘，一种是通过酒糟，如下图：

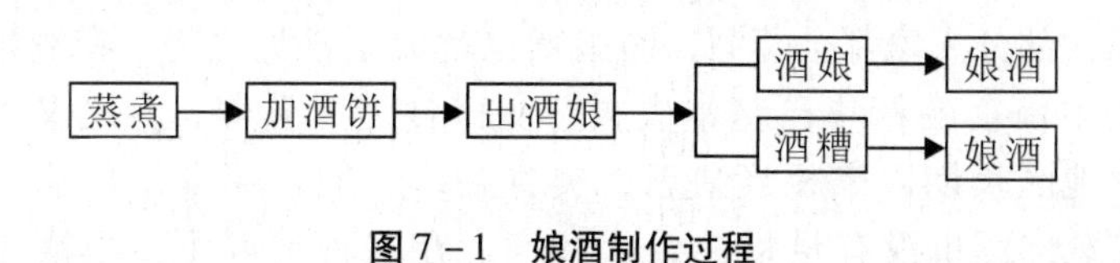

图7－1　娘酒制作过程

在客家地区，娘酒的文化价值更重于营养学价值，客家人并非因粮食有节余而酿酒，而是因生活中“需要”用酒才酿酒。《客家饮食文化》列举了六种黄酒的用途：飨客、送礼、筵席、滋补、调料、祭祀，[①] 其中祭祀和滋补是最重要的。在物资缺乏、粮食不充足的过去，人们平时省吃俭用，但基本上每年都会蒸一次酒，以备全年使用。如果家中没有特别的喜事，也没有待产的孕妇，大部分人家会在春节前蒸酒，春节是最需要用酒的时期：祭祖、敬神、团圆饭、亲戚间的礼尚往来都离不开娘酒，这个习俗在农村沿袭至今。除了春节，客家人在一年之中还会有数次敬神、祭祖的活动，娘酒都是必不可少的祭品。娘酒的滋补用途，突出地表现在产妇的食谱中，这是产妇坐月子期间最重要的食品。它能帮助产妇恢复体质、保养身体（去风），更能起到催奶的作用，帮助母亲为婴儿提供足量的食粮。

酒糟是蒸酒的过程产生的副产品。析出酒娘后的酒糟只剩下米粒的最外一层，但酒香乃在，可作四种用途：加糖作甜点、加盐作菜、炒菜或煲汤时作调味佐料、喂猪（差的或变质的酒糟）。粮食紧缺时，酒糟也很宝

---

① 王增能：《客家饮食文化》，福州：福建教育出版社，1995年，第25－27页。

贵，不会随便浪费。时至今日，酒糟仍是客家菜中经常用到的特色调料，用酒糟作料烹调的菜肴从口味到形式上都被认为有“客家味道”。许多定居于其他城市的新客家移民也常常从老家带些酒糟到居住地，作为日常配菜的佐料。常见的搭配有：配青菜，如清炒苦麦菜时放些酒糟，使苦麦菜的味道更香甜——今有不少客家菜馆以糟水苦麦为特色菜；配汤，如客家菜中经典的咸菜瘦肉汤和咸菜牛肉汤就常配酒糟调味，还有客家人家常煲排骨咸菜竹笋汤，也可用酒糟吊味，习惯此种口味的人往往认为不加酒糟的汤是不地道的；配小炒肉，客家人炒猪肉、牛肉、猪大肠等皆习惯放少量酒糟，苦麦菜炒黄鳝更是酒糟配菜的经典菜式。还有类似于浙江人酒酿圆子的吃法，即煮圆粄：将糯米粉搓成小圆团，用糖水配以酒糟煮开食用。

酒糟在客家地区被大量使用并非偶然。客家人重祭礼，不论平时如何节省，敬神、祭祖时也要倾其所有来准备供品，其中酒就是必不可少的物品。所以大部分人家都会蒸酒，酒娘糟也就成了常见之物。在酒娘析出之后，酒糟中粮食的精华已基本失去，变得食之无营养，弃之又可惜。过去，客家地区长期以来相当缺乏肉类食物，人们常年食用口味寡淡的素菜，即使熬肉汤也没有足量的骨头和肉。在这种情况下，酒糟作为现成的、具有特殊香味且存量不足以长期作为单独菜肴的食品，最合理的用途便是作为调味的佐料，让寡淡的汤、菜变得相对美味一些。久而久之，形成了口味上的习惯，也就成了有地方性特色的饮食文化。

第二节　是菜还是药？

“药食同源”是中国人自古形成的饮食观念，反映了人们对饮食与健康关系的认识。“在中国人看来，机体的运行遵循着基本的阴—阳原则。许多食物也可以归类为阳性的东西和阴性的东西。当躯体内的阴性力与阳性力不平衡时，麻烦就来了。于是，可以用（即吃）适量的这种或那种食物，来抵消这种阴与阳的失衡。”[①] 如南方人对“热气”的忌讳，“热气”上来时，需要“凉”性食物去清“热”。阴阳互补、寒热互消，成为日常中指导人们饮食的金科玉律。本书不讨论食物在客家人的医药体系中的用途，主要讨论药性植物如何进入客家人的饮食体系，成为他们的食物品

---

① 张光直：《中国文化中的饮食——人类学与历史学的透视》，尤金·N. 安德森著，马孆、刘东译：《中国食物》，南京：江苏人民出版社，2003 年，第 254 页。

种，即考察客家人通过吃（或者认为可以通过吃）哪些具有药性的植物来保持身体的健康，并使这些药性植物成为他们食谱的一部分。

植物性食物是农耕民族膳食的主要组成部分。为了扩大食物的来源，古人对各种植物进行尝试、研究，发现可食用、可培植的植物品种，同时发现许多植物的药用价值，中医也在此过程中发展起来。“神农尝百草”的故事生动地再现了这一历史。张光直认为，中国人饮食的适应性表现之一，是“对他们的野生植物资源有着惊人的了解”，他们熟悉环境中的每一种可食用的植物，虽然多数并不常出现在餐桌上，但当食物缺乏时，很容易就能将它们找出来。[①] 按照中国人的饮食观念，食物与人的健康密切相关，不同的食物适合不同体质的人，相同的食物在不同的身体状况下对健康产生的影响也存在差异，故“食品也是药品”[②]。在中国人的食物体系中，许多食物具有药用价值，许多药物也可能是日常的食物。根据对“药”和“食”的不同偏向，笔者认为，“药食同源”的思想大概有两种情况：具有药用价值的食物和可食用的药物，前者偏“食”性，后者偏“药”性。“多数不常出现在餐桌上”，有食物本身的口味原因，更重要的是有些食物药性强、食性弱，在食物充足的情况下不适合经常食用。

中国古代的农书和医书记载了许多营养学方面的知识。十六世纪，李时珍的《本草纲目》问世，这既是中国古代医学的扛鼎之作，也是中国传统“药食同源”观念的实践之作。“他四处漫游去寻找药草，又在自己身上试验，以现代流行病学家的敏锐和执着收集病历，澄清药草名称的地方用法和误用，并观察各地水土及其对健康的不同影响。”[③] 李时珍的研究延续了“神农尝百草”的精神，其著作也继承了中国源远流长的“药食同源”观念。到了清代，《本草纲目》得到广泛传播。李时珍最终确定的近两千个条目中，有大量的普通食物，还有些介于“药”和“食”之间。客家人的草药体系与中医体系一脉相承。如《本草纲目》中“草部”所载的白头翁、艾、夏枯草、苎麻、车前、土茯苓、菖蒲、石斛等，都是客家人日常食用的草药，其中白头翁、艾、夏枯草、苎麻叶是制作清明粄的草药品种；土茯苓在当地是饥荒年代的救荒食品，现在则常被用作汤料。

岭南自古就是瘴疠之地。屈大均《广东新语》说：

---

① 张光直：《中国文化中的饮食——人类学与历史学的透视》，尤金·N. 安德森著，马孆、刘东译：《中国食物》，南京：江苏人民出版社，2003 年，第 253 页。

② 张光直：《中国文化中的饮食——人类学与历史学的透视》，尤金·N. 安德森著，马孆、刘东译：《中国食物》，南京：江苏人民出版社，2003 年，第 254 页。

③ 张光直：《中国文化中的饮食——人类学与历史学的透视》尤金·N. 安德森著，马孆、刘东译：《中国食物》，南京：江苏人民出版社，2003 年，第 82 页。

岭南之地，火气多而常郁积。火极则水生，生之时未成水而先成雾，雾者瘴之本，以雾始必以瘴终……岭南之雾，近山州郡为多，自仲春至于秋季，无时无之……

又说：

岭南之地，愆阳所积，暑湿所居，虫虫之气，每苦蕴隆而不行。其近山者多燥，近海者多湿……草莱沴气所郁结，恒如宿火不散，溽熏中人。其候多与暑症类而绝貌伤寒，所谓阳淫热疾也。故入粤者，饮食起居之际，不可以不慎。①

岭南的瘴气在山区尤多，“瘴之起，皆因草木之气”，主要是天地、草木、百虫之气交织郁积而引起的，比如四瘴（春夏季有青草、黄梅瘴，秋冬季有新禾、黄茅瘴，合称“四瘴”）中的青草瘴：

恶蛇因久蛰土中，乘春而出，其毒与阳气俱吐，吐时有气一道上冲，少焉散漫而下如黄雾。或初在空中如弹丸，渐大则如车轮四掷，中之者或为痞闷，为疯症，为汗死。若伏地从其自掷，闭塞口鼻，不使吹嘘，俟其气过方起，则无恙。②

染上青草瘴后，“内热除则愈”。但黄钊的《石窟一征》认为，镇平（即今蕉岭）多通而不塞，“且山瘦水削，无浊阴浊阳郁结不舒之气。即宗生族茂之草木，而樵采者月以万计，雀卵蛇胎无从蕃育，又安有毒瘴之侵哉”③。人口增多后，客家山区的毒瘴渐消，故黄钊认为当地无毒瘴之扰。但山多木盛，造成当地多湿气，故乡民有采草药除湿气的传统。

在客家人的食物体系中，“药食同源”的思想有着广泛而深刻的体现，这既有中医观念的影响，也与山区的生活条件不可分割。梅州人生活在“八山一水一分田”的地理环境中，山水之间，生长着各式各样的植物，其中许多都具有药用价值，当地人很早就掌握了各种草药的生长习性和药用价值。但如前文所述，在过去，客家人的日常饮食非常单调，但求吃

---

① 屈大均：《广东新语》，北京：中华书局，1985 年，第 23 – 24 页。

② 屈大均：《广东新语》，北京：中华书局，1985 年，第 25 页。

③ 黄香铁著，广东省蕉岭县地方志编纂委员会点注：《石窟一征》，梅州：广东省蕉岭县地方志编纂委员会，2007 年，第 151 页。

饱，难求吃好，所以当时的人很少考虑如何将药性植物融入餐桌，只是在身体不适时会去寻找草药来治病，草药的主要功能在治病而不在保健。

过去农村的医疗条件比食物条件更有限，只有城里才有医院，圩镇上有私人开设的小诊所，有些村庄会有熟悉草药知识的民间中医。到了二十世纪六七十年代，才由政府在各村选拔年轻人进行简单的培训，将他们培养成具有助产技术的“接生婆”或具有基础医学知识的“赤脚医生”，以缓解农村医疗资源的不足。在这种医疗资源匮乏的条件下，吃草药成为客家人解决日常疾病问题的主要办法。客家地区流传着许多“婆太”的故事，这些“伟大的祖母”的英明决策和辛勤劳动使家族福泽延绵、子孙兴旺，于是受到后代的敬仰。她们当中有不少身怀绝技，善于辨识和使用草药，有些甚至因为挽救过许多乡民的生命，成为远近闻名的“神医”，被人们神话化。梅县白宫阁公岭村便有一位二十世纪八十年代去世的老祖母（即前文记录过的“天王大公”同身），据说她在世时对草药的使用近乎神异，其救死扶伤的事迹至今仍在她当年医治过的人们口中流传，她当年教人使用过的一些较简单的草药用法至今仍在村民中使用。人们甚至将她奉为可预知未来，可禳灾避祸的“神明”，并形成了一个信仰群体，直至她去世后二三十年，这个群体仍未完全解体，可以说是客家人“婆太”信仰的一个典型案例。《白宫往事》中也记载了作者的祖母用草药治病的生活场景：

阿婆会看病，真像一个医生，她常说：“灵丹妙草一食就好，灵丹妙药一食就着（对症）。”家里有人生病，轻一些的，都是她教人家用中草药来医治。

我有一次咳嗽了，阿婆去山上拔了许多“狗贴耳”草，洗干净放在药锅里煮，再放些红糖、乌豆（黑豆），熬得烂烂的，连汤带叶带豆子让我吃下去。几天以后病就好了。阿婆治咳嗽还有一种办法，用萝卜刷成丝，放在一个大碗里，拌上一些蜂蜜，盖上盖子浸泡。萝卜丝泡软了，水也出来了，吃了可以消痰化气。

…………

有一次我发了烧，还说胡话。阿婆又给我吃了草药。但烧仍然没有退下来。我昏昏沉沉地躺在床上，朦朦胧胧地看见阿婆拿了几张纸宝，到门外把它烧成灰，把灰收起来放在围裙里兜着，边走边念叨着：“阿莉，回家来吧，回到屋里来吧！”念完了，把纸灰抹到我的额头上，手心上，脚心上。我迷迷糊糊的，不知道阿婆在干什么。后来我才知道，这是“叫

魂”。谁家的孩子病了，他们家的大人都这样做。

阿婆有个小侄子，经常患抽风病。患病时翻着白眼，四肢抽筋，不省人事，挺吓人的。他每次发病，见到的人都会大声地呼喊阿婆。阿婆听到呼喊，就赶紧放下手里的活，跑回家去拿根针来，往孩子的人中穴扎进去。又用一条毛巾包上小侄子的后脚跟，用嘴去咬，直到他不抽了，清醒过来……

阿婆是我们大家族里最好的医生了。①

作者记录的是二十世纪二三十年代的经历，当时是中国社会发展较平稳的时期。当时白宫全镇有中医、西医各一位，以及一些简单的医疗设备。人们一旦生病，首先通过草药甚至民间巫术自行处理，只有遭遇重病、大病，自己无法解决时才请医生治病：

有一次我发了烧，阿婆把流民草和思茅草煮了给我吃，没有好，她便在我的脖子上“捻沙”。她打了一盆水放在一旁用手不时地沾上水，用食指和中指夹揪我的脖子，揪了一圈，揪出十个八个紫红色的印痕，我又哭又叫，痛得要命。阿婆说：“这是受风了，不揪怎么行？吃药也不好。你忍受一下，一下就好了。”揪着揪着，我就什么也不知道了。等我醒来，只见阿婆坐在我身旁。阿婆见我醒了，松了一口气对我说：“我的命都被你吓没了！”阿婆告诉我，她见我不省人事，吓坏人，就请了村里一个人，骑个脚踏车（自行车）到白宫圩上请来了曾医生，曾医生真能干，给我打了一针就好了。曾医生是白宫镇上唯一一个西医医生，名叫曾仲之。曾医生除了在镇上看病、卖药，还经常出诊到乡村。有求必应。白宫镇上还有个中医医生叫叶阿健。阿婆找不到草药或季节性的草药，到他那里去买过。

我还染上过疟疾，那滋味很难受。每隔一天，发烧一次。每次都是先发冷后发烧。冷得直发抖，盖着被子都不行。抖完了就发烧，烧得稀里糊涂的。第二天就好了，什么事都没有，照样去上学。第三天又发冷发烧了。阿婆说这是打摆子。我得这个病也是请曾医生来看的，曾医生说，这是隔日疟疾……他给我吃了西药奎宁，很快就好了。阿婆知道了，就托水客捎信给在印尼的亲友，从印尼带了些奎宁来备用。②

---

① 叶丹：《白宫往事》，2005 年，第 143 – 145 页。

② 叶丹：《白宫往事》，2005 年，第 143 – 144 页。

除了草药和医生开的药，人们没有其他途径购买药品。阿婆托人从印度尼西亚捎回奎宁，原因可能是国内不易购得，也可能是国内的奎宁贵于印度尼西亚——当时人们生活主要依靠自给自足，现金很少，钱都会节省着花，这也可以解释为什么人们一般的病痛不请医生。在医疗资源和购买能力都极缺乏的条件下，学会利用身边的资源来解决日常的病痛，成为人们重要的生存技能：

以前都是靠民间医生来治病的，伤风、感冒没有去看病的，小孩有烧有冷都用草药或者土方法，只有病很严重的时候才去医院的。有几种土方法经常用：小孩如果发烧，捉几个蟑螂，把翅膀、头和尾巴拔掉，剩下身体部分，和四季葱头、酒饼混在一起，碾碎，拿去蒸，蒸好后贴在肚脐眼上，烧就能退。还可以用枣子米饭和四季葱头、酒饼混在一起碾碎，蒸好后贴在肚脐上，风厉害的时候，饭都杜乌（发黑）。如果身体里有风，可以煮个鸡蛋，把蛋壳剥去，把蛋白取出来，用手帕包住，里面放个银圆，沾着用四季葱头和酒饼蒸出来的汁水，在背上刮，刮得银圆都杜乌，这样来除风。①

又如：

我年轻的时候，腰背部发了个“大财”（应是痈疽一类的毒疮）。村里的老人就教我去找地绵茎叶和刺吊菜叶，舂烂，加上蛋清，敷在“大财”上。每天换一次，敷了一个星期后，拔出了很大一块脓头，把毒给去除了。②

至今在农村，40 岁以上的常住人口还能对各种草药的作用如数家珍。但大部分人熟悉的是经常使用的草药，少则十几种，多则二三十种；只有身怀绝技，能够解决疑难杂症的民间草药家或卖药人才能辨识出上百种草药。随着人们对饮食的重视，一些草药已被吸收进食物体系中：

我们用的草药都是附近很容易找到的，是农村里的便药，平时就会跟一些家常的食物一起煲来吃。比如，流民草、一包针可以治头痛、感冒，

---

① 受访者：林婆，二十世纪二十年代生，梅县白宫人；访谈时间：2013 年 4 月 4 日。

② 受访者：秀姨，二十世纪五十年代生，梅县白宫人；访谈时间：2013 年 4 月 5 日。

去风。发热气[①]、感冒，就熬番薯汤，汤里加流民草、一包针、姜。有番薯在，就不会太“败”，又比较“凉”，能清火。以前还会加上虱麻头，现在很难找到了。还会放些红枣，比较中和。农村里现在也还有这样吃的，我们就经常这样煲汤喝呀，感冒不严重就可以这样吃。有些人感冒吃这个很有效。还可以加些龙眼叶。这些都是老人传下来的，现在的年轻人可能不知道，我们这个年纪的都知道。

溪黄草是护肝的，又称野菜，嫩的可以做菜吃，但一般也不吃，因为比较“败”，所以煲溪黄草汤都要配鲫鱼[②]，中和以后就不会“败”了。家里有人吸烟的，就要多吃些溪黄草汤。铁甲草也是护肝的。

金樱子又叫糖瓮子，我们南山脚下有几棵树，但还是比较少，大埔县有很多。一般用来泡酒，有固肾作用。

用红背、丝茅根、金银花（包括藤）煮水，喝或洗，可以治湿毒（皮肤病）、消炎。喉风草是吃喉咙痛的；车前草吃尿积[③]，主要是消炎、利尿。白花地斩头是吃头痛的；白花地绵茎可以消炎。

鸡屎藤专治内伤，人总会这里碰伤那里碰伤，总会有些内伤，也总会有些热气，鸡屎藤就能治这个。农村人喜欢用猪肺、粉肠来煲鸡屎藤。狗贴耳（即星腥草）会用来煲黑豆、姜和黄糖（即红糖），可以止咳，但止的是热咳，寒凉咳可不能吃，狗贴耳是凉的。

乳浆草是消炎、除湿、利尿的。还有刺苋（呢撼子），像苋菜一样，只是顶部有刺，会刺到人的那种草，也是除湿的。这些都经常用。以前这周围可多流明草了，现在都被除草剂除掉了，我现在就剩在自己家菜园子里种的那些了。

草药都很贱生的，很容易找到，但都很“败”，所以都要有肉之类的搭配着吃。不过以前生活苦，没肉搭，就这么清着吃，身体没事不敢随便吃。丝线红是补血的，用来煮瘦肉汤或鸡蛋汤，煮出来的汤是鲜红的，这种平时吃也是可以的。

五月节（端午节）时大家都会去采艾茎，采来晾干，平时用来煲老鸡，是温补的。[④]

---

① 即上火，当地人认为上火是感冒的前兆。

② 溪黄鲫鱼汤的做法：溪黄草洗干净，熬水待用；鲫鱼清理干净后，整条用油煎香；将煎好的鲫鱼放入溪黄草水中一起熬，同时放姜片去寒。

③ 在有热气的地方（如太阳暴晒过的地板）坐过后出现尿痛、尿时断时续、尿道不畅通的症状，当地人称犯“尿积”。

④ 受访者：林婆，二十世纪二十年代生，梅县白宫人；萍姨，二十世纪六十年代生，梅县白宫人；航叔，二十世纪六十年代生，梅县白宫人；访谈时间：2013 年 4 月 4 日。

又如：

当时枸杞叶还比较稀罕，大部分人家都是眼睛痛的时候才采来煮鸡蛋、治眼痛。我祖父在世的时候，已经在家里菜园子插了几株枸杞，偶尔就会摘来煮鸡蛋，当作菜。

蛇舌草是消炎的，我以前常拿它与溪黄草一起煲水喝。有一次做完一个小手术，检测出转氨酶偏高，又不好吃药，我就煲溪黄蛇舌草水喝，一周后再检，转氨酶就已经正常了，医生都很惊讶。

益母草有暖宫的作用，但妇科保健比较常用的还是艾。鲜艾叶可以用来煮鸡蛋，平远那边还会用来煮娘酒。最好的是五月艾，端午节的时候拔的艾茎，晒干后，平时用来炖鸡，经期过了之后吃，特别好。

常用的其他草药还有消炎用的夏枯草；清肝火的鸡骨草；止热咳的钱菜口；马齿苋可消炎、除湿，它可以用于日常做菜，滚汤或炒着吃都行；白芙蓉是外敷的，治跌打损伤，可以消炎止痛。[①]

流民草、一包针或狗贴耳煲的番薯汤，溪黄草鲫鱼汤，艾茎老鸡汤，枸杞鸡蛋汤，鲜艾叶鸡蛋汤，马齿苋汤等一类食品，虽然主要原材料是草药，但经过食物的搭配和烹饪方式的转化，其功能已不是治疗疾病，而是日常保健。食用的时间和场合也体现出了“食”的特点而非“药”的特点。在调查中了解到，这些“药食”在过去并不常见。例如溪黄草鲫鱼汤，人们清楚溪黄草的药性及其“败”性，但鲫鱼不能经常获得，对药的需求时间和获得鲫鱼的时间如果不吻合，这道汤就不容易出现。饮食的进化、菜肴的发明总是和人们的闲余时间及食材获得的便利程度成正比的。当时间和食材都具备时，人们固有的饮食观念便会驱动他们去创造一些能满足他们某种需求的菜肴。笔者曾让白宫将军阁村的一个年轻人帮忙记录他们家日常餐饮的菜谱，发现在2012年春节前的某个星期，他们家七天时间里有三天在喝溪黄草鲫鱼汤。询问之后获知，村里某个鱼塘“打旱塘”，捞上来许多鲫鱼，送了他们家一些。因家中的一位长辈常年吸烟，平时家中就会买鲫鱼来煲溪黄草汤喝，此时为了消化这些鲫鱼，自然想到了溪黄草汤。可见，当保健需求和食材同时出现时，菜肴也就被制作出来了。

溪黄草茶现在已被开发成客家特产中的保健茶在市场上销售，实际上，国内大城市的一些酒楼食肆也时常可以见到溪黄草茶。按老人们的说

---

① 受访者：秀姨，二十世纪五十年代生，梅县白宫人；访谈时间：2013年4月5日。

法，虽然人们一直都知道溪黄草有护肝、消炎的作用，但以前并没有广泛使用。追寻社会历史的轨迹发现，溪黄草的兴起可能跟二十世纪九十年代之后的“乙肝病毒携带者”事件有关。曾经有几年，社会中传播着乙肝病毒携带者是乙肝传染源的恐慌，使乙肝病毒携带者成为许多用人单位回避的群体，关于乙肝的医学知识也成为影响人们健康观念的一大因素。溪黄草正是在这种社会背景下引起了人们的重视，作为客家特产在市场上销售的溪黄草茶也是在此条件下产生的，与之相对应的是溪黄草鲫鱼汤在农家的普遍流行。虽然流行是较晚的事，但并不能说明以前没有。在调查中，村民们比较一致的回应是，溪黄草鲫鱼汤以前没喝过，但听说过，是最近这些年才流行起来的吃法。

农村人对草药药性的认识是经验性的，他们对大部分草药功能的叙述都带着模糊的色彩，日常使用的草药功效基本上不会脱离“消炎、清火、去伤、除风、除湿、温补”这几种叙述。现在溪黄草的功能被突出地标榜为“护肝”，但老人们对它的认识则主要还是消炎，护肝是消炎的客观效应之一，所以并非只为护肝而选用溪黄草，而是凡是有炎症就可能选用。溪黄草被贴上“护肝神品”的标签，是人们顺应现实需要，对传统知识进行扩充和改造的结果。现代人对“纯天然”“无污染”的自然产物的追捧和中医“治未病”保健观的流行，进一步固化了人们对溪黄草护肝功能的认识。

与后来流行的溪黄草不同，艾是较早渗入到客家饮食中的草药。艾是最贱生的草药之一，几乎有草的地方就可以看见它的身影。它是清明粄的固定使用材料，但在当地，最日常的吃法是艾茎煲老鸡（以五月艾最佳）。在二十一世纪以前，新鲜艾在梅州城区的市场上基本上是买不到的，要自己去农村采摘。最近十多年，新鲜艾叶已成为“蔬菜”品种，在市场中随意可见。作为“蔬菜”，艾在民间的传统吃法是用来煮鸡蛋，但只是偶尔出现在餐桌上。艾叶虽闻之清香，但食之味苦，按口味来说并不适合当作菜。随着艾叶在狗肉店中成为“最佳狗肉搭档”，艾的需求量日增，菜农看到商机，开始人工种植。人工种植的艾叶叫甜艾叶，苦味远逊于野生艾但香味分毫不减，让市民们对这种原本熟悉的口味更加爱不释手。

笔者 2013 年底在梅州城区有名的“葛记狗肉”店吃饭，见店主在店门口放了两大筐鲜艾叶。闲聊之下，店主告知，这个五十平方米不到的小店，一天要消耗二十多斤鲜艾叶，用作狗肉火锅料或狗肉煮粉的配菜。狗肉配艾，大约出现于二十世纪八十年代末至九十年代初。二十世纪八十年代前中期，梅州城区的狗肉汤是不配青菜的，后来开始增加了生菜；渐渐地，在生菜之外多了艾叶作为选择，但当时大部分顾客还是会选择放生菜。现在生菜和艾叶仍然是狗肉汤的主要搭配，但越来越多的人选择艾叶而不是生菜。新鲜艾叶与狗肉汤的搭配日益受到人们的追捧，两者在味道上的高融合度无疑是重要原因，但人们对于艾的钟情似乎并不止于此。2014 年春节，笔者在梅州一家早餐店里发现，瘦肉滚汤也开始用艾叶作为配菜了。但这种搭配的味道显然不如艾与狗肉或鸡蛋的搭配融合度高，因此顾客的适应性也不如前两者。从以上的变化中可以发现，人们将艾作为菜肴的试验并未停止，还在持续挖掘新的“艾式”菜肴。艾受到如此青睐，无疑是因为受到了当地吃艾的药食传统的影响。而现代社会大众媒体对艾之神奇功效的宣传，借用“科学”的话语系统，进一步巩固并扩展了人们对这个传统的信任。

与城市人草药知识的相对增进相反，农村人的草药知识已是一代不如一代。笔者曾在某个清明节与当地人去采摘制作清明粄的草药，这些草药生长在房前屋后、乡间小路、田埂菜园各处，都是很容易被忽视的“杂草”。只花了不到半个小时，我们就采到了 12 种制作清明粄时可以使用的草药，包括艾叶、苎叶、丝线红、流明草、鸡屎藤、布惊草、小春茎、豆子草、一包针、喉风草、红背草、狗贴耳。人们对这些草药药性的解释是这样的：流明草、喉风草去风；丝线红吃伤、吃咳；艾温补；豆子草吃凉；红背草消炎；布惊草防虫辟邪①……这些草药，各有用途，但当地人说，清明节当天的草药没有禁忌，“什么都可以吃，都有补”②，这种观念中多少有些迷信成分，但这种迷信背后，是人们对祈求健康的普遍心理。

笔者自小在城市里长大，但经常接触农村生活，因此对农村的知识略有了解，这 12 种草药，笔者在没有帮助的情况下能辨识出的只有艾叶、布惊草、一包针 3 种。将这些草药拿去让不同年龄的村民辨识，长期生活在村里且 40 岁以上的人群基本上能认全；40 岁以下 30 岁以上的，能认出一半以上；30 岁以下的人群的认知水平与笔者基本相同。这里面透露出来几个信息：在某个社会历史条件下，人们因生存的需要培养出了对草药的辨识能力；二十世纪七十年代以前出生者对草药还有较大的依赖；二十世纪八十年代后，农村的生产生活方式发生了较大的改变，年青一代对草药的需求大大减弱，他们对草药的辨识能力也随之下降；少部分草药知识与较稳固的传统相联系，年青一代因经常接触，故能明确辨识。

① 民间有说法，上山前，将布惊叶揉碎，将汁液涂于面部，可防蚊叮虫咬；出门前，摘七朵布惊芯，装于口袋中，可辟邪、保平安。

② 受访者：云姨，二十世纪五十年代生，梅县白宫人；访谈时间：2013 年 4 月 5 日。

现在，由于农村大量使用除草剂，菜园和田埂上野生的许多草药也一并被除去，许多草药濒于消失。随着医疗条件的发展，药品种类日益丰富，获得的途径和购买能力也在变化，这些都影响着人们对草药的使用习惯。许多药性较弱、用途较稀见、获得途径较困难的草药渐渐淡出了人们的生活，但一些被实践证明了有良好的药效或药性较温和的草药却借着人们生活水平提高、商品经济发展的条件成为具有地方特色的饮食材料。这类草药除了上文介绍的艾、溪黄草，还有最近新兴的红背草。2012 年前后，梅州人早餐中的瘦肉滚汤中悄然出现红背草作为汤配料，与艾的经历相似，趁此机会，菜农开始人工种植药性较弱的“甜红背”。随着红背瘦肉汤、红背牛肉汤在短短的时间内迅速成为梅州人早餐的流行菜式，一些超市和农贸市场出现了以蔬菜形式出售的新鲜红背草。

对红曲的使用，也是客家人日常膳食的一大特色。《中国饮食史》（卷五）记载了中国人的红曲制作技术：

“曲”是一种利用微生物的发酵作用，将稻米、大小麦、豆类等分解成食品或食品原料的制品。所谓“红曲”，就是一种利用红曲霉的发酵作用而制成的红色稻米。由于它的颜色鲜红宛如朱砂，故古名丹曲。红曲霉能产红曲霉红素，没有毒性，是饮食与药物中的佳品。明朝李时珍引《丹溪补遗》中的记载时说：“以白米饭受湿热郁蒸变而为红，即成真色，久亦不渝，此乃人窥造化之巧者也。”

红曲霉的菌丝生长稠密，早期无色，后变成红色。它的繁殖形式是生成有性的子孢和无性的分生孢子，子囊成熟后，囊膜很快破裂消失，囊内的孢子便游离到被子器中，形成被子器中包裹着无数孢子的现象。

…………

《本草纲目》记载：“红曲，《丹溪补遗》其法：白粳米一石五斗，水淘浸一宿，作饭。分作十五处，入曲母三斤，搓揉令匀，并作一处，以帛密覆。热即去帛摊开，觉温急堆起，又密覆。次日日中又作三堆，过一时分作五堆，再一时合作一堆。又过一时分作十五堆，稍温又作一堆，如此数次。第三日，用大桶盛新汲水，以竹箩盛曲作五六分，蘸湿完又作一堆，如前法作一次。第四日，如前又蘸。若曲半沉半浮，再依前法作一次，又蘸。若尽浮则成矣，取出日干收之。其米过心者谓之生黄，入酒及酢醢中，鲜红可爱。未过心者不甚佳。入药以陈久者良。”

实践证明，红曲是一种很重要的食品着色剂。比食品色素更具有优越性。福建、广东和台湾等省，历来用红曲酿制名酒“五加皮”。其他地区有用它来制作红腐乳和药品的。此外，它在制醋和食物烹调方法也有广泛用途，如红色叉烧肉、红烧鱼片、红焖鸡块、各种炒菜和某些主食等常用它上色。同时，红曲又是一味中药。例如用红曲、麦芽、山楂等药物煎服，可以治疗消化不良。用红曲和铁苋菜合煎可以治疗跌打损伤。用红曲煎水与温酒饮服可以治疗妇女血亏等。还有人认为，红曲能产生红曲霉红素和红曲霉黄素，具有抗菌和防腐的作用。①

可见，至少在明代，中国人已熟练掌握了红曲的制作工艺，并熟知了其食物用途和药用价值。屈大均《广东新语》云：

琴江都之谷，多焺而藏之以炊，其米圆实以造曲，市于四方。②

目前，红曲在很多地方已消失，但在梅州客家地区的使用仍非常普遍，客家菜中的经典菜式红烧肉便用红曲着色，家常菜中常用红曲清炖瘦肉汤，逢年节蒸饽粄也惯用红曲。客家娘酒实际上就是糯米酒，其红色主要来自红曲。现在笔者在梅州以外的城市很难买到红曲，但梅州的超市、小店基本都有红曲出售，可见其在当地的食用还相当普遍。正如《中国饮食史》中的记载，在客家人的保健观念里，红曲也是具有药用价值的日常食材，主要功能也是除湿。

从二十世纪八十年代开始，梅州的高档酒楼、宾馆已将深山里出产的牛奶树根、石斛、生地土茯、五指毛桃、五叶神等草药品种引入膳食，制成药膳汤。这些汤料为人们熟知后，也逐渐走入了普通家庭。溪黄草茶、萝卜苗茶、布惊茶等农村自产的传统保健型草药被开发成客家土特产，摆上超市的货架。随着中医保健意识的增强，加上当代社会人们空闲时间和财富的增多，当地人群长期积累的药食保健知识越来越多地被运用于人们的日常膳食中，成为地方特色饮食。

第三节　夏至狗冬至羊

在自给自足的自然经济时代，人们的饮食顺应天时设计，季节性的物产使人们形成了一些季节性的饮食习惯。在客家地区，不仅植物类的食物

① 徐海荣主编：《中国饮食史》（卷五），北京：华夏出版社，1999年，第55-60页。

② 屈大均：《广东新语》，北京：中华书局，1985年，第396页。

存在季节性的饮食习惯，一些动物类的食物也有时令特征。季节性的物产与代代相传的养生观念相结合，形成了一套具有地方特色的饮食规范。

梅州的大部分县区，流传着“春鸡、夏狗、秋鸭、冬羊”的食谚，这是客家人传统的四季饮食保健观念。《广东新语》云：“广州濒海之田，多产蟛蜞，岁食谷芽为农害，惟鸭能食之。鸭在田间，春夏食蟛蜞，秋食遗稻，易以肥大，故乡落间多畜鸭……秋获时，鸭价甚贱。”又云：“……海鸭，滋味腥不美，美者山鸭。”[①] 可见，秋季食鸭，应与季节性物产有关。贺州客家人有七月半（中元节）以鸭祭祖、吃鸭的习俗，“当地人认为，这一天阴阳界大门敞开，鸭子会凫水，可以渡黄泉（阴间）。祖先的灵魂可以借助其翅膀游回阳间，收取后人馈赠的食物、衣服和钱财；又因鸭血与‘压邪’谐音，可压制乱窜的孤魂野鬼”[②]。在现代商业社会，鸡、鸭已成为日常食品，市场上每天都在出售，人们也具备了相应的购买力，“春鸡、秋鸭”的传统也基本丢失了。

狗肉是大补之物，旧有“夏至狗，吃了满山走”和“小狗补肾、中狗补血、老狗去风湿”的说法。赣南农村有“补夏”的习俗，即在立夏吃糯米糖、烹狗、炖鸡。[③] 实际上，“夏吃狗肉”的习俗在现代社会也已式微，乡民这样解释：

> 以前的人做苦力，营养又不足。夏天体力消耗大，所以要“补夏”。现代人吃得好，苦力活就干得少，身体底子不如以前壮，狗肉是大补的肉，如果在夏天补，会过分热燥上火，反而对身体不利。所以现在大家都不提倡“夏吃狗肉”，反而在冬至会吃。[④]

虽然“夏吃狗肉”的饮食传统已不常见，狗肉文化却成了梅州客家饮食文化的一大特色。如今梅州市区的大街小巷，随处可见挂着“狗肉”招牌的餐饮店。狗肉食俗在梅州广为流行，已成为具有地域性标志的饮食符号。但在全国甚至全世界，狗肉并不像猪肉、牛肉、羊肉、鸡肉、鸭肉那么家常、普遍。虽然在历史上曾经入选“六畜”榜，但狗肉在当下饮食界的地位已越来越边缘化，成为人们的“猎奇”之选，像梅州这样存在食狗

---

① 屈大均：《广东新语》，北京：中华书局，1985 年，第 524 – 525 页。

② 冯智明、倪水雄：《贺州客家人祭祀饮食符号的象征隐喻——以莲塘镇白花村为个案》，《黑龙江民族丛刊》2007 年第 4 期，第 140 – 145 页。

③ 刘晓春：《仪式与象征的秩序——一个客家村落的历史、权力与记忆》，北京：商务印书馆，2003 年，第 131 页。

④ 受访者：凌女士，1980 年出生，平远石正人；访谈时间：2013 年 9 月 9 日。

风俗的城市并不多见。这种饮食风俗是如何形成的？这要从人们如何选择肉类食品的历史说起。

在古代中国的北方，食狗之风曾经很兴盛。这种风气最初只流行于贵族阶层，《礼记·王制》有“诸侯无故不杀牛，大夫无故不杀羊，士无故不杀犬豕，庶人无故不食珍”[①] 之说，可见当时的人是吃狗肉的，只是相对于牛肉和羊肉，狗肉要低贱一些，是“士”这个阶层食用的肉类品种。战国时期，食狗之风从上层发展到平民；到了秦汉，狗肉成为当时中原地区重要的肉食；西汉时，富者吃狗肉，贫者吃鸡肉和猪肉，狗肉的身价仍高于猪肉。[②] 刘邦的大将樊哙早年就是屠狗专业户，《史记·樊郦滕灌列传》记樊哙“以屠狗为事”，张守杰《史记正义》称“时人食狗亦与羊豕同”[③]。《中国饮食史》研究称，中国南方的食狗之风是魏晋南北朝以后随着北方人口的南迁而传入的，在此之前，狗的主要生产和食用区在北方。[④] 南方的食狗风俗是否传自北方还有待考证，但在古代北方曾盛行食狗且狗肉在魏晋南北朝之前曾经是中原地区的主要肉食，此说应无异议。正因如此，中国人的“六畜”（猪、牛、羊、马、狗、鸡）才会有狗的一席之地。

《中国饮食史》认为狗肉于隋唐五代时退出了主要肉食的行列。[⑤] 南北朝时期文人编著的志怪小说《搜神记》有“义犬冢”的故事[⑥]，《述异记》也记录了陆机养狗送信的故事，由此看来，狗作为人的“朋友”的观念此时已慢慢形成。刘朴兵认为，狗肉在隋唐五代时已成为不能登大雅之堂的肉食，在上层社会和正式场合，人们拒绝食用狗肉。民间有“关起门来吃狗肉”“挂羊头卖狗肉”的说法，可见狗肉的地位低下，“只配进入社会下层普通民众的食谱之中”[⑦]。随着历史的发展，狗在人类生活中的功能定位

---

① 郑玄注，孔颖达等疏：《礼记正义》，北京：北京大学出版社，2000 年，第 459 页。

② 刘朴兵：《略论中国古代的食狗之风及人们对食用狗肉的态度》，《殷都学刊》2006 年第 1 期。

③ 司马迁：《史记》，北京：中华书局，1982 年，第 2651 页。

④ 徐海荣主编：《中国饮食史》（卷三），北京：华夏出版社，1999 年，第 35 页。

⑤ 徐海荣主编：《中国饮食史》（卷三），北京：华夏出版社，1999 年，第 303 页。

⑥ 《搜神记》卷 20“义犬冢”：孙权时李信纯，襄阳纪南人也。家养一狗，字曰“黑龙”，爱之尤甚，行坐相随，饮馔之间皆分与食。忽一日于城外饮酒，大醉，归家不及。卧于草中，遇太守郑瑕出猎，见田草深，遣人纵火爇之。信纯卧处恰当顺风，犬见火来，乃以口拽纯衣，纯亦不动。卧处比有一溪，相去三五十步，犬即奔往入水，湿身走来卧处周回，以身洒之，获免主人大难。犬运水困乏，致毙于侧。俄尔信纯醒来，见犬已死，遍身毛湿，甚讶其事，睹火踪迹，因尔恸哭。闻于太守，太守悯之，曰犬之报恩甚于人，人不知恩，岂如犬乎？即命具棺椁衣衾葬之。今纪南有“义犬冢”，高十余丈。

⑦ 刘朴兵：《略论中国古代的食狗之风及人们对食用狗肉的态度》，《殷都学刊》2006 年第 1 期。

有所改变，这应是其逐渐退出主要肉食品种行列的重要原因，但不是根本原因。其根本原因需从生态层面着手去探寻。

在“六畜”当中，狗是唯一的肉食动物，其饲养成本远远高于其他动物，其产肉的效率也明显低于其他动物。哈里斯这样解释为什么西方人不吃狗肉、中国人吃狗肉：

从根本上说，这是因为作为肉食动物的狗是一种无效的肉食资源；西方人有很丰富的其他动物食物来源；狗活着的时候能够给人提供很多远远超出狗肉和畜体价值的服务。相比之下，吃狗肉的文化一般都缺乏大量可供选择的动物食物来源，狗活着的时候所提供的服务不足以超过它们死后所提供的产品价值。例如，在中国，由于常年缺肉少奶，就产生了经年累月的、非本意的素食主义方式，吃狗肉是惯例，而不是例外。[①]

为何中古以前的中国人会将狗肉列为主要肉食，使狗成为“六畜”之一？借用世界各地食狗地区的例子可以进一步说明。以波利尼西亚人的食狗习俗为例。在狗成为人类的宠物之前，其在作为肉食之外的两个重要功能是看家护院和协助人类狩猎，而这些功能对于波利尼西亚人来说没有意义，他们居住的地方没有适合狩猎的动物。更重要的是，波利尼西亚人的居住地有条件养狗，但没有足够的条件来饲养猪或鸡，他们也没有家养的食草动物，狗成为他们唯一的家养动物。这使狗成为当地人重要的肉食来源，而狗的其他功能相应地变得无足轻重。北美洲的墨西哥与之情况类似。与之情况相反的有居住在加拿大西北部的哈雷人，他们大量养狗，但他们绝不会吃狗肉，因为狗是他们的朋友，帮助他们狩猎和迁移。对于哈雷人来说，狗在“活着的时候比死了更有价值”。北美洲的土著中，凡是需要借助狗来狩猎且有其他动物提供肉食的地方，都缺乏吃狗肉的传统；那些有吃狗肉传统的族群“或者主要是农民，或者主要是野生植物的采集者”，也就是缺乏肉食的族群。[②]

当人们缺少足量的肉食时，就存在以狗作为主要肉食的可能性；当狗为人类提供的服务价值大于它作为肉食的价值时，狗肉就可能退出主要肉食的行列。隋唐以后，狗在中国的北方不再是主要肉食，与其他肉食生产

---

① 马文·哈里斯著，叶舒宪、户晓辉译：《好吃：食物与文化之谜》，济南：山东画报出版社，2001 年，第 199 页。

② 马文·哈里斯著，叶舒宪、户晓辉译：《好吃：食物与文化之谜》，济南：山东画报出版社，2001 年，第 202 – 207 页。

的发展有很大关系。五胡乱华之后，大批游牧民族进入中原地区。据研究，当时的养猪业有所萎缩，养羊业则比前代有所发展，原因是游牧民族带来大批牛羊，而战乱造成的荒地以及采用休耕制后出现的休耕土地为放牧创造了条件，形成了关陇、华北和中原三大产羊区。如中原地区，北魏孝文帝迁都洛阳时，随迁的鲜卑及其他北方游牧民族将牛羊一起迁到了中原，改变了当地一家一户小规模养羊的局面。北朝时期，羊肉的食用量远超猪肉，成为最主要的肉食。[①] 对于北方游牧民族来说，狗是牧羊的护卫，其价值不是提供肉食，而是履行好“牧羊犬”的职责。从情感角度来说，狗不是他们的肉食产品，而是他们的朋友。其他优势肉食品种的存在和狗的其他功能的强化，加上人们对狗的情感归因，使狗肉从这一时期开始渐渐退出中原地区的肉食舞台。而所谓的“食狗之风的南移”[②]，既与北方汉人的南迁有关，更与南方的肉食品种短缺有关。

北方人对待狗肉的态度与西方社会相似，有人说是受到西方文化的影响，在现代饮食观念当中，这种影响无疑是存在的。但西方文化只是在原本不食狗肉的心理基础上为这种饮食观念加入了现代文明的因素，为人们“不食狗”的信念找到了更具有说服力的理由，并不是北方人不食狗的根本原因。如上文所述，北方人不食狗的观念早在南北朝时期就已慢慢形成。明朝时，皇帝颁布禁食狗肉的文明法令，使食狗变成有关道德风化的饮食禁忌，从此使食狗风俗在北方基本绝迹。禁吃令与人们对狗的特殊感情互相作用，天长日久，“吃狗肉”被贴上了“不文明”的标签，成为北方人根深蒂固的饮食观念。

现在南方许多地区还延续着吃狗肉的习俗，这些地区肉食品种有限，历史上肉食资源长期难以满足人们的饮食需求，而狗一直是肉食营养的其中一个来源。在情感上，由于南方的狗不具备像北方牧羊犬那样的生产功能，人们与狗的感情不像北方人那样深厚；在营养需求方面，南方人更需要狗肉这种营养，因此，中国人食狗的习俗主要保存在南方地区。

狗原本是肉食动物，但客家人养狗，大部分时候都用饭、菜来喂食，最多加上吃剩的鸡骨、猪骨和鱼骨（前提是人有相应的肉食）：

并不是每家人都有条件养狗的，养狗相当于要多一个人的口粮。狗和猪不同，猪吃的粗糠、番薯藤和稀稀拉拉的粥汤，狗是不吃的。狗要吃饭、菜、肉骨头等，所以一家最多也就养一条、两条，许多较贫困的人家

---

① 徐海荣主编：《中国饮食史》（卷三），北京：华夏出版社，1999年，第31－34页。

② 徐海荣主编：《中国饮食史》（卷三），北京：华夏出版社，1999年，第35页。

根本养不起。

但狗会吃小孩的屎，家里有小孩大便，就会便在门坪边，唤狗来吃，还可以清理干净。①

在当地，狗肉被认为是肉食中的大补品，这既有其营养学的知识支撑，也有人们对“物以稀为贵”的误读。因为是补品，所以不会常吃；又因为不常吃到，所以被认为是“补品”。在客家老人的记忆中，不养狗的人家，每年会买两三次狗肉吃。可见狗肉不是当地人的主要肉食，因为不是经常吃，购买的时候反而会多买。在物资贫乏的年代，人们购买猪肉常常一次只买几两，但狗肉每次都购买在几斤以上。狗肉的烹制方法是按照“补品”的思路来设计的。在白宫一带，姜、红糖、橘子皮、小茴香是传统制法中的主要配料，讲究一些的人家会放些红枣、枸杞。

相对于狗肉，羊肉在客家的食用量更少，一般只在冬至吃。客家人吃羊肉也以甜吃为主（基本不加盐），主要加红枣、枸杞、党参、姜、娘酒，炖着吃，烹饪方式同样强调冬至羊肉作为“补品”的功能。

客俗，以冬至为冬年，故庆贺冬至称作贺新年；或以冬至为岁首，故过冬称作增岁、添岁。民间有“冬至大过年”之谚。②《石窟一征》记载以前的蕉岭人过冬至颇为隆重。但调查发现，冬至的节日习俗在梅州大部分地区也已发生变化，冬至不再被当作“节日”来庆祝，只留下了吃羊肉进补的传统。在白宫，冬至在老人的记忆里，跟吃“雄头焖饭”（雄头是雄鱼头）有关，冬至吃羊肉是后来才有的事，因为“旧社会吃不到羊肉”。可见无论是吃羊肉还是吃雄头焖饭都不是过冬至的固定习俗，只是根据客观物质条件所作的选择，无法吃到羊肉的人家用雄头焖饭代替了羊肉，使雄头焖饭成为部分人的饮食记忆。实际上，笔者在调查中发现，梅江区长沙镇的冬至食俗既不吃羊肉，也不吃雄头焖饭，而是吃鸡酒。说明梅州各个县区、镇甚至村落的冬至食俗都有可能存在差别，如果由此制作一幅冬至的食物地图，相信会是一个丰富多彩的画面。换言之，“冬至吃什么”不是问题的关键，冬至进补，或者说冬至要吃肉食才是饮食现象背后的地方社会心理。

很难考证“夏吃狗肉冬吃羊”的俗谚是在怎样的条件下产生的，现实生活中，这条规则早已被打破。笔者调查的人群中，蕉岭等地的朋友都说

---

① 受访者：黎姨，1952 年生，梅县西阳白宫人；林叔，1951 年生，梅县西阳白宫人；访谈时间：2014 年 9 月 14 日。

② 吴永章：《多元一体的客家文化》，广州：华南理工大学出版社，2012 年，第 11 页。

他们一般是冬天吃狗肉。坚持“夏吃狗肉”之说的梅县人现在也不再坚持，反而冬天吃狗肉的情况更多了些。但“冬吃羊”的习俗至今还在传承，“冬吃羊”不仅有食补的意思，更有“过冬至”的节日含义。

第四节　客家“粄”“圆”

客家多粄食，粄是客家地区的特色食品，由粮食作物磨成粉或打成浆后制作而成。光绪《嘉应州志》有“粉饵谓之粄”① 之说，粉饵便是以米粉或面粉制成的点心食品。与客家粄食的形制类似的食品在各地有很多，或称为粿，或称为糕，称为粄的极少。“粄”属生僻汉字，一般的字典查不到此字。王增能认为，“粄”是客家人的专用字，其他民族和民系不使用。② 用“中国方志库”数据检索，文中曾出现过与食物有关的“粄”字的地方志有以下几部：

（1）光绪《定安县志》（今海南省定安县）。

（2）光绪《嘉应州志》（今广东省梅州市）。

（3）民国《赤溪县志》（原广东省台州市赤溪县，今已废县）。

（4）民国《川沙县志》（原上海市川沙县，今已废县）。

（5）民国《大埔县志》（今广东省梅州市大埔县）。

（6）民国《上杭县志》（今福建省龙岩市上杭县）。

这些地方大部分为客家人聚居区。

与“粄”类似的小吃是“圆”，“圆”也多以粉状的粮食为主要材料。在梅县区和梅江区一带，同样材料的食品，做成小圆球状被称为“圆”，做成块状或圆饼状则被称为“粄”。如白宫人用萝卜丝和木薯粉搓成乒乓球大小的球形隔水蒸熟，叫蒸萝卜圆；另有一种做成块状的叫萝卜粄（制作萝卜粄时也常用糯米粉代替木薯粉）。过年用红糖、糯米粉揉成直径半米的大圆饼状蒸出来的年糕叫甜粄，同样用糖和糯米粉揉成一个个大乒乓球状在大油锅中煎出来的则叫煎圆（蕉岭县、平远县称为煎粄）。所有的“圆”都有两个共同的特征，一是由粮食碾碎后制成，二是烹制出来的食品是圆球体（不一定是规整的圆）。“粄”与“圆”在第一个特征上相同，但形状上“粄”要比“圆”有更多的变化，也不局限于形状的大小。如老鼠屎粄实是米粉的一种，其材料、口感类似于广式沙河粉，但客家人将其

① 温仲和纂：光绪《嘉应州志》，台北：成文出版社，1968 年。

② 王增能：《客家饮食文化》，福州：福建教育出版社，1995 年，第 52 页。

切成粒状，形状像大粒的老鼠屎，因而得名。“粄”与“板”同音，“板”寓意平顺，“圆”寓意圆满、团圆，从音义上也符合客家人讲究好寓意的心理要求。

一、客家人的“粄”

客家人的粄食，可以由大米、粟米、糯米、木薯粉或面粉制成。客家粄食有很多，对客家饮食的影响很大。在梅州城区一带，主要的“粄”类食品有大米制的饽粄、味酵粄（包括煎粄)、清明粄（青名粄)、老鼠粄、敛粄[①]；糯米（有些会掺入少许粘米粉）制的甜粄、煎圆、圆粄（汤圆)；粟米做的粟米粄；木薯粉做的萝卜粄、荞粄；面粉制的拳头粄；还有仙人草熬制后与薯粉调制而成的解暑佳品仙人粄等。另外，大埔小吃里有名的算盘子和笋粄是木薯粉制的，糍粑是糯米制的；平远有名的黄粄是禾米制的。这些名目众多的粄类食品，有些是日常小吃，有些是节气食品，有些是节日祭品。

王增能认为，用来制作“粄”的大米有籼、粳、糯等品种，不同的品种按比例搭配，又能产生出更多不同的粄。《客家饮食文化》记载了17种粄类食品：糍粑粄、簸箕粄、搅粄子、禾米粄、老鼠粄、虾公卵粄、绿豆粄、忆子粄、芋子粄、软糕粄、苎叶粄、艾叶粄、白头公粄、烙粄、煎粄、灰水粄、粄皮等。饮食的族群特征在很多时候以地域特征为前提，粄食被认为是客家的族群饮食，但客家各地的粄食形态各异，并无统一的标准。王增能记录的17种粄食中，梅县白宫人熟悉的只有老鼠粄、苎叶粄、艾叶粄、白头公粄，后三者在白宫是作为清明粄的形式出现的，且一般会将几种草药混在一起制作（清明粄的相关内容详见第五章)。糍粑在大埔县是传统小吃，但邻近的白宫却很少有人制作。有台湾的民间人士编写了民谣《客家粄十念》：

① 敛粄是客家人的一种传统粄食，但在梅州已很少见。据梅州一档电视节目介绍，惠州客家人的敛粄是当地妇女当了外婆之后一定要制作的，是当地的“外婆粄”。“敛”有敛肠、敛肚（生产完后，子宫收缩）的意思，蕴含着母亲对女儿的关心与祝福，希望产后的女儿可以早日康复。女儿生了孩子12天或半个月以后，母亲就可做敛粄去看女儿了。一做就要做十来斤，切好后有100块左右。这些敛粄拿到女儿的夫家之后，会被当成回礼回给送鸡蛋、猪脚等过来探望产妇的亲戚。回礼的数量还有讲究，一定要双数，如4块或6块。如果娘家没有送敛粄过来，致使女儿无礼可回，是件很失礼的事情，娘家的母亲也会因此而内疚。除了送礼，敛粄也是当地产妇一定要吃的食品，这与人们对“敛”的解释不无关系。

头椎（油椎仔）、二粑（糍粑）、三甜粄（年糕、红豆粄）①、四惜圆（粄圆）、五包（猪笼粄、地瓜包）、六粄（粄粽、碱粽）、七碗粄（水粄仔）、八摩挲（米筛目、粄条）、九层粄（多层粄）、十红桃（红粄、新丁粄）。

台湾客家的粄食品种与大陆多有不同，只有糍粑和甜粄在客家原乡有出现，其余应为台湾当地的粄食，可见粄食的品种本身与客家族群没有太大关系，将这些食品统称为“粄”才是客家的特色。

一般的中国老百姓长期生活在低营养的温饱线上，对于食物有着超乎寻常的专注和珍视，以至于竭尽所能地利用每一种潜在的食物。客家人多样的粄食系统正是在这样的境遇下构建的。1959 年下半年至 1961 年的粮食困难时期，为应对主粮供应不足的问题，国家在城乡推行“低标准，瓜菜代”的方针，梅县政府成立梅县白宫将军阁“代食品办公室”，推广双蒸饭、淀粉包、番薯粄、木瓜头粄及各类薯渣粄等代食品。② 村的琼姨说：“小的时候吃过各种粄。没东西吃的时候，还把马铃薯合着糠做成粄蒸来吃。”③ 阁公岭村的林婆也曾回忆将马铃薯刷成丝，用豆油煎成

图 7－2　大埔特色小吃算盘子

① 甜粄制作方法是：粄脆是制作多样化粄类的基本，单独使用糯米制作时，成品有时会过软，因此会加入再来米增加粄的弹性，比例大概为 8∶2。做法是先将米浸泡三到四小时后，使用电动研磨机将米磨成粄浆（在没有电器设备的时代，则是使用石磨将米磨浆），将湿润的粄浆放入米袋后将封口封紧，使用石头或水桶施加压力让水分排出，每隔一段时间将米袋解开，均匀搅拌让各部分能充分受力，挤压出水分后即制作完毕。制作甜粄时，首先必须将盆中的粄脆搓散后加入糖、香蕉油（制作其他口味时，也是在此阶段加入各种原料），均匀揉捏使粄脆与糖融合变软后，将粄放入铺了玻璃纸的蒸笼内，接着将四个粄筒直立放入蒸笼与玻璃纸中间的四个角落，合上蒸笼盖炊制至熟。……蒸煮四至五小时后，可用筷子插入甜粄正中心，如果筷子拔出后没有沾黏任何黏稠物，便代表甜粄已熟。刚出炉的甜粄是不能立即食用的，若此时切割甜粄会中央塌陷并沾黏刀具，须冷却静置最少一天。

② 梅县粮食局、梅州市梅江区粮食局编纂：《梅县市粮食志》，内部发行，1988 年，第 111 页。

③ 受访者：琼姨，二十世纪五十年代末生，梅县白宫人；访谈时间：2013 年 1 月 31 日。

粄的制作方法。[①]

在张光直看来，因贫困而导致的“对食物资源的彻底搜求”只是饮食发明的条件，而非原因；中国人的烹饪创造性需要从民族的心理层面去寻找原因，答案就是，他们将“食物和吃法”当成了“生活方式的核心之一”，也当成了自身“精神气质的组成部分”[②]。在这套逻辑之下，客家人对粄食的创造可以归因为，在原材料单调的情况下，为了享受尽可能丰富的食物，人们对各类粮食进行了不同方式的改造，将单一的食材转化成了品种繁多的粄类食品。这与北方人创造出琳琅满目的面食的动机是一致的。在贫困的境遇下，人们所能获得的食物原材料有限，造成了食物品种有限；但人们追求饮食享受的心理需求驱使他们针对有限的食材展开多样化的改造，从而创造出了丰富多彩的饮食文化。

二、客家人的“圆”

客家人的“圆”类食品仅次于“粄”，其品种繁多，频繁出现在不同的生活场景中。“圆”在客家话里与“缘”同音，在形状上，“圆”寓意缘分、圆满。结婚被称为“结姻缘”，因此婚礼中可以看到许多与“圆”的意象有关的食品：《客家民俗》中记载男家安床时，女家要送柚子和木炭到男家，男方则以大肉圆反赠女方及其亲友，“以示结缘”[③]。光绪《嘉应州志》记，男家的使者到女家“问名”时，女家的回礼包括糖圆二个；出阁前，男女行冠礼，“午后，以槟榔、早稻、长命草煮鸡子二枚啖”；迎亲时，新房中要放置各种象征性的食品，其中也有糖圆；新郎新娘在新屋行合卺礼，同吃红鸡蛋；[④] 新婚第二天，新郎新娘及娘家人早起第一餐要吃圆粄，喻示团圆幸福，娘家人离开前由男家给每人发六个红鸡蛋作点心；旧时新妇初嫁的第二天，要祭祀灶君，并开始进入厨房担当起主妇的角色，首先是“搓粉为圆煮糖”，即煮圆粄给家人亲戚享用。柚子、肉圆、糖圆、鸡蛋、圆粄都有“圆”的意象，作为仪式性食品，有着寓意美好祝福的功能。其中的肉圆、糖圆、圆粄都属于客家饮食中的“圆”类食品。

梅州的“圆”食有肉圆、粉圆、饭圆、萝卜圆、挥圆（炸过的鱼丸）、煎圆、芋圆、圆粄等传统品种，近来又有人发明了冬瓜圆（客家人称南瓜

---

① 受访者：林婆，二十世纪二十年代生，梅县白宫人；访谈时间：2013 年 4 月 4 日。

② 张光直：《中国文化中的饮食——人类学与历史学的透视》，尤金 · N. 安德森著，马孆、刘东译：《中国食物》，南京：江苏人民出版社，2003 年，第 257 页。

③ 房学嘉：《客家民俗》，广州：华南理工大学出版社，2006 年，第 36 页。

④ 温仲和纂：光绪《嘉应州志》，台北：成文出版社，1968 年，第 129 页。

为冬瓜)、番薯圆、淮山圆等新品种。“圆”食品种多样，制作方法和材料各异。肉圆、粉圆、饭圆、萝卜圆、挥圆味咸，为客家菜的经典菜式，主要原料都用到了木薯粉，这些菜式的另一味主料分别是各类肉泥、米粉碎、白米饭粒、萝卜丝、香菇和鱿鱼碎等，再加以调味料和水，捏成圆状制成。煎圆、芋圆、圆粄属于甜点、小吃，芋圆以甜为主，可稍加盐点缀味道，其黏着剂也是木薯粉，调入花生米和姜丝，入大油锅煎炸而成；煎圆和圆粄则以糯米粉为主料，前者煎炸而成，后者用糖水煮成。

众多“圆”食中，对客家人的饮食文化影响最大的是肉圆。梅州肉圆的传统制作方法是将肉捶成肉泥，所以俗称捶圆。捶圆因原材料的不同分为猪肉圆、牛肉圆、牛筋圆、鱼圆。猪肉是梅州客家人最主要的肉食品种，猪肉圆在成本、口味方面更受客家人欢迎，食用更广泛，所以后来捶圆专指猪肉圆。肉圆一类的食品，并非客家人独有，但客家人极大地开发了“圆”食的品种及其在当地人生活中的作用。

关于肉圆文化的形成，可以从酿豆腐[①]的饮食传说中获得一些启发。传说很久以前，有一位兴宁人和一位五华人一起去饭馆吃饭。在商议吃什么菜时，兴宁人说吃豆腐，五华人说吃猪肉，两人互不相让，争吵起来。老板想了个办法，把捣碎的猪肉拌上鲜美的佐料，酿进一块块豆腐里，做成了美味的酿豆腐，从此酿豆腐便成了客家的名菜。传说不是历史真相本身，但隐含了历史真相的线索。豆腐与肉在传统客家人的饮食中，一种是常见食品，一种是稀见食品，一般人不会舍肉而取豆

图 7－3　煎好的芋圆

① 豆腐选用质体鲜嫩而富有弹性的卤水豆腐为佳。制作时将配料捣碎、拌匀、调味，制成肉馅，然后将肉馅酿入切成长方块（或切成三角块）的豆腐里，最后将酿成的豆腐放进热油锅中用慢火煎至半熟，再加适量汤水煮至熟透。食用时用薯粉味料打底，撒上葱花、香菜、胡椒粉。……将酿豆腐煎成半赤，称红烧酿豆腐。详见房学嘉：《客家民俗》，广州：华南理工大学出版社，2006 年，第 11 页。

腐。更合理的解释是，肉的总量有限，将少量的肉嵌入量较丰富的豆腐中，使寡淡的豆腐带上肉的味道，肉借附着在一起的豆腐，也使人感觉量有所增加。肉圆与酿豆腐在制作原理上异曲同工：将稀少的肉和常见的木薯粉混合制作，既为木薯粉提供了更多的食用方法，又为人们增加了肉食品种，而结果是，经过如此制作的肉圆在口感上并不比纯肉逊色。因此笔者推测，通过混入木薯粉使肉类食物在不削弱味觉感受的情况下得到数量上的虚拟性的增加，是肉圆一类食品被发明的心理动因。

制作客家肉圆的材料非常简单：鲜肉、木薯粉、盐、水（后来又增加了味精）。木薯适合在山坡上（旱地）种植，适应当地的地理环境，故产量颇高，但如果不与其他材料混合制作，木薯和木薯粉都不易下咽，难以将其中丰富的淀粉转化为可口的食品，因此木薯粉主要作为黏合剂使用。木薯粉的易得、难吃、易饱等食物品质，为客家人创造“圆”“粄”一类的食品提供了充分必要的条件。

新鲜猪肉和木薯粉是肉圆的主要材料，虽然肉的分量在很大程度上决定了肉圆的美味程度，但达到一定程度后，肉再多也不会使肉圆更加鲜美，甚至有可能降低肉圆的口感。客家肉圆的鲜美还与肉的质量有关。当地的猪肉饲料中瘦肉精的成分少，过去更是不含添加剂。最好的肉圆要趁猪肉还热乎的时候制作。旧时在办喜事杀猪前，事先预约了厨师来做肉圆，现杀现做，最大限度地保证了肉质的鲜美。梅州的肉圆除添加少量味精外，不使用其他添加剂，靠着优质的原材料（优质的肉和木薯粉）及师傅高超的手艺，就可以具备天然的弹性，味道和口感俱佳。

做肉圆的最后一道工序是将和好木薯粉、调味料的肉泥握在手里，从拇指和食指包围着的虎口处挤出圆肉球，另一只手持汤匙将肉球刮起，放入正在加热的热水盆中。刚放入水中的肉圆呈粉红色，沉入水底，慢慢煮熟，等颜色转为灰白色时，肉圆就会从水底浮到水面。熟练的师傅一手挤一手刮，不一会儿水盆中就能浮出来一大片肉圆，将其捞起在大圆匾中摊开晾干，肉圆就做好了。此时的肉圆并未全熟，食用时再将肉圆放入汤中煮熟——优质的肉圆在重新加热至熟透后会膨胀至原来的1.5倍至2倍大小，熄火稍降温后又会恢复原状。制作肉圆的热水沉淀了肉圆的味道后，成为肉圆原汤。梅州人买肉圆会顺便从店里倒些原汤回家，用原汤煮肉圆，出锅前撒上少许芹菜末，肉圆好吃，汤味也鲜美。

过去，肉圆只有在办红白喜事或过年时才偶尔能吃到，客家人筵席中会有三牲三圆，三圆即三种肉圆，一般包括猪肉圆、牛肉圆和鲩鱼圆。因牛肉在当地较稀少，价值昂贵，牛肉圆的食用不多，而鲩鱼圆有鱼腥味，口味的接受度不如猪肉圆高，且鱼肉的单位量小，不适合大量制作，所以猪肉圆成为三圆中食用最广泛的一种。

肉圆从筵席走向日常是二十世纪八十年代以后的事。如果说在肉食贫乏的时候，肉圆以一种巧妙的烹饪方式象征性地增加了人们的食肉量，那么在肉食已广泛出现在人们日常饮食中，甚至有人因过量食肉影响身体健康的当下，肉圆又因其荤素搭配的烹饪方式，使人们在继续享受肉食美味的同时，相对地降低了肉食的摄入量，满足了人们健康饮食方面的需求。肉圆因此越来越成为梅州人喜爱的菜肴和小吃。

现代梅州人吃肉圆的时间和空间远比过去宽泛：红白喜事中，三牲三圆因其“圆满”“有缘”等吉祥的寓意和为人们所认同的口味，始终是筵席中的惯用菜式；家庭聚餐中，肉圆易买易煮，可以减轻烹饪的压力；招待外乡的客人，肉圆作为当地特色菜肴，常点常新；批量生产加真空包装的生产方式，使肉圆成为新客家人返城时送礼或家常食用的重要选择；在当地人的日常饮食中，肉圆也兼具了方便、美味的优点，小贩沿街叫卖的肉圆汤，在梅州大街小巷随处可见，因物美价廉而成为儿童、学生等人群经常消费的小吃。

笔者曾见一位五十多岁的阿姨常年在梅州城区较繁华的某超市旁边，停着四轮自行车做肉圆生意。自行车载着两口煤炉，上面各有一个半米直径的圆筒形大锡锅，一锅煮肉圆，一锅热汤；炉子旁边放着几袋待煮的肉圆，锅里的卖完了，再往里添。阿姨说，她每天下午两三点定点到此处摆卖，五点多基本上就把做好的肉圆卖完了。许多周围住的小孩或者放学回家的学生每天都会在差不多的时间去她那里买肉圆当点心吃。如果不喝汤，可以用竹签串一串肉圆，两块钱有十个，拿在手上边走边吃；如果想喝汤，摊主会在大的一次性塑料杯里扔一小撮芹菜末，舀一勺汤和相应价格的肉圆，放两根竹签，递给顾客，一样可以边走边吃。类似的路边小吃在梅州城区中随处可见，许多都是定点定线，经营熟客生意，很受当地人的欢迎。

在梅州，除西餐和以外地菜系为招牌的酒楼食肆，在大部分经营餐饮的场所都可以看到肉圆的身影：超市、农贸市场、客家菜馆、客家特产店、肉圆小吃档等。城里有许多小餐馆自产自销，只做肉圆生意。手艺较好的店基本上每天一到下午五六点，当天生产的肉圆就已售卖一空，所以经营肉圆生意的小商贩很多，这也意味着肉圆在当地有很大的消费量。

梅州肉圆消费的兴旺与其产量有关。纯粹手工捶打的肉圆生产，不能满足如此庞大的肉圆消费产业——虽然目前有些饭店会以“手工捶圆”作

为品牌特色，但大部分的肉圆生产早已过渡到机打肉圆的时代。这里不得不提到现在梅州肉圆的头号品牌——尚记肉圆的创始人杨尚元。杨尚元于1979年开始经营尚记肉圆店，当时因全靠手工制作，费时费力，每天的产量只有五公斤。受胡椒机的启发，他想到了用胡椒机绞肉的方法，以此将肉圆的产销量提高到每天十五、十六公斤。他由此看到了商机，开始研发专门的肉圆机。肉圆机只负责绞肉，其余仍是手工，但这样的改变让杨尚元的肉圆日销量上升到五十公斤。到1987年初，尚记肉圆的日销量已超过一百五十公斤。他改进的肉圆机于当年年初上市，工效在原来的基础上提高了三倍。[①] 肉圆机很快受到肉圆同行的青睐，机械化操作的流行，一方面"造出了不少万元户"；另一方面，肉圆制作成本的降低和产量的大量增加，使肉圆迅速地融入当地人的日常饮食。梅州人源于传统筵席的饮食习惯，在现代化工业生产的推动下，变为具有地方性特色的饮食习惯，肉圆日益被人们塑造成"家乡"饮食的代表菜式。

梅州人口中的"捶圆"，随着猪肉圆在当地受欢迎程度的不断增加，现在逐渐从泛指各种肉圆变成特指猪肉圆。这其中与牛肉圆作为潮汕人的地方特色菜肴的宣传有一定关系。潮汕牛肉圆的烹制方法与梅州牛肉圆不同，其弹性更好、香味更浓。与潮州牛肉圆相比，梅州牛肉圆的口感和味道都稍逊色。潮汕菜在外的知名度一向高于客家菜，在广府一带，潮汕牛肉圆已是具有地方性标志和族群认同色彩的代表性菜肴。实际上，客家人也是潮汕牛肉圆的消费者和追捧者，因此也是牛肉圆与潮汕饮食文化联系的认同者。既然如此，客家人也不再说牛肉圆是客家特产小吃。加上牛肉在梅州较稀缺，造成牛肉圆价格远高于猪肉圆（前者价格是后者的2倍多），消费人群偏少，商家的生产积极性相应地受到打击。最近几年，梅州的肉圆商开始用潮汕的烹饪方法来制作牛肉圆，使本地的传统牛肉圆在市场上更加少见。

一方水土养一方人，梅县山水滋养出丰富的物产，更孕育了一代又一代专注传承客家味道的美食匠人。2019年2月25日，梅县区美食协会在百年古民居万秋楼成立，爱平食府的客家菜大师刘爱勤出任美食协会首任会长，他用1斤猪肉配6钱木薯粉，加上刨丝萝卜，反复捶打，做出的萝卜圆晶莹剔透、爽口弹牙、唇齿留香。[②] 刘爱勤自1993年起跟着中国客家菜烹饪大师、享受国务院特殊津贴的陈钢文老师学习制作客家菜，手工肉丸一做就是20多年，真正将匠心注入了客家肉圆之中。

---

① 何舟：《"肉丸大王"和他的肉丸机》，《梅江报》，1987年1月17日第2版。

② 王帆：《侨邸客韵烹乡愁，梅县寻踪》，《环球时报》，2019年3月11日。

第五节　小结

“客家”形成于特殊的地域社会中，经历了漫长的历史演变过程，在与周围族群的互动中产生了内部的自我认同，是一个有着强烈的族群意识的汉族民系。学者们通过对族群边界的研究发现，饮食是人们划定族群边界的重要依据，例如中国人印象中的游牧民族以放牧为生，以肉食为主要粮食；华夏民族以农耕为生，以五谷杂粮为主要粮食。客家人在表达我群意识的时候，也常常借助某些食物。

一方面，在特定的自然生态和社会文化结构中形成的饮食风尚影响人们的心理、行为和语言表达，并形成某种文化传统（事件）；另一方面，人们的心理、行为、语言表达和文化传统，“作为各种社会权力关系下之表征或文本”，又“依循某种模式（如仪式、习性、文类、模式化叙事情节等之表征与文本范式）以顺从或强化社会‘结构’性的现实本相与情境”，同时，“个人在认知自身的处境（positionality）的情况下，在其情感与意图下，选择、构组种种符号而发的表征，也逐步修饰或改变这些‘结构’”①。饮食作为生活“事件”，因生理需求而产生，但往往因披着文化的外衣而获得传承。客家人在长期的生活实践中依据现实条件创造了各种具有地方特色的美食，这些美食经过历史的积淀，形成制作的习惯（社会行为）、口味的习惯（身体认同）和心理的习惯（族群认同），成为具有地方特色和族群特色的饮食文化。人们对待食物的态度反映出他们对食物的生理性认同（由于长期食用而形成的身体适应性）和观念性认同（在身体习惯的基础上产生的心理依恋），食物因为这些认同而被赋予更特殊的族群文化内涵，成为人们用于界定族群边界的客观文化特征。

① 王明珂：《青稞、荞麦与玉米》，《中国饮食文化》2007年第2期，第23－71页。

第八章　现代多元客家饮食：来自传统

饮食是以物质条件为基础的文化创造，在社会生产力发展缓慢的社会可以保持较稳定的状态，但条件一经改变，就会引发饮食结构的变化。这种变化可能是根本性的，也可能是局部的，但无论何种变化，都与传统有着密切的联系。本章将用三节的内容，分别介绍现代客家人日常饮食观念的转变，"客家菜"在现代社会的兴起以及客家柚文化的形成史，希望借此对社会发展与饮食文化之间的关系做一个初步的分析。

第一节　新时期客家饮食：走向多元

张光直认为，中国饮食史上有三个大的突破，与三项变革有关，第一项是火的使用，第二项是农业生产的兴起，第三项就是近代以来的工业化、现代化、全球化，这三项变革在不同的阶段带动了人类饮食的大变革。[①] 我们现在正处于第三阶段的饮食大变革时代。现代化对社会的影响是全方位的，它从根本上瓦解了传统的生计模式，打破了许多地区性的差异，使世界各地的经济生产、社会生活越来越被相同的标准所规范，呈现出同质化的"现代"社会特征。梅州不可避免地卷入了现代化的变革大潮中，客家人的传统生活模式受其裹携，发生了许多变异，但并未因此消失，而是呈现出多元化的发展趋势。

与中国大部分地区一样，梅州在1980年以后飞速变化。社会的整体发展以及国家政策调整带来的生产力大解放，同样令梅州人民的生活水平有了很大的提升。数据显示，1949年至1998年，梅州的农民人均纯收入增

① 张光直：《中国饮食史上的几次突破》，林庆弧主编：《第四届中国饮食文化学术研讨会论文集》，台北：财团法人中华饮食文化基金会，1996年，第71－74页。

长了80多倍；1952年至1998年，职工年平均工资增长了20倍。[①] 在这50年间，人们的购买力大幅度提高，而购买力是商品社会成熟的重要条件，商业化则是现代社会的重要表现形态。[②] 随着物质条件的提升，原有的饮食结构发生了前所未有的改变。首先体现在物质结构层面，主食中，粮食基本可以满足居民的需求，粥配杂粮（番薯、芋头）的主食结构被足量的白米饭取代；菜肴中，肉食的比重不断增加，素食为主的菜式慢慢调整为以肉食为主。

物质条件的提升带来观念的变化。以二十世纪八十年代以后出生与五十年代出生的两代人的饮食观念变化为例。这两代人正好是父子两辈，在80后年轻人看来，正餐（指午餐或晚餐）的标准搭配应该是饭、肉菜和素菜，肉菜还分大肉菜和小肉菜。大肉菜以肉为主料，配以素菜或不配素菜，比如红烧肉、梅菜烧肉、咸菜蒸排骨等；小肉菜以素菜为主料，肉为配料，比如瘦肉炒花菜等。如果正餐中缺乏肉食或者比较讲究的素菜（指炒青菜以外的素菜菜肴），80后年轻人一般会认为当餐"没有菜"，饭菜会让人觉得难以下咽。据笔者观察，80后的父母一辈，至今仍可以在咸菜加蔬菜这种纯素菜搭配的条件下完成正餐的饮食。这在他们的子女看来，是父母过分节俭的表现。事实上，节俭虽然是原因之一，但本质上的原因是，饭搭配咸菜、蔬菜是父辈们年轻时候的日常饮食模式，已经成为他们脑海深处的饮食记忆，在适当的时候，他们会自然地回归到这样的饮食结构中，不会产生不适应的心理感受。对于80后的一代来说，从有较清晰的记忆起，正餐中就没有缺少过肉食，即便因肉食摄入过多而不喜食肉，也往往不习惯肉食完全缺位的正餐配置。与之相对的现象是，年轻人因为从小就不缺肉食，容易产生厌肉情绪，他们一方面需要有肉食在餐桌上，另一方面又对肉食菜肴非常挑剔，要求可口、不肥腻，他们能消化的肉食量也相对较少。父辈们却因从小缺乏肉食，常有嗜肉的倾向，他们可以咽下

---

① 1949年时，梅州的农民人均纯收入仅40元；1980年，农民人均纯收入提高到160元，职工年平均工资提高到739元（职工年平均工资1949年无记录，1952年时为288元）；1990年，职工年平均工资为2 041元，农民人均纯收入为780元；至1998年，职工年平均工资增至5 739元，农民人均纯收入也增长至3 226元。详见梅州市地方志编纂委员会办公室编：《建国50年梅州大事记与发展概况》，内部发行，1999年，第203页。

② 从商品流通的变化来看，1952年，梅州的社会消费品零售总额为1.01亿元，1980年增至5.40亿元，1990年达到17.85亿元，1996年突破50亿元大关，实现零售总额50.82亿元。尤其是1990年初，增幅远较1990年以前和1995年以后大（1991年：19.55亿元；1992年：23.33亿元；1993年：30.48亿元；1994年：40.44亿元；1995年：47.93亿元；1997年：53.77亿元；1998年：57.6亿元）。详见梅州市地方志编纂委员会办公室编：《建国50年梅州大事记与发展概况》，内部发行，1999年，第202页。

没有肉食搭配的饭菜，但好吃肉，对肉食的口感要求较低，且不容易对过量的肉食产生油腻性的厌恶感。

现在客家人的餐桌上，有些菜的烹饪方式有着“嗜肉”的表现。如西兰花，这是一种最近十年才在梅州流行并逐渐得到种植的蔬菜。在此之前，当地人有较长时间的花椰菜（俗称“花菜”）的种植和食用历史。最初大家对西兰花这种长得像花椰菜、却呈墨绿色的蔬菜颇为顾忌，从西兰花开始进入梅州菜市场到普及至家家户户花了数年时间。由于样子像花椰菜，人们依样画葫芦，按照花椰菜的方式来烹饪，做成了瘦肉炒西兰花。实际上西兰花炒得过熟（当地人称“绵”）则口味欠佳，炒得不够“绵”，则易令肉味无法进入菜中，且西兰花味道清淡，也难以用瘦肉佐味，所以瘦肉并不是西兰花的“良配”。梅州人不习惯将西兰花当作蔬菜来食用，而喜欢将其当作小炒的原材料（该现象在农村较普遍），这既体现了他们对传统烹饪方法的固守，也一定程度上反映了他们“嗜肉”的倾向。

随着二十世纪九十年代以后肉食在日常饮食中成为主流，食肉过量，加上体力劳动量减少，人们开始出现肥胖症、糖尿病、高血压等“富贵病”，改变了人们的健康观念。大众媒体适时的引导，使新的饮食理念逐渐形成。表现为：

（1）肉食由多变少，“限肉”“限油”成为人们尤其是城里人的共识。

（2）“绿色食品”观念产生，许多人到山里运水、种菜。

（3）原生态休闲饮食开始流行：以白水寨农家乐为例，城里人委托乡下人养鸡、养鸭甚至养猪，假日邀请朋友到乡下开展休闲活动、吃原生态农家菜。

诸如《南山季刊》这样的乡土杂志也经常刊登养生保健的文章，宣传“粗茶淡饭好”，“少吃肉，多吃蔬菜、水果、豆类食品，减少高脂肪、高热量食物，不要吃太饱”等健康饮食理念。最近几年，人们对绿色食品的向往日益迫切。乡土杂志也开始宣传有机农产品，例如《南山季刊》2012年9月期转载了《梅州日报》上登载的《明山嶂，有机农产品远近传名》一文。文章指出明山嶂海拔高、空气清、生态美、土质肥，具有制造有机农产品的先天条件，宜宣扬“绿色、环保、有机、健康”的农家生态理念。“无化学农药和化学物质残留”是明山嶂物产的重要卖点，这些物产包括有机水稻、甘薯、花生、水果、青菜、茶叶及相关衍生产品。这些产品选择了高科技研发的优质品种，种植则全程使用有机肥，防治病虫害方面应用“稻—灯—鸭”的生态模式。[1] 大众媒体是社会生活的晴雨表，其宣传导向直接映射了现实需求和大众观念的改变。

如果说二十世纪九十年代的经济发展高潮使梅州完全进入了商品经济时代，物质得到了极大的丰富，那么二十一世纪之后的新一轮发展高潮则加快了梅州的城市化进程，把人们的生活带入了多元化的时空。梅州经济在广东省各城市的经济发展中长期处于弱势，2008 年以前的 GDP 增长率一直处于广东省平均水平之下，但自 2008 年起，梅州的 GDP 增长率开始持续高于全省平均水平。其中第三产业的兴起是梅州经济快速增长的重要原因。自 2012 年起，第三产业的总量和比重超过第二产业，成为梅州经济的支柱产业。在各类产业中，旅游业的快速发展[2]对当地人生活方式的改变产生了重要影响，[3] 既使梅州找到了适合自身的发展方向，带来了产业转型升级的新机遇，也加快了梅州城市化的发展步伐。外来人员大量进入这个相对封闭的小城市，促进了当地与外界的交流，也带动了交通运输业的发展。2014 年，梅县机场除广州、珠海、香港以外城市的一些航线的开通，便得益于旅游业和开放型城市的发展。

城市化进程的加速，慢慢改变了梅州人的观念。笔者在访谈中发现，与“70 后”“80 后”向往大城市的心态不同，“85 后”“90 后”这一代年轻人开始思考就地上大学或上完大学后回乡就业。笔者接触的梅县白宫将军阁村一位 90 后年轻人，在 2010 年刚到广州上大学时，曾一度拒绝回乡就业，但 2013 年毕业时，他的态度发生了彻底的改变，为了回乡就业，他坚决放弃了已经找到的工作。而“85 后”“90 后”的父辈也越来越享受在乡的生活状态，在规划子女的就业前景时，更多地从鼓励子女往大城市发展转变为要求他们回乡就业。

城市化进程的另外一个标志就是外地到梅州就业的人口越来越多，当地的人口构成从单一的客家族群开始走向多元化，其表现之一就是，为了交流的方便，人们开始自觉使用普通话。笔者发现，2012 年以后，梅州城

---

① 《明山嶂，有机农产品远近传名》，梅县白宫寿而康联谊会编：《南山季刊》总第 82 期，第 5 页。

② 从每年游客接待量的变化情况来看，2000 年，梅州全市的旅游人数接待量为 72.57 万人；2005 年翻了三倍多，达到 300.3 万人；2008 年上升到 460.43 万人；2010 年继续大幅度增长，达到 747.2 万人；2011 年突破千万大关，实现游客接待量 1 132.62 万人；2012 年保持强势增长，达到 1 457.98 万人。本数据来自梅州市统计局官网。

③ 从每年游客接待量的变化情况来看，2000 年，梅州全市的接待旅游人数为 72.57 万人次；2005 年翻了三倍多，达到 300.3 万人次；2008 年上升到 460.43 万人次；2010 年继续大幅度增长，达到 747.2 万人次；2011 年突破千万大关，接待游客 1 132.62 万人次；2012 年保持强势增长，达到 1 457.98 万人次。本数据来自梅州市统计局官网。

区超市的收银员经常主动用普通话与客人对话，在客人改用客家话后才随之使用客家话。笔者读初中时（1993—1996 年），学校推行普通话，城市的许多公共场所也贴着“请讲普通话”的标语，但基本没有效果。十多年后的今天，纯客家庭中，读幼儿园的小朋友回到家习惯性地用普通话与家人交谈的现象已不少见，以至于“请说客家话”“保护客家话”成为新的诉求。

随着本土与外界的交流日益频繁，其对传统的生活模式产生了全方位的影响。就家庭生活而言，食物品种不再受制于当地的物产，许多新兴菜肴被开发出来；外地人口进入客家家庭，更带来了新的饮食文化元素。烹饪工具的电器化、智能化也使烹饪方式发生了极大的改变，饮食不再停留在“求饱”的层面，精致化的饮食、消费性的饮食成为人们享受生活的日常方式，人们越来越热衷于在日常生活中猎食“美味”以满足某种生理和精神需求。饮食的文化结构也发生了各种改变，人们习惯于将消费性的宴请作为交友、交流的渠道，年夜饭也开始从家庭的私人空间走向酒店、餐馆等公共空间，仪式场合的筵席由互助式转变为承包式。

当代梅州家庭饮食的变化一方面体现在各种新式食材的使用上，这些食材先在餐桌上出现，再成为日常餐饮的材料；新材料带来的新方法、新菜式也越来越多地被吸收进客家人的日常饮食中。另一方面，外地菜系越来越多地进入梅州当地，成为当地人猎奇、效仿的对象，甚至以家常菜的形式进入当地人的日常饮食。西式餐饮在数年之内被梅州人广泛接受，成为当地人文化休闲生活的一部分。

从表面上看，现代饮食的多元化似乎消解了客家饮食的传统面貌，“日常”已经变得面目全非。实际上，拨开覆盖在现代饮食外层的各种装饰，可以发现，客家人最基本的“日常”仍然带着传统饮食的底色，比如常年备用的咸菜和菜脯、冬季的乡村屋前屋后晾晒的梅菜（干咸菜）等。传统的客家饮食继续以丰富多彩的形式存在于日常的家庭饮食与各种仪式饮食中。仪式性筵席中，三牲三圆酿豆腐仍是主要菜式；鸡酒作为产妇食品被一直传承下来；许多新发明的菜肴中包含了传统饮食的观念和烹饪方法，如各种新发明菜式中体现出的对咸菜的偏爱。

传统饮食现代化的另一个重要表现是，许多曾经只属于筵席的传统菜式走上了日常餐桌，如每天被梅州人大量消耗的肉圆、早餐中常见的咸菜瘦肉汤、随处可见出售的盐焗鸡、天天都可以吃到的酿豆腐等等。现代化的消费性饮食，虽然从形式上改变了传统饮食的某些仪式功能，却从内容上更大程度地吸收并发扬了传统饮食中的地方性美食的特点，从传统菜式衍生而来的品种繁多的客家菜，不仅吸引了众多外地游客，也为梅州人提供了自我消费的机会。而越来越成为梅州支柱产业的旅游业虽然首先得益于当地山区的绿色生态环境——如长期以来作为梅州标志性景区的“雁南飞”便主打绿色、休闲，但更重要的是，“世界客都”“客家文化”成为具有吸引力的旅游消费资源——新兴旅游品牌“客天下”便在绿色生态的基础上突出了客家文化。“客家菜”作为“可供体验的客家文化”，在地方经济发展的戏台上扮演着越来越重要的角色，成为当地的特色旅游招牌。

新时期的客家饮食，体现出多元化、健康化的变化趋势，传统客家菜式非但没有在多元化的潮流中湮没，反而得到了更多的发扬。时至今日，客家文化已不是一个族群独享的文化，它成为可以被消费、想象和体验的，可以满足异乡人怀旧、猎奇心理的，可以被地方转化为文化产品的经济资源。地方特色饮食和乡土特产作为文化消费的系列产品，获得了重构的机会。人们以现代化的消费形式购买这些文化产品，他们想要购买的不仅是美味带给人的身体享受，更是这些文化产品中所蕴含的“传统”内涵。换言之，“传统”成为被“现代”包装和销售的资源，“现代”正被“传统”所塑造、装饰着。这样的客家，是行走于传统与现代之间的客家；这样的客家饮食，是来自传统、走向未来的客家饮食。

第二节　从“东江菜”到“客家菜”：地方饮食品牌的构建

有学者认为，客家菜是客家先民从北方迁移至南方后，为了适应当地的自然环境，在吸取土著居民饮食经验的基础上，充分利用和开发山区的动、植物资源，发扬中原饮食文化，从而逐渐形成的饮食理念和烹制技法。客家菜的雏形出现于宋末，明清时逐渐发展为较成熟的烹饪体系，二十世纪下半叶以后进一步发扬光大。[①] 此说概括了客家饮食形成的历史机制，但将客家饮食等同于现代意义上的客家菜，不免有混淆概念之嫌。笔者认为，族群的饮食文化伴随族群的产生而出现，受族群相关因素的影响，属于其客观文化特征；以族群或地域为标志的菜系则是在群体性饮食习惯的基础上建构的文化消费品，与族群的饮食文化既有联系又有区别。客家饮食文化伴随客家族群的产生而产生，但客家菜则是在现代社会，随着客家地区对外开放程度的扩大和现代旅游业的繁荣，在内外部力量的共

① 黎章春：《客家菜的形成及其特色》，《赣南师范学院学报》2004 年第 5 期，第 41 – 43 页。

同作用下逐渐构建出来的消费文化。客家菜的前身，是古代就已出现的东江菜，但两者并不等同。

一、何来“客家菜”?

特色菜系的形成，需要一定的经济基础。宋代被认为是中国饮食文化的繁荣期，产生了“具有地方特色的精致烹调法”①。当时，城市的商业贸易得到了很大发展，产生了一批财力雄厚的富人阶层，他们生活奢侈，贪图享乐，讲究餐饮。在商人和官僚阶层的带动下，专业厨师、大型食肆大量出现，烹饪技艺大增，饮食之风日炽。“在这一时期，饮食业出现了前所未有的繁荣景象。首先，随着坊市和城郭制度的打破，饮食业迅速在全国各地发展起来；其次，随着传统‘日中为市，日落散市’制度的打破，宋代饮食业逐渐盛行全日制经营；再次，宋代饮食业已从过去的家庭专业化经营向内部雇佣关系发展。”② 据《中国饮食史》的研究，宋代时，饮食的南北差异已比较显著。南方饮食以“饭稻羹鱼”为主要特征，宋人张耒《秋蔬》一诗中有“南来食鱼忘肉味”之句，南宋周去非《岭外代答》卷六“异味”记粤地饮食有“深广及溪峒人，不问鸟兽蛇虫，无不食之”之说。③

鲁、川、淮扬、粤被称为“中国四大菜系”，这一体系据称在明代已形成。各大菜系的特色形成于明代各大城市发展的背景下，“在南京、北京、扬州这样的大城市里，有很多餐馆多标榜自己为：齐鲁、姑苏、淮扬、川蜀、京津、闽粤等等，以展示自家餐馆的风味特色。这些地方风味餐馆的设置，表明明代四大菜系已经形成，无论是在烹饪原料的选择上，还是在烹调的方法上，都形成了各自独特的口味，有了自己完整的菜肴体系，并且逐渐影响到全国”。各大菜系借助地方招牌以在竞争中争取优势地位，“如明代北京的餐馆中，鲁菜的势力较为雄厚，使山东菜馆在有明一代始终牢固地占领着北京餐馆市场”④。

宋明时期饮食业的兴盛，产生于富人阶层（或者说饮食消费阶层）兴起和城市文化活跃的社会大背景下，菜系则是饮食业发展的产物。当时的粤菜由广州、潮汕、东江三种地方风味构成，其中东江菜的特色是“保留

---

① 尤金·N. 安德森著，马孆、刘东译：《中国食物》，南京：江苏人民出版社，2003 年，第 54 页。

② 徐海荣主编：《中国饮食史》（卷四），北京：华夏出版社，1999 年，第 334 页。

③ 徐海荣主编：《中国饮食史》（卷四），北京：华夏出版社，1999 年，第 327－329 页。

④ 徐海荣主编：《中国饮食史》（卷五），北京：华夏出版社，1999 年，第 99 页。

较多古代中原世俗遗风，原料多取肉类，善烹鸡鸭，香浓油重，口味偏咸，有独特的乡土色彩。主要名菜有烤乳猪、太爷鸡、鼎湖上素、护国菜、东江盐焗鸡、白灼螺片、大良炒牛奶等”[①]。东江发源于江西省寻乌县，向西南流经广东省龙川县、东源县、紫金县、惠阳区、博罗县至东莞市石龙镇进入珠江三角洲，东江流域主要包括今河源、惠州、增城、东莞等地，为广东客家人的另一个重要聚居区。

东江菜指以惠州菜为代表的客家菜，与当今客家菜关系密切，但两者又明显不同。东江菜与广州、潮汕菜的命名体系一致，以地域命名，却与客家菜的命名逻辑不同。严格来说，它不包括现在梅州一带的客家菜。文献中记录的东江菜代表菜式，除盐焗鸡外，与现在的客家菜菜式差异较大，但相对于广州、潮汕菜选料精、善制海鲜等特点，东江菜“保留较多古代中原世俗遗风，原料多取肉类”的风格又与客家菜颇似。《清稗类钞》“饮食类”记当时各地饮食，粤人、闽人的饮食只记录了今广府、潮汕、闽南的一些饮食习俗和代表菜式，现代客家菜中的经典菜式无一例出现。

从菜系产生的普遍规律来看，一个菜系的产生首先需要拥有代表性、烹饪手法较精致、可供人消费的菜式。其次，如果这些菜式主要在本地消费，则必须产生在商品化程度较高的城市；否则需要由本地人带到其他城市，在供外乡人消费的过程中形成菜系的地理标识系统。一般来说，后者更为普遍。具体而言，菜系名称的产生应该是由外向内的传播过程——本地人不需要在群体内部宣称这是什么特色的菜，只有当他们把家乡特色的菜带到外地，被他者消费时，才产生了给菜式包装、命名的需要。也就是说，地方特色的菜系是在与外乡文化交流时被建构出来的文化消费品。

有学者研究客家菜在香港的兴衰史，发现该菜系是二十世纪四十年代末五十年代初由大陆的客家移民在当地发展出来的。客家菜饭店在二十世纪六七十年代十分盛行，至七十年代中期，当地有87间客家菜馆；七十年代后期以后逐渐衰落。作者认为，当时客家菜在香港流行的其中一个原因是，那些客家饭店“成功地把几味客家菜包装成‘正宗东江菜’来招徕”客人，这些“东江菜”包括盐焗鸡、梅菜扣肉、酿豆腐、东江豆腐煲、骨髓三鲜、牛肉丸和炸大肠等，而开客家餐馆的人主要来自广东兴宁。[②] 这里包含了两个重要信息：第一，从菜式来看，这些“东江菜”与《中国饮食史》记录的早期“东江菜”大相径庭，而与现代“客家菜”的菜式更

① 徐海荣主编：《中国饮食史》（卷五），北京：华夏出版社，1999年，第102－103页。

② 张展鸿：《客家菜馆与社会变迁》，《广西民族学院学报》（哲学社会科学版）2001年第4期，第33－35页。

加接近；第二，这些菜式被标榜为“东江菜”而非“客家菜”。可见“东江菜”此前已在社会上形成一定口碑，“正宗”二字突显了市场对“东江菜”江湖地位的认可。显然，“客家菜”的提法在当时尚未启用。作者这样分析香港人的心态：

跟以鲜鱼和蔬菜为主的家庭菜相比，“正宗东江菜”标榜以大量的肉类为材料，以及跟广东菜不同的烹调技巧，特别是盐焗（加沙姜作调味）、酿、（梅菜）扣和（红糟）酒炒等，对当时的普罗大众来说，也算是高档的菜式。在材料方面，肉类提供大量营养和热量正好为香港工业的蓬勃发展间接地提高了劳动力；在味觉方面，沙姜、梅菜和红糟也为普罗大众提供了新口味和新刺激。由此观之，客家饭店的顾客不单是为了满足营养上的需要，更重要的是当时港人亦乐于享用其他有别于广东菜的新菜式，尝试崭新的饮食消费经验。①

从烹饪手法和用料可以看出，这些菜式更贴近于梅州客家菜的烹饪习惯——开饭店的客家人来自兴宁，从行政区划和文化认同上看属梅州市，从地理区位上看是东江和梅江的过渡区域。香港人对这些“东江菜”的追捧，原因在于菜式的营养和烹饪特色对当时香港的劳工阶层来说具有吸引力。二十世纪八十年代以后，社会的急速发展带来了新的饮食理念，盛极一时的客家菜不再被视为“高档菜式”，于是转而以大众化的街坊美食的形式继续存在。该文作者在使用“东江菜”“客家菜”“客家菜馆”等词汇时转换自如，他所指的“客家菜”实际上在当时被称为“东江菜”，但他只有在转述当时人原本使用的招牌——“正宗东江菜”时才会使用“东江菜”的表述。语义被自然转换到它需要的词汇上，罔顾了两个词语实际意义之间的差异。若不将历史语境和现实语境结合起来，这样的表述则难以让人理解。其历史语境是，当时只有“东江菜”之称而无“客家菜”之称，“东江菜”是后来“客家菜”的先声；现实语境是，现在“东江菜”只是“客家菜”中的一个支系，“客家菜”的概念已被普遍接受。

从目前笔者所接触到的文献看，所有谈及“客家菜”的资料均出现于二十世纪八十年代以后，在此之前，偶能见得“东江菜”之称——时至今日，关于粤菜的三大类别，仍多见“东江菜”的说法。与“东江菜”对地域的标注不同，“客家菜”体现的是族群的标志，“地域”的色彩被淡化

---

① 张展鸿：《客家菜馆与社会变迁》，《广西民族学院学报》（哲学社会科学版）2001 年第 4 期，第 33－35 页。

了。族群标志的彰显，必然以族群意识的觉醒为前提，说明我群与他群之间交流和碰撞已成为常态。

从清末至1949年以前，中国长期处于动乱状态，虽然在二十世纪三十年代有短暂的和平期，经济社会在此期间获得了较快速的发展，但不足以给“客家菜”带来足够的发展空间。在二十世纪五十至七十年代末的计划经济时代，地域、族群等的差异性无法突显，商品经济也受到沉重打击，“客家菜”亦无发展的可能。正如文献的空白所反映的事实，“客家菜”真正被建构起来是二十世纪八十年代以后的事情。七十年代末的改革开放政策使中国社会总体向商品化、城市化、现代化方向发展，为以商品经济为基础的饮食业带来了前所未有的发展契机。清末客家族群意识觉醒推动下的“客家热”，在1949年以后的三十年间归于沉寂，在1980年后顺应形势，再次升温，并掀起了新一轮的族群意识高潮。

新时期客家认同的主要推动者是海外客属团体和华侨华人、知识分子及中国地方政府。在各方力量的共同努力下，客家认同“超越了省界、国界，成为一种国际性的文化景观”，“于是各种客家联谊会、研究会等机构相继建立，杂志、新闻报纸大幅刊载，时有新出，学术会议、文章论著也推陈出新，使客家研究掀起一个新的高潮。台湾成为此时期客家运动的另一个中心，从1987年《客家风云杂志》创刊、1988年声势浩大的‘还我母语运动’大游行，到客语电视、客家电台，再到客家公共事务协会、客家委员会、客家研讨会等，台湾客家运动一浪高过一浪”[①]，“本来赣南、闽西并无广东那么强烈的客家意识和认同感，在海外客家的倡应和地方政府的宣传下，大有后来居上之势，发明出一系列的文化象征符号。然后，四川、广西、云南、赣北等地纷纷响应”[②]。作为新一期客家认同的重要推手，地方政府显然意在搭建“文化”大台，唱响地方经济和政治“大戏”。在国家政策、社会意识、地方权力等各方力量的共同作用下，海外客籍华侨华人不仅回乡寻根访亲、观光旅游、投资贸易、捐款办学，还以“客属联谊”等活动为号召，将新一轮的族群文化构建活动推上了高峰。

客家菜作为可以被辨识的族群文化，在这一轮的族群文化建构中被挖掘出来。但这一次不再是从本土文化在外乡的消费开始，而是始于文化符号的本土建构——客家本地的报纸、杂志、电视、旅游宣传册频繁地介绍

---

① 宋德剑主编：《地域族群与客家文化研究》，广州：华南理工大学出版社，2008年，第210－211页。

② 宋德剑主编：《地域族群与客家文化研究》，广州：华南理工大学出版社，2008年，第210－212页。

客家菜和客家小吃，本地的酒楼食肆也纷纷打出“正宗客家菜”的招牌，有些特色食品被开发、包装并反复出现在各地的市场上（如由盐焗鸡发展出来的各类盐焗食品）。有些原本是家庭烹制的食品或小范围消费的食品发展成了流行于大街小巷的地方特色小吃（如狗肉和腌粉、腌面）。客家菜在不知不觉中取代了历史悠久但名声并不响亮的东江菜，成为与“粤菜”“潮菜”并列的三大广东菜系之一——虽然在大城市的受欢迎程度远不及粤菜和潮菜，但在名气上已与其并驾齐驱。由此可见，客家菜作为文化消费品，是城市商品经济条件下的产物，并非与族群同步存在的文化现象。从时间上说，客家菜在二十世纪八十年代以后才真正形成。

二、菜系中的“豪放派”：客家菜的传统品格

由于自然条件的限制，客家聚居地区在历史上一直未能产生真正意义上的“富人阶层”，在这样的条件和风气下，客家饮食主要体现为“农民的饮食”，而非“富贵人家的饮食”[①]。与“富人饮食”的精致化、艺术化不同，客家饮食以形式粗犷、原材料普通为特点。在此基础上发展出来的客家菜，也呈现浓重的乡土气息。白宫大厨吴锡鹏这样理解客家菜：

> 我们客家菜的样式比较少，主要是肉食，不像粤菜，粤菜的花样品种就很多，食材也比较贵。客家菜就比较实惠，猪肉、鱼肉、鸡肉这些想太贵也是不可能的，不像海鲜、野味。

经典客家菜以肉为主要材料，尤以猪肉、鸡肉居多，主要从客家筵席和年节食品、礼俗食品中发展而来。传统的经典菜式主要有：盐焗鸡[②]、白斩鸡、酿豆腐、炒鸡酒、狗肉煲、梅菜扣肉及各式肉圆。农家办喜事，有三牲三圆、四盘八碗之说，三牲即鸡、猪、鱼，三圆为捶圆、鲩圆、牛肉圆，加上鱿鱼、墨鱼为主料的小炒，凑成四盘八碗。三牲中的猪肉，可制成红烧肉、梅菜扣肉、水晶肉、酿豆腐；鸡在筵席中的菜式通常是白斩鸡，在民间却流行盐焗鸡的吃法。这些菜式也是年节家庭聚餐中最常见的

---

① 《中国饮食史》将古代中国的饮食按不同社会阶层分为宫廷饮食、官僚士大夫的饮食、豪强地主及富商的饮食、农民的饮食、特殊阶层的饮食五类，前三类都属于“富贵人家的饮食”，以追求美味珍馐为风尚，穷奢极欲。农民的饮食则以温饱为主要目标，在此基础上也对营养和美味有所追求。详见徐海荣主编：《中国饮食史》，北京：华夏出版社，1999 年。

② 房学嘉：《客家民俗》，第 11 页：原料为肥嫩鸡一只（重 1 千克左右），配以佐料。先用旺火烧热锅，下粗盐炒至高温（盐略呈红色）时，取出 1/4 放入砂锅内，把鸡用干净的纸包两三层放在盐上，然后将余下 3/4 的盐盖在鸡面上，加上锅盖，用小火焗约 20 分钟至熟。

菜式，狗肉煲则由农家的季节性调剂食品演变而来。鱿鱼、墨鱼、海参在传统时期是客家饮食中较贵重的食材，且不是本土食材，一般在红白喜事上的筵席中才能吃到，故并未发展出具有代表性的客家菜菜式，仅在经典客家菜中充当配料的角色（如开锅肉圆或酿豆腐中肉馅饵料）。经典客家菜从选料到烹饪，都较大程度地体现出客家社会的自然生态和文化特征：材料多为客家人常见的、自产的，烹饪方式也比较生活化。正因如此，这些菜式才具有族群文化的辨识度，既为本族群认同，也被他者接受。

小吃是客家菜的补充，经典客家小吃也源于客家人的日常生活。餐桌上常见的有：大埔笋粄、梅县味酵粄、艾粄（由清明粄衍生而来）、盐焗鸡翅和鸡爪（由盐焗鸡衍生而来）、腌粉面、咸菜肉汤等；街头小吃有：大埔糍粑、忆子粄、煎粄、圆粄（汤圆糖水）、黄粄、粟粄、麦粄等；还有由小吃发展而来的零食：白渡牛肉干、猪肉干、云片糕、菊花糕、姜糖等。在“客家菜”“客家小吃”旗帜的引领下，人们从日常经验中提炼出各式各样的食品元素，结合现代流行的特产包装方式，发明了一套带着“客家”标志的饮食文化产品。

无论是客家菜还是客家小吃，从选料和制作的风格上看，都表现出粗犷、豪放、朴实的品格特征，这一方面使客家菜长期以来难以跻身高档菜式的行列，另一方面又让它具有一种“天然去雕饰”的野趣。后者对于追求自然、健康、返璞归真的现代城市人来说，有着寄托“乡愁”的特殊魅力。

第三节　金柚：被发明的“客家特产”

梅州被称为“金柚之乡”，成熟于秋冬季节的金柚每年有一半左右的时间都是梅州人最重要的水果。柚子性平，不温不火；易保存，方便食用；外形大气，熟透后颜色呈金黄色，带喜气；名称寓意吉祥（“柚”谐音“佑”，象征“保佑”；另一说法是“柚”谐音“有”，“有”即富足之意），当季又恰逢春节，故深受梅州人喜爱。当地人买柚子，不论个买，是一麻袋一麻袋地扛回家。笔者小时候的记忆里，一到冬天，家中旧式眠床底下就铺满了柚子，那是从冬天到春天最常见的水果。

金柚保质期长，不使用保鲜剂也能存放三个月以上。新摘时皮略青黄，存放一段时间，青色褪去，转成金黄，日久则皮干皱变薄。刚摘时，柚肉干平爽脆，“熩”（风干保存一段时间）过之后，水分渐丰，品味更甘

甜（当地人称之为“糖化”）。

春节期间，柚子是梅州人待客、送礼、敬神常用的水果：

柚子天天都吃的。晚上吃完饭，全家坐在一起看电视，就开个柚子当零食。现在都快吃腻了！亲戚朋友到家里做客，一定要开柚子吃。特别是买到好柚子，更要跟大家分享一下。好柚子不容易开到，有时开到特别好吃的，一下子就抢没了。要是开到不好吃的，又干又苦那种，放几天都没人吃，最后就扔掉了。①

我们家每年都买很多柚子的，都习惯了，不买好像就有件重要的事情没做一样。但我不是随便买的，买熟了，就知道哪家人的柚子好，哪家的不好。我们都是预先跟柚农订好的，收柚子的时候直接去果园里扛回来。好的柚子没到上市就订完了，根本流通不到市场上来，现在市场上卖的那些都是不好吃的。我们每年不仅买了自己吃，也买很多送人。好朋友呀，一些帮助过我的人呀，甚至还有外地的一些朋友。都习惯了，柚子是我们的特产嘛，最有名的就是柚子。送人都是一麻袋一麻袋送，哪有送两三个三五个的呀，太小气了。所以每年买柚子都是上百斤上百斤买。②

过年亲戚之间串门总要带点“等路”（手信）嘛，柚子总会配上一两个的，好兆头，又有分量，传统就是这样的，大家都习惯用柚子作礼物了。虽然知道别人家也有柚子，但他有是他有嘛，我送就是我的心意。

柚子一般人都会拿来敬神，意头好。过年家家都有柚子，很方便，总会选几个样子好一些的，敬神的时候就拿来用事。用了事自己吃也可以，亲戚朋友走动的时候送人也可以。过年家里经常有人来，总要有些东西招待客人，那些煎的呀、炸的呀，吃了上火，就开几个柚子，吃了可以降火。柚子很好的，清火。③

过完年上挂纸最有意思了，烧完香，大家聚在山上吃东西，柚子最方便。每年挂纸我们都带两个柚子，敬完祖公祖婆就在山上开了吃。这个时候大家最爱吃的就是柚子了，又方便又干净，也不会热气。④

---

① 受访者：黎先生，1958 年生，梅县白宫人；访谈时间：2015 年 2 月。

② 受访者：钟先生，1968 年生，梅城人；访谈时间：2015 年 2 月。

③ 受访者：赖先生，1978 年生，平远人；访谈时间：2015 年 2 月。

④ 受访者：阿春，1992 年生，梅县人；访谈时间：2015 年 2 月。

在普通的梅州老百姓观念里，大家熟悉的柚子（旧称沙田柚，后改称金柚）是伴随自己成长的水果，在当地自古有之。事实上，这种柚子原产于广西沙田，传播至梅州不过百年时间，真正在当地流行更是晚近时期的事情。华侨对沙田柚的早期引种有重要贡献。1915 年，归国华侨郭仁山委托在梧州工作的同学郭筱琴从容县沙田村引进沙田柚苗 200 株在丙村镇栽种。这 200 株柚苗，50 株给了当地农民郭冠雄，另 150 株交由丙村镇田头村人杨弼良承包经营。[①] 这是笔者目前所见关于梅州沙田柚种植的最早记录。故《梅州文献汇编》的“梅县金盘乡简介”称：“本乡出产，除各种金属矿产外，以杨弼良所经营果园之沙田柚，真正由广西沙田柚种移植……”[②] 松口镇山口村华侨梁隽可也从广西引进过沙田柚苗，在自家果园中嫁接种苗，部分出售给乡邻。据说他种植的沙田柚味道清甜，广受欢迎，有华侨指名要买他家的柚子带回侨居国。他还在柚子上印了“梁隽可金柚”的防伪商标。他一边自己经营，还一边为本村人当技术顾问。与他同村的梁锦洪在他的指导下，成为当时本地果园办得最出色的园主。梁锦洪的果园中种了 40 多棵沙田柚，产量高，为其带来了可观的收入。又有石扇镇径尾村的南洋归侨罗四维，也曾经在家乡开辟沙田柚果园。[③]

在引进沙田柚种植之前，梅州本地就有土产的柚子，属水晶柚的一种，俗称土柚子，个小，味道酸，性较寒，吃多了容易伤肠胃。此种土柚子目前仍有极少数山里的农家继续种植，但已基本被外来的沙田柚所取代。早期的沙田柚种植地主要在梅县。在华侨引进广西沙田柚后，渐渐为人所熟悉，一些果农开始到广西购买更多柚苗，并在当地推广种植。二十世纪二十年代末至三十年代初的《梅县日日新闻报》（以下所引报纸皆为此报，不再一一赘言）登载了不少出售广西沙田柚苗的广告，如 1929 年 4 月 4 日的头版头条登载（标点为笔者所加，后同）：

为吾梅种植家进一言

鄙人□□张柳桥先生从事种植，因鉴于梅县缺乏真正沙田柚苗，特劝张君亲往广西沙田采办。除张君自种及邻人等托购者外，尚多办数百条，想欲种正种柚苗者，定不乏其人。鄙人等为提倡种植起见，特为介绍焉。

张公达　黄□立　侯林苍　黄碧楼　张海怀　谢幼春　等启

① 肖文燕：《华侨与侨乡的社会变迁》，广州：华南理工大学出版社，2011 年，第 76 页。
② 丘秀强、丘尚尧编：《梅州文献汇编》（第五辑），台北：梅州文献社，1977 年，第36 页。
③ 肖文燕：《华侨与侨乡的社会变迁》，广州：华南理工大学出版社，2011 年，第 76 页。

种植志注

柳桥志切种植柚园，苦不得佳种，故于本年初新往沙田采办柚苗。兹为同好诸君节□费用，而又可得佳种起见，特多办数百条，以廉价出售(每株价值分八毫六毫二种)，要购者请到各代售处接洽可也。

代售处

南门谢喜记　鸡鸭巷李奕□　上新街张万丰　下市杨亦丰

大觉寺前□乾　元嘉应桥张海怀

张柳桥启

发财捷径

四担谷田植柚，年可获利一千二百元。按四担谷田年六十方丈之地，每方丈植一株，可植六十株，每株至少以结柚一百个，至低限度以售银二角计，每年可获利一千二百元。若售价在二角以上，则更不止此数也。本小而利丰，愿有地皮诸君注意及之。

张柳桥附

中高峰（今属梅江区）的张柳桥应是继丙村、松口的华侨后，在梅州推广沙田柚种植的主要人物之一。从上述广告中，大概可以解读出以下几个信息：水稻亩产低，使一些农民转行做了果农——四担谷田在当时已属优质良田的产量，民间一般都说“三担谷田”，即亩产只有三担谷，约三百斤；当地缺乏良种果树，这是沙田柚屡被引进的重要原因；沙田柚在当时尚不普及，而柚子市场行情较好。按照1932年10月26日报纸登载的商业行情，瘦肉一斤的价格是七角五分，如果一只沙田柚是二角钱，则大约等于不到三两瘦肉的价格。

在1930年9月12日和13日的报纸上，张柳桥又登载了下列一则广告：

种植家之良机，柚苗壮大定价低廉

价目：本年春办来者，每株五角，买多面议。去年春办来者，每株元半至两元半为度。

敬启者柳桥，于去年及今年春先后曾□次往广西沙田及广州各处为自己及代桂园等采办各种果苗。只因自己的园地一时未曾辟好，除以一部分供同好之需求及便利外，复精选特等壮大者约千余株留为自植。盖为将来分□时得有伸缩及再选之余地，故能可有余，毋令不足也。本年园地已开辟好，依次移植后，仍剩有沙田正种柚苗约七百余株，此皆曾经年余或半年余之培植，枝叶繁茂，生意葱郁，际兹节届。秋令为移植果木之极好时间，同好诸君如购此，栽植已可省时省费，且易管理。诚□□而□得□此□果苗，定价极廉，以本以前提倡种植之精神，仅收回成本及些小管理之费而已。有志于植果诸君何兴乎来？

通信处：梅县上市□街口陈宝泉、南门谢喜记、下市东桥梅亦丰处

梅县上（市）中高峰园主人张柳桥启

从1915年华侨购入200株柚苗到此时的十多年间，柚苗已在市场上流通，销售规模达到上千株，说明沙田柚的种植在当地得到了一定的推广。1930年11月11日的第四版，张柳桥继续登载了售卖柚苗的广告，并简要叙述了到广西榕县采购苗柚的曲折过程：

货之来源真确，一加跟究便知

柳桥为自己及代桂园采办容县之沙田柚苗，于去年底即由梅首途，正月抵广州，适因广西战事，容县交通断绝。知无柚苗可卖，即有亦非沙田佳种，俟二月，容县交通恢复，方亲至沙田村将柚苗办回。抵梅已三月中旬矣。此正种柚苗，柳桥敢（用）店（号）担保。如非佳种价目如数奉还，且售价极廉，购植请君幸留意及之，勿错买容县交通断（绝）时办回之次货，致贻无穷之损失矣。

通讯处：梅县上市短街口陈宝泉

梅县上市中高峰张柳桥果园启

此则广告中，张柳桥特意突出了购买时因广西战事而导致正月容县交通断绝的事件，意在表明三月中旬前办回梅县的沙田柚苗均为次品，文末还再次以加粗加大字体的形式强调“勿错买容县交通断（绝）时办回之次货”，可见当时应有其他果农抢做沙田柚苗的生意，沙田柚苗在当时应有一定市场。

1932年10月20日第三版的报纸上同时登载了两则出售沙田柚苗的广告，一则是城东桂里桂园发的启示，一则是上市中高峰黄碧楼植物园发的启示，张柳桥在几天之后也继续在报纸上单独发了售苗广告。桂园和黄碧楼最初都是张柳桥的合伙人（见第一则广告），后与张柳桥各自独立登载广告启示，他们之间可能已形成了竞争关系，且黄碧楼的广告中标注的通讯处包括附城的两处及松口、丙村和畲坑几个地方，说明沙田柚在梅县的

种植开始向丙村和城区以外的地方推广。接下来的时间里，这三家柚苗销售商陆续重复登载与之前一样的广告。桂园在1933年6月连续数日登载的广告中标出的广告语是“新到广西沙田柚苗廉价出售”，并表示可以传授诸如剪枝、施肥、预防、歼除虫害等园艺经营法。在这几则广告后便很少再见报纸上有登载柚苗出售的广告了。

上述史料表明，民国初期的十多年间，沙田柚的种植在梅县得到了初步推广，留下了一些优良品种。暂时没有明确的资料对当时沙田柚在梅县的种植规模做过统计。柚苗广告的消失应与二十世纪三十年代中后期以后国内的动乱有关，但不排除有种植技术等方面因素的影响，人们有限的购买力水平也决定了种植规模不可能一直扩大。总而言之，沙田柚在那个年代主要在梅县种植，没有扩展到其他县，没有与梅州人的生活发生像后来那样密切的关联，但梅州人已开始对它有所了解。梅县白宫将军阁村的黎婆回忆第一次吃到沙田柚是在二十世纪五十年代初，她当时刚嫁到将军阁村不久，有一次喉咙正上火，一个在丙村做工的村里人给了她两瓣沙田柚，“当时吃下去，很快就觉得喉咙不怎么痛了，印象很深刻，就知道这种柚子能清火”。

沙田柚在当地的缓慢推广到二十世纪八十年代后有了重大改变。从那时起，沙田柚在梅州开始大规模推广种植，并在二十世纪九十年代开始被梅州人普遍接受，逐渐成为具有地理标识意义的水果。而这是地方政府经济政策主导下的结果。地方政府从二十世纪八十年代初开始将沙田柚选定为梅县水果的栽培品种，并慢慢形成生产基地。1988年1月下旬，梅县的良种沙田柚参加了第四届全国春节农副工产品展销会。[①] 1988年5月梅州市《政府工作报告》提出了本届政府5年任期内的十项主要任务，其中的第一项就是“开发农业，在抓好粮食生产的同时，加快农业商品生产基地的建设，到1992年，初步建成水果、竹木、紫胶、烤烟、茶叶、南药、种草养畜、水产养殖八大农业商品生产基地，组织千家万户办‘小庄园’”[②]。其中，沙田柚作为重点推广的水果品种，与之同时推广的还有龙眼等其他水果，但其他水果后来的发展并未显示出优势，而沙田柚凭借其对山区生态环境的适应、与客家人养生保健观念相吻合的食品品质以及长达近半年的保质期等优势，逐渐成为当地的“水果之王”。

---

① 梅州市地方志编纂委员会办公室编：《建国50年梅州大事记与发展概况》，内部发行，1999年，第90页。

② 梅州市地方志编纂委员会办公室编：《建国50年梅州大事记与发展概况》，内部发行，1999年，第92页。

二十世纪九十年代初开始，沙田柚的种植和推广获得了长足的发展。1991年，世界银行开始为梅州的沙田柚和龙眼种植提供贷款，首期贷款额度为950万美元。[①] 接下来的几年，梅县沙田柚陆续以参加评奖或开展文化活动的形式开始早期的品牌建设。如1990年12月在广州举行了梅州市建设优质沙田柚基地征询会，会上沙田柚被认为具有成为岭南重要名优果品的开发潜力；[②] 1991年11月，梅县沙田柚参加了国家科委举办的全国“七五”星火计划成果博览会，荣获金奖；1992年8月，广东省林业厅在梅州召开沙田柚系列产品成果鉴定会；1992年9月，地方政府为宣传梅县的沙田柚基地建设，专门举办了“绿色之夜”中秋山歌节；1992年11月，梅县举办首届沙田柚节暨经贸洽谈会；1993年1月，“梅县沙田柚高产综合技术及其推广”项目在北京被评为国家星火奖二等奖；1994年12月在梅州召开的世界客属第十二次恳亲大会上闭幕式上上演了《柚果飘香》的节目；1995年1月，梅州沙田柚开始打入上海市场；1995年4月，梅州市“三高”农业成为外商投资热点，全市利用外资发展农业项目25家，外商投资2亿多元，同月，梅县被国家命名为“中国金柚之乡”，位列全国水果百强县的第13位。截至1994年，梅县沙田柚总产量11.07万吨。1995年，梅州市全年投入3 000多万元，新种果茶18.57万亩。至1998年，全市水果种植面积超过100万亩，其中柚类面积达36万亩，总产24.45万吨。[③]

“金柚之乡”的命名，标志着梅县沙田柚开始谋划品牌转型，金柚的品牌建设进入了一个新的历史阶段。按民间的说法，梅县沙田柚改名为金柚，源于沙田柚的原产地广西容县对梅县使用“沙田柚”这个商标提出了抗议。官方一直对此事讳莫如深，客家人出于“面子”的关系，对此事也不愿多提。官方从此以后改称沙田柚为“金柚”，但民间已形成了表达的习惯，大部分非正式的场合仍习惯以沙田柚称之。原产地对商标权的争夺，很大程度上受经济利益的驱使。实际上，全国种植沙田柚的地区不止容县和梅县，容县针对梅县沙田柚提出商标权的抗议，也反映了梅县沙田柚在社会上的影响力，既让对方看到了商机，又让它感受到了威胁。从二十世纪八十年代的小果园开始，梅县的金柚慢慢推广到平远、大埔、蕉

① 梅州市地方志编纂委员会办公室编：《建国50年梅州大事记与发展概况》，内部发行，1999年，第118页。

② 梅州市地方志编纂委员会办公室编：《建国50年梅州大事记与发展概况》，内部发行，1999年，第116页。

③ 梅州市地方志编纂委员会办公室编：《建国50年梅州大事记与发展概况》，内部发行，1999年，第116－150页。

岭、兴宁等县，产量逐年攀升。在流通方面，金柚最初主要被梅州当地人消费，之后在国内市场逐渐建立起知名度，最近几年，金柚开始向海外市场拓展。

在政府主导的有力的种植推广和强势的植入地方文化形象的宣传攻势下，梅州人仅用三十多年的时间，就为金柚贴上了本地的标签，将自我的形象、家乡的形象融入了金柚的形象中。金柚成为梅州人即使不想吃也会买一些的象征性物品，梅州人成了开柚子的高手，不用借助刀都可以开柚子，他们常常讥笑外地人不会挑柚子、开柚子，而这些对他们来说就是生活的常识。在产柚子的季节，梅州人家里的不同角落里经常放着几瓣开了又没吃完的苦柚子——因为不好吃，放干了，过一两天扔掉，重新开一个。他们常为开到一个“飞靓”（非常好）的柚子而愉快地邀请在座的家人或客人一同享用，就像欣赏一件艺术品。他们也经常说，柚子吃腻了，不想吃了，但返城的时候（指客居在外的客家人返回居住地）还是习惯带上几个。当季之时，梅州的高速公路口或公路旁边的村屋前常摆着一麻袋一麻袋的柚子，等待过路的客人将它们买走。许多自驾游的外地游客会在车尾箱放上一袋回去分发给亲友，以示他们到过“金柚之乡”。许多农民因此致富，并继续将这个行业推向新高峰。

敏感的梅州人发现，最近几年，他们与柚子的关系开始发生微妙的变化。柚子开始从“家乡的食品”转变为“家乡的特产”，柚子与客家人“自己的生活”关系最亲密的时期已经过去。柚子以前是“自己吃”的水果，现在已逐渐变成“送给别人吃”或“卖给别人吃”的水果。

第四节　小结

现代客家人的生活，一方面延续着客家传统，维系着客家社会；另一方面，现代化的生活方式不可避免地进入到这个曾经相对封闭的社会，使其在潜移默化中发生改变。虽然仍有很大一部分客家人住在围龙屋里，但他们已不再新建围龙屋，更多的人住进了小洋楼或新式小区房中；虽然梅州各地不及大城市那样繁华，但商品化的物品交换方式已完全融入当地人的生活，由此带来的饮食文化的改变也是巨大的。梅州已进入多元化的饮食时期，但传统客家菜并未消失，甚至还得到了发扬，客家社会已经对外开放，但仍然在文化惯性的作用下保持着一定的封闭性，这也使其传统得到了较大程度的传承。正如梅县区美食协会会长刘爱勤经营的爱平食府的标语所言，“爱世界宜从美味始，平天下终关匠心末”，“民以食为天”就是客家饮食文化的真谛，而要产生美食，匠心也是最终的衡量砝码。可以看出，随着商品化水平的提高，一些食品先是被当地人吸收进内部的饮食和象征秩序中，在很短的时间内成为当地的特色食品，接着被更大规模地生产、包装、推广至外界，成为为当地人创造更多经济价值的食品。在金柚的身上，我们看到了一种食品是如何在商品化、现代化的操作下，实现这种由外至内，又由内至外的角色转换。这是食物与现代化关系的一个缩影，也是食物与地方社会关系的一个缩影。

结 语

楚汉之争时，郦食其以“王者以民为天，而民以食为天”[①] 的言论，说服汉王刘邦占据粮食充裕的敖仓来拒荥阳、成皋之险，从而获得了战略上的先机，从此“民以食为天”渐渐成为民间流传的谚语。中国古代政治思想中体现出了强烈的重农意识，得粮食者得天下，历代王朝都将农业生产作为基本的执政纲领，因为“食”是人类生存的基础，也是社会活动的本原。中国的重农思想滥觞于秦代，奠基于汉代，历经汉代至中华人民共和国成立之初这段漫长历史时期的发展，于二十世纪末衰落。中华民族能绵延数几千年不中断，深受华夏农耕文明的庇护，其核心之一便是重农思想。[②]《管子·治国篇》云：

……夫富国多粟，生于农，故先王贵之。

凡为国之急者，必先禁末作文巧，末作文巧禁，则民无所游食。民无所游食，则必农。民事农则田垦，田垦则粟多，粟多则国富。国富者兵强，兵强者战胜，战胜者地广，是以先王知众民、强兵、广地、富国之必生于粟也，故禁末作，止奇巧而利农事。[③]

管仲的“耕战论”到了汉代逐渐发展出“重农抑商”的民本思想。汉武帝时，董仲舒将国家政权与农民、土地紧紧地捆绑在一起，以此为基础建立起了“罢黜百家，独尊儒术”的政纲以及三纲五常的伦理系统。[④]在统治者看来，农业生产是国之根本，重农的国策，目的在于把这种在当时的历史条件下可以最大限度地保证食物充足、人口繁衍的生产活动得到巩固

---

① 班固撰，赵一生点校：《汉书》，杭州：浙江古籍出版社，2002 年，第 691 页。

② 任继周：《论华夏农耕文化发展过程及其重农思想的演替》，《中国农史》2005 年第 2 期，第 53－58 页。

③ 房玄龄注，刘绩补注，刘晓艺校点：《管子》，上海：上海古籍出版社，2015 年，第 323 页。

④ 任继周：《论华夏农耕文化发展过程及其重农思想的演替》，《中国农史》2005 年第 2 期，第 53－58 页。

和推广。正如贾谊在《论积贮疏》中所言："今驱民而归之农，皆著于本，使天下各食其力。末技游食之民，转而缘南亩，则畜积足而人乐其所矣。"[①]"民以食为天"从最初的政治术语，演变为后来人们耳熟能详的民间俗谚。站在统治者的角度，"民以食为天"是稳定政局的政策出发点；站在普通百姓的角度，"民以食为天"是他们组织日常生活的基本依据。

作为生命体，人类有基本的生存营养需求，所有人都必须在一定的时间范围内进食，否则会因严重的饥饿导致死亡，"觅食"是人类社会生活的起点。《礼记·礼运》云："饮食男女，人之大欲存焉。"[②] 在生存需求的驱动下，受自然环境的影响，在一定的地域范围内形成适应当地条件的生计模式，随着生存条件的改变，对饮食的需求和创造也会改变。为了让作为生存基础的日常饮食变得有保障，人类逐步建立起有规律的生产制度，社会在生产的协作过程中形成，人类由原始状态慢慢进化至文明状态。

《礼记》云：

> 故人者，天地之心也，五行之端也，食味、别声、被色而生者也。故圣人作则，必以天地为本，以阴阳为端，以四时为柄，以日星为纪，月以为量，鬼神以为徒，五行以为质，礼义以为器，人情以为田，四灵以为畜。[③]

"人"是"天地之心"，人类社会的运行秩序，必然以大自然的运行规律作为依据：

> 以天地为本，故物可举也。以阴阳为端，故情可睹也。以四时为柄，故事可劝也。以日星为纪，故事可列也。月以为量，故功有艺也。鬼神以为徒，故事有守也。五行以为质，故事可复也。礼义以为器，故事行有考也。人情以为田，故人以为奥也。四灵以为畜，故饮食有由也。[④]

中国古代社会以儒家礼制思想来建立社会秩序，将"天地"作为社会运行的根本依据。天地创造阴阳、四时、日月、星辰、鬼神、五行，这是

① 严可均校辑：《全上古三代秦汉三国六朝文》，北京：中华书局，1958 年，第 215 页。
② 郑玄注，孔颖达等疏：《礼记正义》，北京：北京大学出版社，2000 年，第 802 页。
③ 郑玄注，孔颖达等疏：《礼记正义》，北京：北京大学出版社，2000 年，第 814 页。
④ 郑玄注，孔颖达等疏：《礼记正义》，北京：北京大学出版社，2000 年，第 817－818 页。

自然之规则；人据此创造礼义、人情，为人伦，是人们为社会制定的规则。自然和人伦结合，建立起完整的社会秩序，推动社会的运行和发展。其中，饮食是人类生存的根本，食物来源于天地的物产，顺应天时，才能让“食”得到保证。

“民”为获得“食”而计划生产、组织社会，受“天”的制约，故应维护与“天”的关系。《周易·乾卦》有云：

> 夫大人者，与天地合其德，与日月合其明，与四时合其序，与鬼神合其吉凶。先天而天弗违，后天而奉天时。天且弗违，而况于人乎？况于鬼神乎？①

作为主导社会秩序建立的“大人”，要与自然和鬼神“合”，也就是说，人类社会要与自然力量和超自然力量和睦共处，方能获得长久的发展。老子说：“人法地，地法天，天法道，道法自然。”② 实际上也是在阐释人与自然之间的辩证关系。到了汉代，董仲舒在《春秋繁露·阴阳义》中归纳了“天人合一”的思想，提出：“天亦有喜怒之气，哀乐之心，与人相副，以类合之，天人一也。”③ 即“天”是一方水土所给予的自然天道，也是人们依照自然规律所形成的社会组织、人伦纲常。

借用“民以食为天”这个古老的谚语来总结本书所论：首先，“天”主要包含客观物质条件和社会文化秩序两个维度的内涵；其次，“食”既指食物，也指食物的生产、制作、消费、交换等一系列过程；最后，“民”遵循着客观物质条件创造食物体系，构建社会文化秩序。“饮食结构”的物质结构和文化结构两个维度，恰好对应“民以食为天”中的客观物质条件和社会文化秩序这两个内涵。饮食的物质结构包括由食材、烹饪工具、用餐器皿等决定的食物构成要素，属于饮食的有形状态，受客观物质条件的制约，由自然环境、社会生产力、商品流通、技术革新等条件决定，当然也包括在具体时空下人们创造的菜肴。饮食的文化结构主要包括烹饪方法、餐饮制度（包括用餐时间、日常餐桌礼仪、筵席礼仪、共餐或分餐的习俗等）、饮食观念（食物的象征意义、食物在不同场合的功能、食物禁忌、养生保健观念等）等由文化决定的饮食要素。在“民以食为天”的框架内搭建“饮食结构”两个维度的内涵，可以形成下列模型：

---

① 王弼、韩康伯注，孔颖达等正义：《周易正义》，上海：上海古籍出版社，1990年，第20页。
② 朱谦之撰：《老子校释》，北京：中华书局，1984年，第103页。
③ 苏舆撰，钟哲点校：《春秋繁露义证》，北京：中华书局，1992年，第341页。

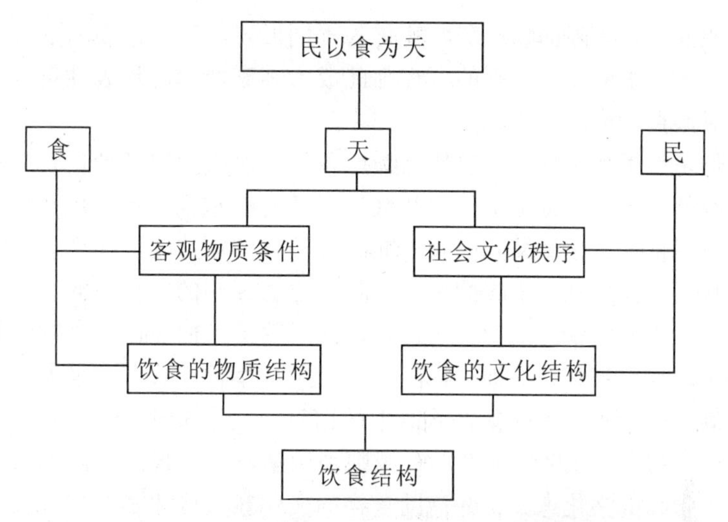

图 9-1 “民以食为天”框架下的饮食结构模型

客家族群形成于闽粤赣边地区，山区特有的生态环境塑造了这个族群的饮食结构，历史上曾经受到百越少数民族、溪峒各族尤其是畲族文化的影响，这些影响也体现在饮食习俗方面。比如客家人主要种植水稻，既由当地的气候条件决定，也传承自百越先民；因为山多地少，多种植旱地作物，这多少受到畲族生产经验的影响；客家人不忌吃狗、蛇、猫、鼠，这些异于中原汉人的食俗，都是在特定的自然条件和文化传承中形成的。客家山区有溪流江河，水产是其食材的一部分，但因地处内陆，水产种类和数量远少于濒海而居的广府人和潮汕人，气候条件和土地资源也有较大差异，所以虽同样从事稻作农业，客家人与广府人、潮汕人的饮食习俗差别较大，其中最大的差别就在肉食品种上。广府人、潮汕人的肉食以海产品为主，海鲜是广府菜和潮汕菜的特色，客家菜则以猪、鸡等陆地动物为主要食材。自然与人文环境共同塑造了客家饮食。受山多地少的环境影响，客家地区水稻种植有限，大米主粮短缺，但山地可以种植旱地作物，薯类杂粮于是成为有效的补充。根据各类物产的存量及其物质特性，人们发明了不同食物的制作方法，并赋予这些食物特殊的意义，规定它们的使用和食用场合。例如对大米的食用，有日常食用的粥和湿饭，也有仪式和劳动场合食用的干饭；番薯和芋头烹煮简单、适合充饥，所以成为一日三餐中常见的杂粮；木薯不适合直接食用，但木薯是当地产量颇高的物产，为了有效利用木薯的淀粉营养，客家人发明了品种丰富的“粄”食和“圆”食。“粄”食和“圆”食制作相对复杂，不符合日常饮食对效率的要求，它们大多出现在节日或仪式的饮食场合。人们对食物的执着追求，促使他

们总是想办法将有限的物产资源转化为不同形式的美食，逐渐形成群体性的饮食习惯，某些口味特别的食物因此成为客家饮食的代表性符号，甚至成为具有族群特征的文化标志。

人们虽然不得不局限于自然的物产条件而形成食用某种食物或不食用某种食物的习惯，不得不基于“果腹”的生存需求而生产、创造食物，但人们在赋予食物文化意义和内涵方面有着很强的创造力。在许多社会活动中，食物的存在超越了果腹的价值，具有更为深刻的文化内涵。客家人年节习俗和人生礼俗中的饮食文化，生动地反映了人们在创造食物文化内涵方面的主动性：客家人的神圣物品，通常象征幸福、长久、平安、多子多孙、圆满、长寿等，借助食物话语中的谐音（音的相似律）、谐义（义的相似律）、谐形（形的相似律）等规则来构建物品与仪式之间的关系。人们创造了食物的文化意义，并借助食物的文化意义构建了地方社会的文化秩序。在地方物产的基础上创造出来的各种食物，以特殊的方式出现在梅州客家年节传统和人生礼俗场合，人们通过地方话语对食物寓意的解释，建立起食物的象征秩序。被神圣化的食物在仪式场合成为人与神之间沟通的中介物，其形式和内涵都经过了“意义”的包装，其象征意义已相对固化，不会被轻易更改和撤换。文化秩序一旦建立，便成为社会运行的规则（结构），新的食物品种只有在符合其象征秩序的情况下，才可以替代“过时了”的食物，成为新的神圣食品，进入仪式空间。

步入现代社会的梅州，先进的生产力模式、高科技的电气化条件、全球化的生活方式渐渐瓦解了持续了数百年的传统生产、生活方式，客家饮食越来越朝着多元化的方向发展。但梅州仍然呈现出典型的客家社会形态，虽然“结构”总是随着“历史”的变迁不断调整，甚至重组，但“历史”始终在“结构”中行进。梅州仍然处在过往的自然条件和生态环境中，客家人仍然遵循着他们对“天地神明”的敬畏和信仰。饮食体系的自然物质条件和社会文化秩序发生了改变，但并没有从本质上颠覆原有的结构。概括饮食与社会的关系，可以得出以下结论：

（一）饮食的物质结构与社会变迁

“民”“食”“天”在一定的社会背景下，构成了人、食物与社会之间的关系，饮食结构是其具体的表现形态。在梅州的个案中，我们可以看到，客家人以粮食为主食，以蔬菜为日常菜肴，畜养猪和鸡，制作各种“粄”食和“圆”食，对狗肉和野生的各类动植物有浓厚的兴趣，这些饮食反映了他们的农耕生活特征和山区物产条件。饮食的物质结构是易变的。食材在相似的社会条件下有可能千年不变，但一旦改变，就不仅会影响社会的饮食风尚，还会影响社会经济、政治和文化的整体格局。正如蔗糖在殖民地时期的生产、流通和消费，曾极大地影响世界资本主义市场的构建和欧洲社会现代饮食体系的建立。① 在中国，明末清初番薯等美洲作物的引进、改革开放后粮食供应量的增加都曾引发社会发展格局的调整。在梅州客家地区，最近四十年的食材变化对当地人饮食的影响是巨大的，一日三餐"咸菜绑粥""杂粮为主，米饭为辅"的饮食格局得到了根本改变，素食化的日常菜肴体系也被大量的肉食打破，猪肉、鸡肉、鱼肉甚至海鲜等传统的节日或仪式食品成为家常食材。从食材的种类来说似乎并没有本质的不同，只是食用比重、时间、场合等发生了变化和移位，因此饮食结构今昔相比仍有极大的相似性，可以看到一脉相承的"客家饮食"特征。这些食材食用比重、时间、场合的变化和移位，是商品经济快速发展的产物，也必将给地方社会、经济带来更多更广的影响。

饮食结构的调整对地方社会产生的影响，可以从一个微观事件中窥探一二：随着现代家用电器的普及，客家人做饭的方式和地点都发生了改变。煤气炉成为乡村社会的主要炊具后，山林的防护出现了新问题。2014年底，梅州新闻报道了三名护林员因救山火牺牲的事件。梅州山多，每年都会发生多起"火烧山"事件，但极少出现救火人员牺牲的情况。一位在梅县区担任护林员的年轻人告诉笔者，以前因为人们做饭需要柴火，大家都上山砍柴，所以山上总有些被踩出的山路，"火烧山"时，护林员可以沿着山道把两边的植物清理掉，隔出一片隔火通道，山火就可以在山道边止住，救火人员不会有太大危险。现在没有人需要上山砍柴，以致山林太茂密，没有天然的隔火通道，救火变得十分困难，危险系数也大大增加，遇到强烈一些的山风就可能让一边的山火窜到另一边，伤及另一边的救火人员。这个案例说明，烹饪工具的改变，间接地影响了生态环境和社会生活，客观上加大了山林救火的难度。炊具的变化与山林防火这两个看似风马牛不相及的事件，因前者所导致的生态环境的改变，产生了微妙的关联，可见饮食事小，影响却并不小。

（二）饮食的文化结构与社会心理

饮食作为生活"事件"，以物质（菜肴）的形式呈现，同时被赋予文化性的符号意义，被称为"物质生活文化"。"民以食为天"的内涵中，社

① 西敏司著，王超、朱健刚译：《甜与权力——糖在近代历史上的地位》，北京：商务印书馆，2010年。

会文化秩序归根到底揭示的是饮食的文化内涵，一定程度上反映了某个人类群体的心性。传统客家人的日常饮食非常清淡，甚至一日三餐都可以“咸菜绑粥”，但一到年节或喜庆场合，人们便倾其所有，同时享用多种肉食。糯米不是客家人日常的主粮，但他们需要储备一定量的糯米来酿制仪式需要的娘酒，也需要糯米来制作各种年糕，糯米因其特殊的用途成为人们习惯性生产的粮食品种。饭在平时是从粥里捞出来的，主要给家中的重劳力食用，讲究吃饱，不讲究吃好；在农忙的互助场合或筵席场合就要用熏制的方式制作饭甑饭或炒香饭，让参与者享用到既美味又足量的饭食。食物在不同场合的食用规则，是人们在特殊的环境下对生活秩序的自我规划，是对“好日子”的向往和追求。

许多节日习俗形成的背后，隐藏着人们渴望获得“超日常”美食的心理。节日食品之所以具有与日常食品不同的文化功能，可能是因为它们被赋予了沟通人、神关系的神圣品格，也可能是因为它们在与节日的捆绑作用下，产生了可以合理对抗“日常理性”的超日常品质及由此带来的“狂欢”效果。借助节日食品，人们得以缓解“日常”困境下的食物焦虑。当节日食品的“非日常”功能随着社会生产力水平的改善而消失时，“节日”的意义也在现实中隐没——食品文化品性的转变（由“非日常”转变成“日常”），导致了与之相关的“节日”的消失。这些出现在非祭祀性节日中的食品，主要为满足人们对食物的情感需求和营养需求而存在，与仪式食品以文化功能为主有所不同。相对而言，仪式食品是饮食中文化结构最复杂的一类食品。在客家人的祭祀仪式和人生礼俗中，仪式食品与儒家礼制、民间信仰之间形成共谋，被赋予了各种象征意义，各种社会关系在象征和隐喻构成的文化秩序中得以维持，社会因此具有了自在的文化品格。

一群具有同样文化心理背景的人往往会对同一类食物设定相同的意义，这种群体性的饮食现象背后，是这群人的集体无意识，或者说心智模式。社会观念的改变可能导致人们心智模式的改变，从而导致饮食习俗的改变。饮食的物质结构和文化结构都不可能一成不变，其表现形态和变迁过程，折射出人群、社会、历史之间的互动关系。

（三）饮食与族群认同

出于某种现实的目的，在大的社会范畴内部，会分化出许多宣称自己为某个“族群”的“小社会”。为了辨识“我群”，族群内部的人们会标榜他们创造和享用着某些具有共同特征的文化，饮食便是其中一种被宣称为“我群”所独有的客观文化。人们对某一些食物的喜爱和习惯，以及他们对另一些食物的排斥和拒绝，既反映出他们对食物的生理性认同——由于长期食用而形成的身体适应和长期拒食而出现的身体抗拒，也包含了他们在情感上的主观认同——由于身体适应性或生活习惯引发对食物的心理依恋，由依恋而产生特殊的情感，并赋予专属的文化意味，食物因此成为建构族群内部关系的工具。

在特定的自然生态和社会文化结构中，人们形成地方性的饮食文化，该文化未必完全是特殊的，它可能在许多方面与其他地方、其他族群的饮食相同或相似，只在较细节或相对狭窄的范围内体现出某些与众不同的特征。但在必要的场合，人们便可以从小范围的“与众不同”，甚至大体同质的饮食现象中抽取出可以将我群与他群区别的“特征”，通过反复的表述和强调，使之成为本族群饮食的标志性事件。族群性的饮食文化借助人们出于维护本群利益的各种言谈、行为和文字表达，造成某种文化传统（事件）；同时，人们的言谈、行为、文字表达和文化传统，“作为各种社会权力关系下之表征或文本”，又“依循某种模式（如仪式、习性、文类、模式化叙事情节等的表征与文本范式）以顺从或强化社会‘结构’性的现实本相与情境”，同时，“个人在认知自身的处境（positionality）的情况下，在其情感与意图下，选择、构组种种符号而发的表征，也逐步修饰或改变这些‘结构’”①。例如客家人对咸菜、盐焗鸡、姜酒鸡、客家娘酒等食物的生理性依恋和主观表述，便明显具有将食物塑造成族群的象征性符号的意味和倾向。客家人认为本地人坐月子是要吃姜酒鸡的，这是最有营养的月子食品，对广府人坐月子喝姜醋感到难以理解，在他们看来，坐月子是不可以食醋的。于是在人们的观念和日常表述中，就出现了诸如“坐月子喝醋的是广府人不是客家人，吃姜酒鸡的才是客家人”的理解和认同。食物自然而然地成为人们设定族群边界的文化工具。

如果说人们在日常生活中借助食物来划定族群边界、构建族群认同只是一种无意识的反映，那么“客家菜”和“客家特产”在当代社会的兴起，则是客家人有意识的文化构建行为，其中既有客家人的内部认同在起作用，也有外地消费者的他者认同在推波助澜。“客家饮食”与“客家菜”是两个内涵和外延既不完全相同又具有一定交叉的概念，前者指客家人世代相传的饮食文化系统，后者指在前者基础上形成的具有族群和地域特色的文化消费系统。“客家菜”和“客家特产”作为衍生于客家族群内部、具有客家族群特征的文化标签和认同符号，需要以客家人与外界发生交

① 王明珂：《青稞、荞麦与玉米》，《中国饮食文化》2007年第2期，第23－71页。

往、客家族群意识觉醒为前提，具有“现代社会”的特征，是客家族群文化认同的衍生品。由此可见，一方面，饮食在现实中常常被用于粉饰、标榜、描述一个族群；另一方面，借助对饮食文化的探究，可以分析、了解一个族群的心性。饮食是在特定地域中发生的、被生态环境和文人环境塑造的、与特定的群体发生特殊关联的生活事件和文化体系。

参考文献

一、专著

1. 百越民族史研究会编：《百越民族史论集》，北京：中国社会科学出版社，1982 年。

2. 班固：《汉书》，北京：中华书局，1962 年。

3. E. 霍布斯鲍姆、T. 兰格编，顾杭、庞冠群译：《传统的发明》，南京：译林出版社，2004 年。

4. 二十世纪广东婚俗大观编辑委员会编：《二十世纪广东婚俗大观》，广州：广东旅游出版社，2005 年。

5. 房学嘉、宋德剑、夏远鸣等主编：《多元视角下的客家地域文化》，广州：华南理工大学出版社，2012 年。

6. 房学嘉：《客家民俗》，广州：华南理工大学出版社，2006 年。

7. 弗雷德里克·巴斯主编，李丽琴译：《族群与边界——文化差异下的社会组织》，北京：商务印书馆，2014 年。

8. 高成鸢：《饮食之道：中国饮食文化的理路思考》，济南：山东画报出版社，2008 年。

9. 高丙中编：《中国人的生活世界：民俗学的路径》，北京：北京大学出版社，2010 年。

10. 葛剑雄主编：《中国移民史》，福州：福建人民出版社，1997 年。

11. 胡希张、莫日芬、董励等：《客家风华》，广州：广东人民出版社，1997 年。

12. 杰克·古迪著，王荣欣、沈南山译：《烹饪、菜肴与阶级》，杭州：浙江大学出版社，2017 年。

13. 吉尔兹著，王海龙、张家瑄译：《地方性知识》，北京：中央编译出版社，2000 年。

14. 克洛德·列维－斯特劳斯著，周昌忠译：《神话学：餐桌礼仪的起源》，北京：中国人民大学出版社，2007 年。

15. 克利福德·格尔兹著，纳日碧力戈等译：《文化的解释》，上海：上海人民出版社，1999 年。

16. 黎章春：《客家味道——客家饮食文化研究》，哈尔滨：黑龙江人民出版社，2008 年。

17. 刘克庄：《后村先生大全集》，成都：四川大学出版社，2008 年。

18. 刘晓春：《一个人的民间视野》，武汉：湖北人民出版社，2006 年。

19. 刘晓春：《仪式与象征的秩序——一个客家村落的历史、权力与记忆》，北京：商务印书馆，2003 年。

20. 梁肇庭著，冷剑波、周云水译：《中国历史上的移民与族群性——客家人、棚民及其邻居》，北京：社会科学文献出版社，2013 年。

21. 刘善群：《客家礼俗》，福州：福建教育出版社，1995 年。

22. 罗香林：《客家研究导论》，上海：上海文艺出版社，1992 年。

23. 马林诺夫斯基著，费孝通等译：《文化论》，北京：中国民间文艺出版社，1987 年。

24. 马文·哈里斯著，叶舒宪、户晓辉译：《好吃：食物与文化之谜》，济南：山东画报出版社，2001 年。

25. 玛丽·道格拉斯著，黄剑波、柳博赟、卢忱译：《洁净与危险》，北京：民族出版社，2008 年。

26. 梅州市地名委员会编：《梅州地名志》，广州：广东省地图出版社，1989 年。

27. 梅州市地方志编委办公室编：《梅州客家风俗》，广州：暨南大学出版社，1992 年。

28. 梅州市民间文学三套集成编辑委员会、梅州市民间文艺家协会编：《梅州风采》，梅州：梅州市民间文学三套集成编辑委员会、梅州市民间文艺家协会，1989 年。

29. 欧爱玲著，钟晋兰、曹嘉涵译：《饮水思源——一个中国乡村的道德话语》，北京：社会科学文献出版社，2013 年。

30. 平远县旅游局编：《漫游平远》，广州：广东旅游出版社，2012 年。

31. 屈大均：《广东新语》，北京：中华书局，1985 年。

32. 丘秀强、丘尚尧编：《梅州文献汇编》，台北：梅州文献社，1975 年。

33. 彭兆荣：《饮食人类学》，北京：北京大学出版社，2013 年。

34. 邱庞同：《饮食杂俎：中国饮食烹饪研究》，济南：山东画报出版社，2008 年。

35. 萨林斯著，赵丙祥译：《文化与实践理性》，上海：上海人民出版社，2002 年。

36. 桑迪著，郑元者译：《神圣的饥饿：作为文化系统的食人俗》，北京：中央编译出版社，2004 年。

37. 宋德剑主编：《地域族群与客家文化研究》，广州：华南理工大学出版社，2008 年。

38. 谭其骧：《简明中国历史地图集》，北京：中国地图出版社，1991 年。

39. 万建中 ：《中国饮食文化》，北京：中央编译出版社，2011 年。

40. 王明珂：《华夏边缘：历史记忆与族群认同》，北京：社会科学文献出版社，2006 年。

41. 王馗：《佛教香花——历史变迁中的宗教艺术与地方社会》，上海：学林出版社，2009 年。

42. 王象之：《舆地纪胜》，北京：中华书局，1992 年。

43. 王增能：《客家饮食文化》，福州：福建教育出版社，1995 年。

44. 吴永章：《多元一体的客家文化》，广州：华南理工大学出版社，2012 年。

45. 维克多 · 特纳著，黄剑波、柳博赟译：《仪式过程：结构与反结构》，北京：中国人民大学出版社，2006 年。

46. 西敏司著，王超、朱健刚译：《甜与权力——糖在近代历史上的地位》，北京：商务印书馆，2010 年。

47. 肖文评：《白堠乡的故事：地域史脉络下的乡村社会建构》，北京：生活 · 读书 · 新知三联书店，2011 年。

48. 肖文燕：《华侨与侨乡的社会变迁：清末民国时期广东梅州个案研究》，广州：华南理工大学出版社，2011 年。

49. 谢重光：《客家、福佬源流与族群关系研究》，北京：人民出版社，2013 年。

50. 谢重光：《客家源流新探》，福州：福建教育出版社，1995 年。

51. 谢重光：《客家形成发展史纲》，广州：华南理工大学出版社，2001 年。

52. 徐海荣主编：《中国饮食史》，北京：华夏出版社，1999 年。

53. 尤金 · N. 安德森著，马孆、刘东译：《中国食物》，南京：江苏人民出版社，2003 年。

54. 杨飞、殷玥编著：《漫游客都梅州》，广州：广东人民出版社，

2012 年。

55. 叶国良：《礼制与风俗》，上海：复旦大学出版社，2012 年。

56. 袁光明主编：《大埔客家美食》，广州：广东人民出版社，2008 年。

57. 袁静芳主编，李春沐、王馗著：《梅州客家佛教香花音乐研究》，北京：宗教文化出版社，2014 年。

58. 詹姆斯·克利福德、乔治·E. 马库斯编，高丙中、吴晓黎、李霞等译：《写文化——民族志的诗学与政治学》，北京：商务印书馆，2006 年。

59. 郑玄注，孔颖达等疏：《礼记正义》，北京：北京大学出版社，2000 年。

二、中文论文

1. 蔡惠琴：《台湾客家习俗寒神猪与义民信仰》，《中华饮食文化基金会会讯》2010 年第 4 期，第 21－29 页。

2. 陈春声：《猺人、蜑人、山贼与土人——〈正德兴宁志〉所见之明代韩江中上游族群关系》，《中山大学学报》（社会科学版）2013 年第 4 期，第 31－45 页。

3. 陈勤建：《越地民间食用麻雀俗信的深层区域文化结构》，陈慧俐主编：《第六届中国饮食文化学术研讨会论文集》，台北：财团法人中华饮食文化基金会，2000 年，第 157－171 页。

4. 陈祥水：《麻油鸡的迷思》，周宁静主编：《第十届中国饮食文化学术研讨会论文集》，台北：财团法人中华饮食文化基金会，2008 年，第 309－325 页。

5. 陈尹嬿：《西餐的传入与近代上海饮食观念的变化》，《中国饮食文化》2011 年第 1 期，第 143－206 页。

6. 陈尹嬿：《民初上海咖啡馆与都市作家》，《中国饮食文化》2009 年第 1 期，第 55－103 页。

7. 丛振：《唐代寒食、清明节中的游艺活动——以敦煌文献为中心》，《敦煌学辑刊》2011 年第 4 期，第 103－110 页。

8. 段颖：《迁徙、饮食方式与民族学文化圈：缅甸华人饮食文化的地域性再生产》，《中国饮食文化》2012 年第 2 期，第 43－69 页。

9. 弗里德里克·J. 西蒙著，郭于华译：《中国思想与中国文化中的食物》，尤金·N. 安德森著，马孆、刘东译：《中国食物》，南京：江苏人民出版社，2003 年，第 264－284 页

10. 冯智明、倪水雄：《贺州客家人祭祀饮食符号的象征隐喻——以莲塘镇白花村为个案》,《黑龙江民族丛刊》2007 年第 4 期，第140 – 145 页。

11. 龚彩虹：《试论客家美食名称的语言特点》，《客家研究辑刊》2010 年第 2 期，第 159 – 164 页。

12. 关履权：《宋代广东的主客户》，《岭南文史》1991 年第 3 期，第 16 – 19 页。

13. 何翠萍：《米饭与亲缘——中国西南高地与低地族群的食物与社会》，陈慧俐主编：《第六届中国饮食文化学术研讨会论文集》，台北：财团法人中华饮食文化基金会，2000 年，第 427 – 450 页。

14. 黄瑜：《共同富裕思想的延续——回顾中国南方对虾养殖业的起步》,《中国饮食文化》2010 年第 2 期，第 35 – 65 页。

15. 季羡林：《“天人合一”新解》,《传统文化与现代化》1993 年第 1 期，第 9 – 16 页。

16. 蒋炳钊：《古民族“山都木客”历史初探》,《厦门大学学报》（哲学社会科学版）1983 年第 3 期，第 87 – 94 页。

17. 李亦园：《中国饮食文化研究的理论图像》，陈慧俐主编：《第六届中国饮食文化学术研讨会论文集》，台北：财团法人中华饮食文化基金会，2000 年，第 1 – 16 页。

18. 黎章春：《客家菜的形成及其特色》，《赣南师范学院学报》2004 年第 5 期，第 41 – 43 页。

19. 刘晓春：《民俗学问题与客家文化研究——从民间文化研究的普同性与线性视野之困境反思客家研究》,《江西社会科学》2004 年第 1 期，第 79 页。

20. 刘晓春：《从“民俗”到“语境中的民俗”——中国民俗学研究的范式转换》,《民俗研究》2009 年第 2 期，第 5 – 35 页。

21. 刘晓春：《资料、阐释与实践——从学术史看当前中国民俗学的危机》,《民俗研究》2011 年第 4 期，第 59 – 62 页。

22. 刘晓春：《历史/结构——萨林斯关于南太平洋岛殖民遭遇的论述》,《民俗研究》2006 年第 1 期，第 40 – 53 页。

23. 刘晓春：《文化本真性：从本质论到建构论——“遗产主义”时代的观念启蒙》,《民俗研究》2013 年第 4 期，第 34 – 50 页。

24. 刘还月：《客家饮食与客家人》，林庆弧主编：《第四届中国饮食文化学术研讨会论文集》，台北：财团法人中华饮食文化基金会，1996 年。

25. 刘志伟：《国际农粮体制与国民饮食：战后台湾面食的政治经济

学》,《中国饮食文化》2011年第1期,第1-59页。

26. 刘冰清:《溪峒与九溪十八峒考略》,《贵州民族研究》2008年第4期,第159-165页。

27. 史继忠:《说溪峒》,《贵州民族学院学报》1990年第4期,第26-33页。

28. 罗素玫:《日常饮食、节日聚餐与祭祖供品:印尼峇里岛华人的家乡、跨文化饮食与认同》,《中国饮食文化》2012年第2期,第1-42页。

29. 马成俊:《弗雷德里克·巴斯与族群边界理论》,弗雷德里克·巴斯主编,李丽琴译:《族群与边界——文化差异下的社会组织》,北京:商务印书馆,2014年,第10-11页。

30. 饶伟新:《区域社会史视野下的"客家"称谓由来考论——以清代以来赣南的"客佃""客籍"与"客家"为例》,《民族研究》2005年第6期,第92-101页。

31. 任继周:《论华夏农耕文化发展过程及其重农思想的演替》,《中国农史》2005年第2期,第53-58页。

32. 谭其骧:《粤东初民考》,谭其骧:《长水集》(上),北京:人民出版社,1987年。

33. 杨彦杰:《客家菜与客家饮食文化》,陈慧俐主编:《第六届中国饮食文化学术研讨会论文集》,台北:财团法人中华饮食文化基金会,2000年,第363-381页。

34. 杨彦杰:《客家人的饮食禁忌》,《中华饮食文化基金会会讯》2003年第2期,第10-16页。

35. 杨纪波、黄种成:《闽台地域饮食文化》,陈慧俐主编:《第六届中国饮食文化学术研讨会论文集》,台北:财团法人中华饮食文化基金会,2000年,第345-361页。

36. 颜学诚:《"客家擂茶":传统的创新或是创新的传统》,周宁静主编:《第九届中国饮食文化学术研讨会论文集》,台北:财团法人中华饮食文化基金会,2006年,第157-167页。

37. 叶舒宪:《饮食人类学:求解人与文化之谜的新途径》,《中华饮食文化基金会会讯》2003年第2期,第21-24页。

38. 严忠明:《〈丰湖杂记〉与客家民系形成的标志问题》,《西南民族大学学报》(人文社科版)2004年第9期,第36-39页。

39. 王明珂:《食物、身体与族群边界》,陈慧俐主编:《第六届中国饮食文化学术研讨会论文集》,台北:财团法人中华饮食文化基金会,

2000 年，第 47 – 67 页。

40. 王明珂：《青稞、荞麦与玉米》，《中国饮食文化》2007 年第 2 期，第 23 – 71 页。

41. 王铭铭：《我所了解的历史人类学》，《西北民族研究》2007 年第 2 期，第 78 – 95 页。

42. 王欣：《饮食习俗与族群边界——新疆饮食文化中的例子》，《中国饮食文化》2007 年第 2 期，第 1 – 21 页。

43. 王雨：《清明节俗形态分析》，《前沿》2011 年第 24 期，第 186 – 188 页。

44. 吴燕和：《台湾的粤菜、香港的台菜：饮食文化与族群性的比较研究》，林庆弧主编：《第四届中国饮食文化学术研讨会论文集》，台北：财团法人中华饮食文化基金会，1996 年，第 5 – 21 页。

45. 吴科萍：《古酒新瓶——全球化市场下的绍兴酒》，《中国饮食文化》2010 年第 2 期，第 67 – 102 页。

46. 魏明枢：《清朝前期客家人“过番”的内在动力——以梅州为中心的客家社会及其对外关系研究》，《客家研究辑刊》2009 年第 2 期，第 26 – 34 页。

47. 巫达：《移民与族群饮食：以四川省凉山地区彝汉两族为例》，《中国饮食文化》2012 年第 2 期，第 145 – 165 页。

48. 林开忠、萧新煌：《家庭、食物与客家认同：从马来西亚客家后生人为例》，周宁静主编：《第十届中国饮食文化学术研讨会论文集》，台北：财团法人中华饮食文化基金会，2008 年，第 57 – 78 页。

49. 西敏司：《传播、离散与融合：中国饮食方式的演进》，周宁静主编：《第十届中国饮食文化学术研讨会论文集》，台北：财团法人中华饮食文化基金会，2008 年，第 1 – 12 页。

50. 徐新建、王明珂、王秋桂等：《饮食文化与族群边界——关于饮食人类学的对话》，《广西民族学院学报》（哲学社会科学版）2005 年第 6 期，第 83 – 89 页。

51. 夏远鸣：《明末以来韩江流域小盆地的变迁——以大埔县桃源地域为例》，《客家研究辑刊》2009 年第 2 期，第 35 – 54 页。

52. 杨宝霖：《我国引进番薯的最早之人和引种番薯的最早之地》，《农业考古》1982 年第 2 期，第 79 – 83 页。

53. 岩本通弥著，宫岛琴美译：《以“民俗”为研究对象即为民俗学吗——为什么民俗学疏离了“近代”》，《文化遗产》2008 年第 2 期，第

78－86页。

54. 张应斌：《从酿豆腐的起源看客家文化的根基》，《嘉应学院学报》2010年第10期，第5－11页。

55. 赵世瑜：《“不清不明”与“无明不清”——明清易代的区域社会史解释》，《学术月刊》2010年第7期，第130－140页。

56. 赵世瑜：《中国传统庙会中的狂欢精神》，《狂欢与日常——明清以来的庙会与民间社会》，北京：生活、读书、新知三联书店，2002年，第116－144页。

57. 周达生著，刘丽川译：《客家的食文化》，吴泽主编：《客家学研究》（第二辑），上海：上海人民出版社，1990年，第85－95页。

58. 张光直：《中国饮食史上的几次突破》，林庆弧主编：《第四届中国饮食文化学术研讨会论文集》，台北：财团法人中华饮食文化基金会，1996年，第71－74页。

59. 张光直：《中国文化中的饮食——人类学与历史学的透视》，尤金·N. 安德森著，马嫪、刘东译：《中国食物》，南京：江苏人民出版社，2003年，第249－262页。

60. 张展鸿：《客家菜馆与社会变迁》，《广西民族学院学报》（哲学社会科学版）2001年第4期，第33－35页。

61. 张展鸿、刘兆强：《香港新界后海湾淡水鱼养殖业的社会发展史》，《中国饮食文化》2006年第2期，第97－120页。

62. 张展鸿：《祸福从天降——南京小龙虾的环境政治》，《中国饮食文化》2010年第2期，第1－34页。

63. 张静红：《“正山茶”的悔憾——从易武乡的变迁看普洱茶价值的建构历程》，《中国饮食文化》2010年第2期，第103－144页。

64. 庄国土：《新时期中国政府对海外华侨华人的政策》，《南洋问题研究》1996年第2期，第46－50页。

65. 朱文斌：《分类体系的社会秩序建构——对〈洁净与危险〉的述评》，《社会学研究》2008年第2期，第235－242页。

66. 钟进良、黄静、马瑞丰等：《梅州沙田柚深加工现状与发展对策》，《中国园艺文摘》2012年第7期，第41－42页。

67. 曾祥委：《何谓客家》，《客家研究辑刊》2012年第1期，第1－2页。

三、英文论文

1. Ishige Naomichi, East Asian Families and the Dining Table, *Journal of*

Chinese Dietary Culture, 2006, Vol. 2.

2. Sidney W. Mintz, Christine M. Du Bois, The Anthropology of Food and Eating, *Annual Review of Anthropology*, 2002, Vol. 31, pp. 99 – 109.

3. Sidney W. Mintz, Food, History and Globolization, *Journal of Chinese Dietary Culture*, 2006, Vol. 2.

四、地方志

1. 梅县白宫镇人民政府编:《白宫镇志》，内部发行，1997 年。

2. 温仲和纂：光绪《嘉应州志》，台北：成文出版社，1968 年。

3. 梅县丙村镇志编辑部编:《梅县丙村镇志》，内部发行，1993 年。

4. 松口镇志编纂办公室编:《梅县松口镇志》，内部发行，1990 年。

5. 黄香铁著，广东省蕉岭县地方志编纂委员会点注:《石窟一征》，梅州：广东省蕉岭县地方志编纂委员会，2007 年。

五、其他资料

1. 叶丹:《白宫往事》，2005 年。

2. 梅州市地方志编纂委员会办公室编:《建国 50 年梅州大事记与发展概况》，内部发行，1999 年。

3. 江西赣县客家文化研究会:《客家饮食文化》，内部发行，2004 年。

4. 梅州市旅游局编:《客家菜大全》，内部发行，2005 年。

5. 梅州市地方志编纂委员会办公室编:《梅州大事记与发展概况》，内部发行，1999 年。

6. 曾昭霞主编:《梅州粮食志》，内部发行。

7. 中共梅州市委办公室编印:《梅州市情手册（2010)》，内部发行，2010 年。

8. 中共梅州市委政策研究室:《梅州乡镇概览》，内部发行，1993 年。

9. 梅县粮食局、梅州市梅江区粮食局编纂:《梅县市粮食志》，内部发行，1988 年。

10. 梅县白宫寿而康联谊会编:《南山季刊》，内部发行。

11. 梅州市作家协会编:《仙口风情录》，内部发行，2001 年。

12. 张祖基编:《中华旧礼俗》，世界客属第五次恳亲大会纪念出版，1980 年。

13. 何舟:《“肉丸大王”和他的肉丸机》，《梅江报》，1987 年 1 月 17 日第 2 版。

14. 王帆：《侨邸客韵烹乡愁，梅县寻踪》，《环球时报》，2019 年 3 月 11 日。

15. 赵广立：《土豆变粮出笼记》，《中国科学报》，2015 年 1 月 23 日第 4 版。

后　记

本书是在我的博士学位论文基础上修改完善而成的。本书的写作，得到许多师长、同学、朋友和亲人的关心与支持，在此深表感谢。

首先是恩师刘晓春教授，他帮助我选定了这个课题，并一步步悉心地引导我深入思考，启发我从最平常的现象中发现问题，纠正思路中不恰当的地方，指出研究方法的不规范之处。他有着严谨的治学态度、渊博的学识和坚定的学术信念，这些品质培育了我对学术的敬畏之心。他的严厉近乎苛刻，但总是包含着真切的关心和殷切的期望。他这种真诚的严厉，使我受益匪浅。

2005 年回到中山大学工作使我有幸与学术结缘，这需要特别感谢我的本科、硕士研究生导师康保成教授。他也是第一个使我对学术产生兴趣的老师，在博士学位论文写作期间，康老师给予我很多关心和问候，他的学术品格和人生志趣让我由衷敬佩并始终是我求学路上的明灯。慈祥和蔼的黄天骥老师总是对我在某次学术讲座上的提问念念不忘，他对我的肯定给了我很大的鼓舞。中国艺术研究院的王馗老师不仅为我的论文写作提供了许多线索和思考，还时常在我信心不足的时候为我加油打气。我也不会忘记在偶尔迷茫的时候魏朝勇老师"一语惊醒梦中人"的点拨。还有许多中山大学的老师在此期间给过我关心和鼓励，在此一并感谢，不再具名。

博士期间的另一大收获是认识了我的同学梁爽女士，她是一个非常优秀的研究者，也是一个诚恳、善良、温和、有爱心的女子。三年期间，我们由不熟悉、偶尔联系到后来时时沟通、时时给对方真诚的鼓励，友情日益深厚。她在我回校写作期间提供了最大的支持和帮助，在我不在校的时候帮我处理了大部分学校安排的杂务。没有她无私的帮助，我的学业不会这么顺利地完成。

在嘉应学院客家研究院查找资料时，我曾受到该院肖文评老师、吴永章老师（外聘）、冷剑波老师、张学禹同学等人许多帮助；剑英图书馆地方文献馆的温老师和红姐每次都尽其所能满足我的要求；梅州市政协的古清华先生为我提供了大量地方文史资料；任职于复旦大学新闻系的许燕师

姐为我在上海查找资料提供了最大的方便；王娜、王静波、周亚辉、龚德全、刘鹏昱、张蕾、陈熙、李杰、潘东、王晓佳、季雯婷、杨波等一众学友都给予过我不同层面的帮助。许多我的父老乡亲、中学同学以及广州、深圳等地的客家老乡，他们耐心地接受我的访谈，提供了很多有价值的信息，因人数众多，在此不一一具名致谢。中国海运党校的领导和同事们为我的论文写作提供了很多便利，他们的鼓励对我至关重要。

最后，如果没有家人的支持，我也无法顺利地完成学业和本书的写作。我的父亲母亲常年陪伴在我左右，跟随我们从广州迁居到上海，一直帮我照顾孩子、处理家务。尤其是我的母亲，她几乎包揽了所有的家务，同时细心地照顾我的孩子，使我可以安心写作，客家妇女的勤劳、俭朴在她身上有着完美的体现。这个世界上最不“乐意”我读博的应该数我的先生和我当时只有五六岁的孩子（老大），因为我总是以“写论文”为由，让他们周末出去“父子走天涯”，“写论文的妈妈”已成了孩子对我的基本印象。尽管如此，他们总是尽量地不打扰我，他们的爱是支持我努力写作的最大动力！

本书出版前的修改是在我怀着女儿的时候完成的。那时候她晚上很是调皮，使我常常失眠，索性熬夜改稿。如此一来，便仿佛她与我一同参与了这项工作。而在她迎来一周岁的生日之际，我得知了本书即将付梓的消息。喜悦之余不禁感叹，缘分竟是如此有趣。

人们常说，研究美食是份有口福的差事。的确，在梅县区大力推动广东省粤菜（客家菜）师傅工程之际，我对梅州的饮食文化有了更多的认识和体悟。在博士学位论文研究基础之上，针对梅州客家饮食文化的研究，我向广东省普通高校人文社会科学省市共建重点研究基地嘉应学院客家研究院提交了课题申请，并有幸被列入 2020 年度基地招标课题立项（20KYKT19）。在课题组成员陈钢文老师、周云水博士、杨文聪总经理等人的帮助和共同的努力下，本书的出版有了更坚实的基础。再次衷心感谢广东省普通高校人文社会科学省市共建重点研究基地、理论粤军·广东地方特色文化研究基地—客家文化研究基地、广东省非物质文化遗产研究基地、嘉应学院客家研究院、梅州市客家研究院对课题提供的支持和帮助！

百尺竿头更进一步，随着客家菜师傅工程的纵深发展，我们相信会有更多的学者关注和研究梅州乃至全球的客家饮食文化。